疆味

新疆焖火味

李敬阳 著

新疆人民出版社

图书在版编目(CIP)数据

新疆烟火味 / 李敬阳著. -- 乌鲁木齐:新疆人民出版社,2023.10(2024.3重印)
(疆味)
ISBN 978-7-228-21179-1

Ⅰ.①新… Ⅱ.①李… Ⅲ.①饮食－文化－新疆 Ⅳ.①TS971.202.45

中国国家版本馆CIP数据核字(2023)第187622号

疆味 **新疆烟火味**

JIANGWEI XINJIANG YANHUO WEI

选题策划	邢建刚 刘晓玮	装帧设计	王 洋
责任编辑	刘晓玮	责任技术编辑	杨 爽
摄 影	李敬阳 闫建军	封面题字	杨晓华
绘 图	末胡营文化传媒		

出版发行 新疆人民出版社
地 址 乌鲁木齐市解放南路348号
邮 编 830001
电 话 0991-2825887(总编室) 0991-2837939(营销发行部)
制 作 乌鲁木齐捷迅彩艺有限责任公司
印 刷 新疆新华印务有限责任公司

开 本 710mm × 1000mm 1/16
印 张 20.5
字 数 300千字
版 次 2023年10月第1版
印 次 2024年3月第2次印刷
定 价 78.00元

序•做一个有素养的吃货并不容易

敬阳将书稿发给我已一月有余，期间，因新冠疫情我被困伊犁，好不容易等到解封赶回乌市，却又变成了“羊”人。先是高烧，接着就是浑浑噩噩在失去味觉的痛苦中熬过了跨年之夜。2023年，应该是一个值得期待的好年份，我们再也不必担心做不上核酸检测，说句笑话自嘲一下吧，有那么一阵儿，真的感觉嗓子眼儿都起了老茧了。

这是一部关于新疆美食的书稿，我是一篇一篇仔细读了的。敬阳的文字在业界圈内是有口皆碑的，幽默、犀利、跳脱、时尚，一部《一刀西域图志》圈粉无数。

关于新疆美食，似乎有不少人都能说出个子丑寅卯来，这是一帮被冠以“吃货”的群体，他们的足迹遍布天山南北，行走江湖吃尽凤髓龙肝、八珍玉食，聊起体会和见识也是入木三分、头头是道。读了敬阳的书稿，才真正意识到这吃货也是分三六九等的，而绝大多数只能算是还停留在逞一时口舌之快的肤浅层面而已，距离“有素养的吃货”还真有那么一段距离。

的确，做一个“有素养的吃货”并不容易。敬阳在《自序：一个吃货的自我素养》中直言不讳地说：“一个真正的吃货，必定是宽容的，既可以从自己再熟悉不过的食物中得到愉悦与美好，也可以对从未涉足的食物保持足够的好奇。

“一个真正的吃货，也是率真的，既可以在庙堂之上品鉴精美，体会味蕾间微妙的差异，也可以在山野之间体验土生土长的原始，感受真味。

“一个真正的吃货，更是豁达的，既可以煞费周章去追求人间的至味，也可以面对粗茶淡饭随遇而安，坦然接受。

“吃货的本质是对生活的热爱，是对人生的未来永远充满着美好的期许和探究。”

敬阳之言，多从一个吃货应有的性情和欲望着眼，强调养成一种面对美食和生活的达观态度有多么重要。但在我看来，他的文字却整体透着极其强烈的想象力和独特的叙事格调，从更高的认知境域诠释了一个真正有素养的吃货必须具备的对全面感应到的视觉、嗅觉、味觉以及灵魂快感的表达能力，这是一种将个人体验与发现放大为能够引起社会共鸣的能力，是关于美食品鉴的最高境界。

一个再平常不过的馕，是所有新疆人一生都挥之不去的温暖欲望，打死你也想象不出它竟然会有古典主义、浪漫主义、女权主义及后现代主义的各种吃法！初看这个标题，多少有点震撼，及至品文，不觉会心一笑，那些罗列得妙趣横生的所有吃法，其实都是你司空见惯的场景，只是你缺乏灵光一现的想象基因和化平常为神奇的史诗叙事能力。

一盘再简单不过的韭菜拌面，经过敬阳娓娓道来，立马成了具有灵魂的非凡美食。他借朋友之口给你讲故事，剥茧抽丝般给你端上一盘真正有灵魂的韭菜拌面。朋友因常常吃不上严格按照他的标准烹制出来的韭菜拌面而苦恼、沮丧甚至愤怒，这让我颇有同感，年轻时经常会因饭菜不对胃口而怒怼卖家老板，将自己置身险境，这些年逐渐改了脾气，心想，我又不天天在你这儿进食，何必呢?！世上真有一群冥顽懵懂的笨人，他们能把只需放一把盐就能炒出鲜香美味的上好食材，忙不迭中变成味同嚼蜡、惨不忍睹的垃圾。

敬阳的故事讲得浪漫、精致，有品质，有纵横捭阖的气度，更有丰润细腻的肌理，是典型的春秋笔法。从哥伦布大交换对世界美食体系的重构，到引经据典、鞭辟入里对关于美食搭配和食物相克的说辞中各种流行观点的真假辨伪；从细到点上一盘拌面在等待过程中享受剥大蒜这种颇带仪式感的乐趣，到一串烤肉“用什么东西烤？用什么调料烤？用什么火候烤?”才正宗的终极推理，敬阳的故事里既有古代先贤雅士饕餮豪饮的影像，也有你我大快朵颐品酸尝咸的日常。读来轻松温馨，五内熨帖，更喜获益匪浅。

本书最后几篇聊到新疆地产的一些酒品，并由此纵深叙述到酒的演化历史、酒的制作工艺及酒的储藏方法，当然，他也不忘告诉你一些品鉴美酒的奥秘，可谓仁至义尽，雨露均沾。敬阳是个性情中人，不喜独食，经常邀朋友们一起品尝酒庄精心酿制的窖藏白兰地、有趣的蒸馏酒和新潮的精酿啤酒。在我看来，他对酒的品评与鉴赏已经达到大师级的境界，不信你就仔细研读一下他的文字。

所以我说嘛，做一个有素养的吃货并不容易，你得有足够的知识储备，行走江湖的广泛阅历，宽容、率真、豁达的人生态度及通联古今中外的文化精神，还得有天马行空的想象力和能将对美食的所有感知推而广之的表达能力。如此，敬阳算得上是一个实至名归的吃货吧。

是为序。

拙木豪格

2023年1月

自序·一个吃货的自我素养

北宋绍圣四年，公元1097年，东坡先生苏轼被贬往今天的海南，他的弟弟苏辙，则被贬往广东。兄弟二人在广西相遇，到了饭点便在路边摊要了两碗面条。苏辙面对着这碗粗陋的面条无法下咽，“置箸而叹”，而苏东坡则早已稀里呼噜地吃了个底朝天，吃完后还打趣苏辙：“你这是准备要细细品尝吗？”

这则被陆游载在《老学庵笔记》的逸闻，或许和很多人印象中的苏东坡不大一样，或者说与一个国家级美食家、吃货界的“天花板”、东坡肉及东坡肘子系列专利创造发明者的形象相去甚远。

今天的人们，乐于以“吃货”二字自居，这个原本不无贬义的称呼，大约首先是在年轻女性间变成了一种时尚的自称，继而在全民间迅速蔓延以至泛滥，而随着“吃货”一词的流行，所改变的则是“美食家”这一称呼离今天渐行渐远，差不多到了要被淘汰的边缘。

显然，比起“美食家”的称呼，“吃货”的称呼要轻松得多，在带有一种调侃与自嘲的同时，隐隐透出一丝炫耀，古人与之接近的称呼，大约是“老饕”二字。不过“老饕”这个称呼在今天略显生僻，生僻，就没有了市井烟火气，自然就自动丧失了调侃、自嘲与隐隐的炫耀。

而“美食家”，在人们的认知中则更要高高在上得多，一个所谓的美食家，多少也都要具备些上得了讲堂、下得了厨房的功力，从理论到实际，从历史到产地——或者说从时间到空间——奇经八脉总得打通几条才勉强够格。正因为如此，对于普通人而言，“美食家”的称谓便显得过于沉重和遥远，失去了我等凡夫俗子在万丈红尘间吃吃喝喝的乐趣。

不过时至今日，虽然越来越多的人动辄以吃货自居，却往往距离一个真正的吃货标准相差甚远，大多吃货，不过只是自己家乡美食的爱好者，除了对自己家乡的美食能够欣然接受之外，对外面更多的美味则一无所知或者充满不屑。

今天的科学证明，每个人的胃里都有着专门的神经连接着大脑，这也就是说，当一个人觉得什么东西美味的时候，起决定作用的并不是自己的舌头和肠胃，而是自己的大脑。换句话说，一个人从小所吃的口味，就是他自己一生偏爱的口味。

虽然说只有自己妈妈做的饭菜，才是世间最美味的饭菜，但对一个真正的吃货而言，如果只是局限于自己的一隅，那么我们只能将其称为家乡派美食爱好者或者地域美食爱好者，这无疑将会错过更多的美味与精彩，等于斩断了自我了解世界的一个渠道，很可能会就此错过了整个世界。

从这个角度来说，一个真正有素

养的吃货，不仅仅要拥有一个宽广的肠胃，更要拥有一个宽广的胸怀。

但仅仅拥有去品尝整个世界的雄心和胃口，也只是一个吃货的入门，还并不足以成为一个真正有素养的吃货。放眼今天，我们身边虽然自称“吃货”的人众多，但有趣的灵魂万里挑一，无趣的吃货却随处可见。最为典型的表现之一，就是对美食在形容词汇上的单调与乏味，我们姑且可以将“弹牙”“入口即化”“层次感”和“美拉德反应”这四个词，评选为当下美食形容词汇中最俗的四大金刚。

在充斥着美食文章、视频的今天，这四个词频频出现，也许不是出现最多的，但一定是最具代表性的，只要是描述一样美食的口感，不是弹牙就是入口即化，而要表达味觉，那就必定是富有层次或者层次感丰富，至于一说起烘烤煎炸，自然是不会忘了说一句美拉德反应，才显得自己具有格调。

如果我们抽掉这几个词，大概一多半人都不知道怎么去描述一道美食。这看似只是人们词汇的贫乏与跟风，但本质上，展现的是很多人对美食理解的疏浅和人云亦云。

在这一点上，吃货们的祖师爷苏东坡，无疑给我们提供了一个优秀的范本，举手投足间都展现出了一个超级吃货的优秀素养。

一个真正的吃货，必定是宽容的，既可以从自己再熟悉不过的食物中得到愉悦与美好，也可以对从未涉足的食物保持足够的好奇。

一个真正的吃货，也是率真的，既可以在庙堂之上品鉴精美，体会味蕾间微妙的差异，也可以在山野之间体验土生土长的原始，感受真味。

一个真正的吃货，更是豁达的，既可以煞费周章去追求人间的至味，也可以面对粗茶淡饭随遇而安，坦然接受。

吃货的本质是对生活的热爱，是对人生的未来永远充满美好的期许和探究。

在人类发展的岁月中，美食改变了历史，而历史也塑造了美食，同样，在这一过程中，吃货也在不断地改变着历史并被历史所改变。

而在每一道美食的背后，也因此无不隐藏着一段又一段的文化基因与密码。从这个角度来说，一个终极的吃货，唇齿之间所留下的，不仅仅是美食的滋味，更有着对整个世界的认知与感悟。这种认知与感悟，因人而异，也不必高深，只要有趣，便已足够。正如你即将打开的这本书所做的一样。

衷心祝愿大家在吃货道路上一路有趣而愉快。

李敬阳

2021年8月　于乌鲁木齐

目录

品味

滋味

韵 味

品

PIN WEI

味

改变味觉:来自丝绸之路的食材

1492年8月3日,一支从西班牙出发的船队,在一个名叫哥伦布的意大利人率领下,驶向了大西洋。后来的事我们都差不多知道,这支原本要寻找黄金的队伍发现了新大陆,而整个世界也因此而改变。这一改变显然对后来全世界的吃货们也产生了深刻的影响——想象一下,一个没有土豆、辣椒、花生、红薯、西红柿和玉米的世界,对所有吃货来说,将会是多么黯然和乏味。

正因为如此,学术界有一个名词叫作"哥伦布大交换",讲的就是这件事儿。当然,这个交换不仅仅只是食材,还包括了各种的文化、技术以及病菌。

中国人在编写穿越故事的时候,很喜欢往前穿越过去而不是去穿越未来。这至少有一个非常重要的原因,即折射了很多国人老喜欢走捷径、耍小聪明的特点。因为穿越到过去,对于一个穿越者来说,是知道历史事件的——当然,这方面的主角人设都是精通或者至少粗通历史——这样,就可以做到游刃有余。因为对所有即将发生的事情都心中有数,所以便可未卜先知、左右逢源,进而或男性高官厚禄,或女性恩宠一身。

但对一个认真的吃货来说,大概就会对这样的穿越不大情愿,只要想一想古代远不如今天丰富的食材,就极大可能会丧失穿越回古代的兴趣。就算是贵为汉唐天子,别说土豆烧牛肉或者剁椒鱼头了,就连西红柿炒鸡蛋也不知道是什么味儿。这样的人生岂不是索然无味?

不过在哥伦布发现美洲,新旧大陆"大交换"之前,欧亚大陆上的东西两

头，其实就一直在进行着食材的大交换，而这个大交换，在中国，大约是汉代和唐代这两个时间段最为集中。换句话说，在大航海时代到来之前，这两个朝代通向西亚与欧洲的道路，也就是丝绸之路最为繁盛。也正因为如此，才使得食材的引入成为可能。

丝绸之路这个名字是德国地理学家李希霍芬最初使用的，大约在欧洲人看来，丝绸对欧洲历史和生活的影响太过突出，所以便以丝绸命名了这条横穿欧亚的道路。但事实上，当年在这条道路上往返穿梭的远远不止丝绸。除去宗教文化这些精神层面的东西不说，在物质方面比较突出的，至少还有瓷器、茶叶、香料、漆器以及珠宝玉器甚至珍禽异兽等玩意儿。因而我们如果将丝绸之路称为“瓷器之路”“茶叶之路”或者“香料之路”也一样成立。当然，我们还可以将这条道路称为“食材之路”，因为后来影响和改变中国人饮食文化的诸多食材，也是从这条道路上来的。

对于汉唐之际，从丝绸之路而来的食材，以及明代以后，或者说“哥伦布大交换”之后从海路传入的食材，有一个简单的判断方法，大体上说，凡是食材名字前带有“胡”字的，大都是汉唐时期自西域传入中原地区的。如胡椒、胡桃（核桃）、胡瓜（黄瓜）、胡蒜（大蒜）、胡萝卜、胡豆（蚕豆等）、胡麻（亚麻）等。当然也有大葱、苜蓿、菠菜、西瓜、葡萄、石榴、阿月浑子等这样不带“胡”字的。

而“哥伦布大交换”之后从海路传入的，则大都带有“番”或者“洋”字。如洋芋（土豆）、洋白菜（卷心菜）、番椒（辣椒）、番薯（红薯）、番茄、番麦（玉米）、西番菊（向日葵）、番豆（花生）等。当然也有例外，比如从丝绸之路传入的洋葱。

一般认为，洋葱应该是在唐代通过丝绸之路传入中国的，而那时候，它的名字还是胡葱，元代，被称为“回回葱”。大约是因为其在中国一直没有竞争过大葱，所以在中国人的菜单上一直没什么存在感。只是到了近代，这玩意儿才跟着西餐，在中国不断地刷出了存在感，终以洋葱之名在中国站住了脚。这恰好也从一个侧面印证了为什么洋葱在中国有着葱头、球葱、圆葱、玉葱等多个名字的原因，大体上，如果一种东西在中国立足时间不长到一定

程度，传入渠道不止一条或传入不止一次的话，名称上就会出现五花八门的现象。

虽然如今洋葱早已成为中国大面积种植的蔬菜之一，但在中国似乎也依然不怎么被广泛食用，远远落后于同为百合科葱属的大葱、大蒜。唯一例外的，大概就是新疆。在新疆，被称为“皮牙子”的洋葱在绝大多数的新疆美食里都不可或缺，即使是看不见一丝洋葱的烤羊肉串，事实上很多也是用洋葱或者洋葱切碎泡水腌制过的。

当然从丝绸之路传来的食材中，也有一些是一眼很难看出来历的，比如在唐代传来的菠菜，在当时被称作“菠薐(léng)菜”，不过最早将菠菜带给中国人的是尼泊尔人。

再如核桃，原产地是今天的伊朗北部和阿富汗东部，汉代经羌人传入。最初的名字，叫作“胡桃”，之所以改成了今天的名字，大约是考虑到核桃这种桃的桃肉是不吃的，吃的是桃核中的仁，因而叫作“核桃”倒是更为准确。

与核桃类似，黄瓜其实原本的名字叫“胡瓜”，原产地为埃及和西亚一带，大约也是在汉代传入中国的。但为什么叫成了“黄瓜”，一直以来有着两种说法。

一种是石勒改名说。说是五胡十六国时期，后赵的开国皇帝石勒，因为是胡人中的羯人，非常忌讳“胡”字，因而将“胡瓜”改为“黄瓜”。这种说法最早见于明代李时珍的《本草纲目》，一直以来颇为流行，但不见得靠谱。

另一种相对靠谱的说法则是隋炀帝改名说，记载于唐代的《贞观政要》《大业杂记》等书。至于改名的原因，也和石勒一说差不多。《贞观政要》中借唐太宗李世民的口说，隋炀帝杨广非常讨厌胡人，所以带“胡”字的名称都要改。因此杨广不仅是改了一个“胡瓜”，还将“胡床”改为了“交床”(交椅)。

但不管怎么说，将绿油油的“胡瓜”改为“黄瓜”而不是“绿瓜”，是不少人所困惑的问题。这事儿曾经困惑了我整个的儿童时代，直到后来，我在菜地见到了长老了的黄瓜，这才明白原来黄瓜长到最后果真是黄的。看来，杨广当年改名还不算是信口胡说，至少说明他不是色盲。

名称带“胡”字的食材中也有比较特殊的，比如胡豆。和很多外来食材有着多个名字相反，“胡豆”这个名字则被多种豆子所用，至少豌豆、蚕豆、豇豆都被叫作过“胡豆”。今天的学者们关于各种胡豆的考证也是数不胜数，越考证牵涉的豆子越多，考证得明白不明白另说，总之是让我们明白了豆子名称的混乱。反正是直到今天，在新疆豆子的叫法也与一些标准叫法不同，比如新疆人说的大豆是指蚕豆，通常人们所说的大豆则被新疆人叫作“黄豆”。

美国东方学者劳费尔在其著作《中国伊朗编》的附录二中，列举了一些维吾尔语中的汉语词汇，其中一个就是“dā-dir”，注明是“一种蚕豆，大概来自‘大豆’”，实际上我觉得这不是什么“大概来自”大豆，而就是来自大豆。

如果说从丝绸之路上传来的食材中最有存在感的，大约是胡椒。

胡椒的原产地现在一般认为是在印度。在西汉时期传入中国后，胡椒在中国除了作为一种食材之外，还很意外地变成了一种建筑涂料，用于涂抹在皇帝的后宫墙壁之上，这样的房间被称为“椒房”。

不过今天的学者们对椒房到底用的是外来的胡椒，还是中国原有的花椒一直存有不同的看法。但无论是胡椒还是花椒，都是吃起来让人温热发汗，而且有着独特的辛香。另外胡椒与花椒也都是一串一串的，象征着子孙繁茂，因而用以涂抹后宫的墙壁，除了取其温暖、芳香、驱赶蚊虫的功效外，还有祈求多子的寓意。久而久之，“椒房”，便成了后宫的代称，进而成了皇后的代称。

虽然今天我们不能确定椒房所用的就是胡椒，但胡椒在古代的珍稀与贵重则无可置疑，这一点从贪污了八百石胡椒的唐代权相元载身上，也能再次证明，即使到了唐代，胡椒还依然是一种贵重的食材，堂堂一个大唐宰相，权倾天下，却要拼了命地囤儿辈子都吃不完的胡椒。我觉得，元载那些囤胡

椒的房屋才更有资格被称为“椒房”。

不过在新疆，胡椒的存在感却远远不如另一种香料——孜然。

作为一种香料，有统计说孜然在世界上的消耗量仅次于胡椒而排名第二。只不过在疆外，孜然长期以来不为广大人民群众所知晓，更别说食用了。记忆中，在我年少之时，很多外地人都对孜然闻所未闻，第一次品尝撒了孜然面的烤羊肉，往往会说有一股汽油味儿，吃不惯。

说实话，我迄今为止也不知道汽油吃到嘴里是个什么味儿。但这至少说明孜然在疆外普及的时间很晚，应该也就是改革开放实行商品经济之后，孜然才得以走出新疆，而且迅速遍布全国。差不多在国内的任何一个省份都能见到用孜然做的菜，孜然被广泛应用于烹制各类红肉、白肉以及土豆、花菜、茄子、豆腐、鸡蛋、知了甚至炒饭、炒面等，最常见于炒羊肉、煎牛肉、烤猪蹄、煸鱿鱼等菜肴。有些地方还信誓旦旦地宣称这些用孜然调味的菜是当地传统菜肴，也不知道这个传统总共传了几年。

孜然的学名叫作“安息茴香”。安息，即帕提亚王国，也叫阿萨息斯王朝或者波斯第二帝国，位置也在今天的伊朗一带。一般认为孜然是在唐代以后，通过西域逐渐传入中原等地区的，但不知为什么，孜然在其他地区却一直不怎么普及。而直到今天，中国的孜然主要种植产地也依然是在新疆。

如果说孜然对中国美食的影响主要是在当代，那么大蒜、大葱则至少从两千年前就成为中国美食不可或缺的一部分。

大蒜最初名叫“胡蒜”，最早

在魏晋时期的著述中就有所记载，为了区别原本种植在黄河流域的中国本土蒜，便将胡蒜称为“大蒜”，而将中国原本的蒜称为“小蒜”，也就是今天蔬菜中的小根蒜、紫根蒜、薤白头。不过这种外观看起来像是蒜苗的小蒜对新疆人来说比较陌生，因为全国似乎只有新疆和青海没有种植这种小蒜。

大蒜原产于西亚，自从这种作物走向世界之后，无论东西方饮食文化都因为有了大蒜而发生了改变。想象一下没有了大蒜，先不说欧洲美食会怎么样，就说欧洲的吸血鬼文化中，对付吸血鬼就少了一种利器。而在中国，大蒜在制作菜肴中更是举足轻重。大体上来说，南方都是将大蒜做到菜中熟食，而北方除了熟食之外，更热爱直接一瓣一瓣地就着面条生吃。在这一点上，新疆人也不例外，尤其体现在吃拌面上，就着生大蒜吃，已成为吃拌面的味觉组成之一，而在等待拌面上桌的过程中，剥大蒜也俨然成了一个具有仪式感的配套环节。

相比大蒜，原产自西伯利亚的大葱，进入中国的时间似乎要更早一些。最初，大葱也被称为“胡葱”，只是后来随着洋葱的进入而将“胡葱”一名让了出去。大葱在中国美食中的运用显然更为重要，简直无所不在，没有了葱花、葱丝或者葱段的中国菜，往保守了说也会逊色一大半，至少北京烤鸭、京酱肉丝、葱烧海参、葱油拌面这些美食的口味与名字都得改变。

除了这些食材，通过丝绸之路经由西域传入中原等地区的还有胡萝卜、苜蓿以及曾被称为“胡荽”的香菜等。

如果算上水果的话，那么这个名单还要加长。

比如石榴，最初的名字叫“安石榴”，被人认为可能是来自安国（今乌兹别克斯坦的布哈拉一带），但更可能的是，石榴来自于今天的伊朗和巴基斯坦一带。不过不管是来自乌兹别克斯坦还是伊朗、巴基斯坦，石榴通过西域传入中原等地区，是确定无疑的，至少在东汉，中原地区就有了关于石榴的记载。

更为著名的水果是葡萄。一般认为葡萄原产于欧洲、西亚和北非一带，汉代通过西域传入中原等地区，对此《史记》中有着明确的记载。当然，一起传入的还有葡萄酒。

此外还有西瓜和甜瓜（哈密瓜），这两种瓜的原产地都在非洲，后经过埃及传入西亚，再经西亚传入新疆，最终进入中原地区。

时至今日，无论是石榴、葡萄还是西瓜、甜瓜，都依然是新疆的代表性水果。其中，喀什、和田等地的石榴，吐鲁番的葡萄，以及新疆各地出产的西瓜、甜瓜都无不以质优味美而傲视称雄。

关于这些通过丝绸之路传来的食材，长久以来一直有一个非常大的讹传，就是都算在了张骞的头上，认为这些食材大都是张骞出使西域时带回来的，张骞也因此被今人冠以"食材猎人"的称号，奉为吃货界的祖师爷。

但实际上，以上提到的所有食材，在汉代文献中都没有记载是由张骞带回的。而最早将各种由西域而来的食材归功于张骞的记载，主要出现在晋代张华的《博物志》、北魏贾思勰的《齐民要术》以及明代李时珍的《本草纲目》这几本书。而这几本书的作者中，张华距张骞已有四百来年，相当于我们今天距离明朝万历年间的时长；贾思勰则距张骞的时间更远，有六百年左右；至于李时珍，则距张骞在世已经过去了一千六百余年。

我们很难想象，如果这些食材都是由张骞引入中原等地区，为什么几百年来都没人提？而是在四百年后，才忽然被人提及？今天的学术界对此的看法基本一致，就是张骞在这件事上，更像是一个"箭垛式"人物，就像很多神奇办案的故事都算到了包拯和狄仁杰身上，众多的发明创造都算到了鲁

班身上一样，并不能当真。

为此美国东方学者劳费尔还发明了一个词“张骞狂”，用于指称那些将引入功劳都算到张骞头上的人们。

更接近真相的情况是，从丝绸之路传入中原等地区的这些食材，是由不同的普通人逐渐引入、普及的。但这丝毫也无损于张骞的功绩，也正是因为张骞的努力，才使丝绸之路得以显现，从而使这条通过新疆的道路，成为一条改变世界文明进程的道路，更使其成为一条改变味觉的道路。

★延伸阅读：“丝绸之路”的提出

1877年，德国地质地理学家费迪南·冯·李希霍芬在其著作《中国》一书中，把“从公元前114年至公元127年间，中国与中亚、中国与印度间以丝绸贸易为媒介的这条西域交通道路”命名为“丝绸之路”，这一名词很快被学术界和大众所接受。而李希霍芬也是第一位把中国史书的信息绘入欧洲地图的欧洲人。而这一切，完全是因为当时的德国政府委任李希霍芬设计一条从中国的山东半岛，直达德国本土的铁路线。

事实上，丝绸之路并非只流通丝绸这一种货物，而李希霍芬之所以用丝绸来命名这条道路，是因为丝绸对欧洲的历史影响实在是太过巨大。对于欧洲人来说，丝绸曾经在作为一种奢侈品的同时，更是一种实际上的国际货币。

而所谓的丝绸之路也并非如人们想象的只有一条，更不是固定的。这条道路由于沿途恶劣的自然环境、战乱以及随着国境线的变更而不断变化着。抛开草原丝绸之路和后来的海上丝绸之路等不说，丝绸之路在新疆境内一开始就有着北道、中道、南道之分，唐代又开通了北新道。换句话说，整个丝绸之路就是一个道路网络。

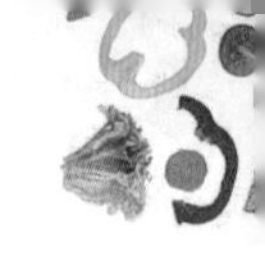

大唐胡食:来自西域的味道

唐玄宗李隆基有一次吃羊腿,让太子李亨切肉,李亨切罢,顺手抓起一张大饼擦起了沾满羊油的刀,李隆基见状,十分不悦,但还没待李隆基说话,李亨便拿起擦完了刀的大饼,不紧不慢地吃了下去。李隆基顿时转怒为喜,道:“福当如是爱惜。”

这则记载在《次柳氏旧闻》的笔记还有另外的版本,有的版本将唐玄宗李隆基换成了唐太宗李世民,李亨则换成了李世民的大臣宇文士及。也有版本中,吃饼的变成了唐德宗。但不管是哪个版本,我们除了由此得知唐朝皇帝厉行节约、爱惜粮食之外,还能注意到,大唐的皇帝们,所吃的大餐是整个的羊腿,边吃边用刀来削,这一进食的方式,无疑让今天生活在新疆的人们感到十分的亲切。

在新疆真正的手抓肉吃法,肉都是大块煮出,因而必然都需要有一个小刀来削肉,这种吃法在今天乌鲁木齐的酒店饭馆里不太多见,但在北疆各地州却是常态,内蒙古、西藏等地应该也是一样。

这种吃法,其他省市的很多地方显然并不存在。有一次我在阿勒泰听当地的伙计说,他们曾招待外地来的朋友,大块的羊肉上了桌后,按照阿勒泰的习惯,是将羊肉煮熟后分成几个大块,上桌后先请主宾动手,由主宾用刀分割,之后大家共享。但这样做的结果,往往是对方主宾抓过肉就大啃起来,但一块肉很大,所以啃两口便撂在了一边,很是尴尬。从那以后,阿勒泰的伙计们便吸取了教训,对于外地来的朋友,都要事先将大块的羊肉切好。

从这一点说，当年唐朝皇帝们的吃法倒是更符合今天北方少数民族地区的画风，这在当年被称为“胡风”，类似于一千多年后的“洋气”。而唐人们对胡食的态度，则很有些类似于今人面对西餐时的态度。

唐王朝真正的强大在于对各种文化的宽容和吸收、借鉴和运用。体现在饮食上，就是所谓“贵人御馔，尽供胡食”。也就是说，唐代有身份的人，都吃胡食。

不过若说大唐的贵人们都吃胡食，也未免夸张。事实上，经过五胡十六国、魏晋南北朝的胡汉杂处，到了隋唐胡风流行，本身就是自然而然的事儿。唐代流行吃胡食只不过是所谓“大唐胡风”一个小小的侧面，更多的胡风则是体现在了服装、用具方面，比如女子的低胸装、喝酒用的水晶杯以及椅子等，至于文化艺术方面则更加琳琅满目。绘画有尉迟乙僧的凹凸画派，舞蹈有胡旋舞、胡腾舞、柘枝舞等，音乐有龟兹乐、高昌乐等，而琵琶、唢呐、箜篌等，也早已成为中原音乐中不可或缺的乐器，以至于诗人刘长卿感叹“古调虽自爱，今人多不弹”。

与刘长卿这样的伤感一派不同，同时代的其他诗人们则似乎要豁达得多，比如我们今天常在唐诗中所见的“胡姬”，也就是在胡人酒肆中的服务员，就反复在诗人们的诗作中出现。所谓“画楼吹笛妓，金碗酒家胡”“胡姬春酒店，弦管夜锵锵”等不一而足。这其中最为热衷写胡姬的大概还是李白，留下了“笑入胡姬酒肆中”“挥鞭直就胡姬饮”“胡姬招素手，延客醉金樽”等句子。

“胡”这个称呼在各个年代都有所不同，秦汉时期的“胡”，特指的就是匈奴。汉以后，“胡”的概念扩大到了整个北方与西域的游牧民族。等到了唐代，“胡”则可以泛指所有西方的族群，而唐代的所谓“胡姬”，在绝大多数情况下，指的都是粟特美女。

今天，粟特人早已融合到包括汉族在内的多个民族之中。但在唐代，粟特人却是丝绸之路上最为活跃的族群，以经商而见长。粟特人不仅给中原带来了琳琅满目的商品，也带来了祆教、摩尼教、景教等形形色色的宗教，更是把各种酒肆开到了长安城。

考虑到李白是大唐喝酒界的“天花板”，所以隔三岔五光顾粟特人所开设的酒肆，喝多了再写写胡姬，自然是再正常不过的事儿，而粟特人开设的酒肆，自然也少不了来自西域的胡食。

广义上的胡食包括了各种来自西域的食材和调料，比如茄子、菠菜、胡椒、蔗糖等；狭义的则只是指制作好的美食。唐代文献中出现的胡食，有些我们大致能知道是什么，有些则难以确定，充满争论。这其中最为典型的就是饆饠(bì luó)。

一种观点认为，饆饠就是今天的抓饭。

这一派的理由主要是“饆饠”二字的发音，与今天抓饭的维吾尔语发音十分接近。事实上，抓饭是一种广泛存在于中亚到西亚、南亚的美食，无论是在伊朗、阿富汗还是印度，发音都是“Polo”。

另一种观点则认为饆饠绝非抓饭，而很可能是一种类似于春卷之类的玩意儿。

从流传下来的史料来看，首先饆饠“形粗大”，这显然不是“散装”的抓饭模样。更多的证据则来自唐代段成式的笔记小说《酉阳杂俎》，里面记载了两则关于饆饠的故事。一则是说一个恶少被鬼卒勾魂，恶少向鬼卒求情，请鬼卒去饆饠店里喝上两杯，但鬼卒在饆饠店门口却因为味大而掩鼻不入。另一则是说一个人在梦中约了人在饆饠店点了二斤饆饠小酌，醒来后，饆饠店的伙计却过来收账，说他的确是点了二斤饆饠，但他请的客人却一口也没吃，大概是嫌饆饠里放了太多的蒜。

从这两则故事里，我们不难得出以下信息：一是饆饠论斤销售；二是饆饠店里可以喝酒，换句话说也就是饆饠可以当下酒菜；三是饆饠里会放不少的蒜。

虽然理论上无论什么食物都可以论斤销售，但显然包子、春卷之类的更适合论斤去卖，而且今天也没有见谁的抓饭是论斤卖的。饆饠能够下酒，也与抓饭的吃法不符。简单地说，如果用抓饭去下酒，就相当于用一碗盖浇饭去下酒，虽然固无不可，但总是显得过于特立独行。至于大蒜，除了个别的流派，如黑抓饭，也叫塔什干抓饭，会在抓饭上放一整头带皮的大蒜同焖，其

他的主流抓饭则并没有加入大蒜的做法，即使是黑抓饭，大蒜也只是一个调味料，蒜味绝不会突出到令人掩鼻的程度。

事实上主流抓饭最突出的特征是羊肉和胡萝卜，但是我们今天看唐人零星的记载，压根就没提羊肉与胡萝卜，倒是提到了饆饠有樱桃、蟹黄、天花蕈（天花蘑菇）等不同的品种，看起来都与抓饭的概念相去甚远。

而在唐代刘恂所著的《岭表录异》中，记载了广东形形色色的众多美食，其中也提到了饆饠。刘恂说，蟹黄饆饠的做法是“蟹黄淋以五味，蒙以细麦，为饆饠”。这就很清楚了，明明白白说了饆饠是用面皮包裹的食物。

和饆饠这种搞不大清楚是什么东西不同，胡饼似乎就容易断定得多。现在基本上认为胡饼就是今天的馕。

其实胡饼并不是在唐代才被中原人食用，史书中记载早在东汉时期，汉灵帝，也就是被曹操挟天子以令诸侯的汉献帝的爹，就爱吃胡饼，而且“京师皆食胡饼”。不过汉灵帝倒不是历史书中吃胡饼最著名的一个皇帝，最著名的是唐玄宗。

《资治通鉴·玄宗纪》记载，安史之乱时，唐玄宗仓皇出逃早饭都没顾上吃，到了中午逃至咸阳集贤宫，饥肠辘辘也没什么吃的，最后是一同出逃的“杨国忠自市胡饼以献”，也就是自己掏腰包到咸阳街头买了胡饼回来给皇上充饥。

胡饼在唐代就已经有很多种，从记载上看，至少有撒一层胡麻的胡麻饼、放油的油胡饼、放肉馅的“古楼子”，以及什么都不放的这么几种。而这些在今天的馕中也都有着对应。比如不放油的

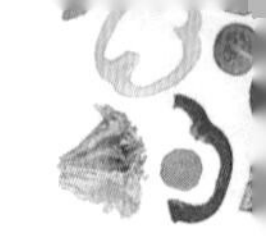

就是新疆人所说的“皮条馕”，最适合于佐餐烤肉；放油的便是新疆人所说的“油馕”，口感十分酥软；至于“古楼子”，新疆人称之为“肉馕”，更常见的是羊肉丁和洋葱等配料与面和在一起烤制而成，外观上很像披萨。

特别要说一下的是所谓“撒着胡麻的胡麻饼”，很多人都以为胡麻是芝麻，但其实不一定，今天新疆的很多馕上虽然也撒芝麻，但有时候撒在馕上的，可能是斯亚旦的籽。

所谓“斯亚旦”，来自波斯语，意思就是黑色的。斯亚旦的籽外观看起来酷似黑芝麻，因而常常让人误解。斯亚旦的学名叫“黑种草”，源于地中海地区，新疆是黑种草在国内的主要种植地。如今黑种草在国内似乎成了十分热门的保健食品和治疗脱发的灵丹妙药。

唐代诗人白居易就是胡麻饼的爱好者，而且还会自己做。他曾经给朋友、担任万州刺史的杨敬之写过一首名叫《寄胡饼与杨万州》的诗，说得非常清楚：“胡麻饼样学京都，面脆油香新出炉。寄与饥馋杨大使，尝看得似辅兴无。”也就是说自己学习钻研了京师胡饼店的制作方法，烤出来胡饼后寄给杨刺史，让他尝尝看味道怎么样。

毫无疑问，诗人都是热爱生活的。

相关的历史文献中同时还记载了京师长安胡饼生意的繁盛，既有辅兴坊固定的“胡麻饼店”，也有流动的“鬻饼胡”摊贩所谓的“时行胡饼，俗家皆然”。这一点，倒是与今天的新疆别无二致。

比起饽饦或者胡饼之类，唐人似乎更喜爱的是肉食，这倒也更符合唐人尚武、昂扬的气质。唐代的史料中留下了很多大口吃肉的记载，吃法上与游牧民族相差无几，比如《唐语林》上就记载了唐玄宗将射猎的鹿当即取其鲜血，灌肠后煎煮着吃。

不过在新疆若说起吃肉，莫过于烤全羊。在烤全羊面前，什么羊肉串、架子肉、馕坑肉之类全都是小字辈。从理论上说，既然可以烤全羊，就完全可以烤全牛、烤全驼。事实上，在今天的吐鲁番，每年的葡萄节上就有着烤全牛、烤全驼的保留节目。反正不管烤什么，整只地烤才显得高端霸气。

唐人似乎也很喜爱整只地将动物烤来吃。

唐代的笔记小说《卢氏杂说》中，就记录了一种名叫“浑羊殁忽”的大菜。做法是将一只鹅去除内脏，里面填充五味调和好的肉和糯米饭，然后再将鹅塞在整只的羊腹内，将鹅烤熟了吃。但我觉得这种吃法倒更像是中原饮食风格的延续，算不上胡风。早在《礼记》中便记载有炮豚、炮牂以及濡豚、濡鸡等菜肴，做法大同小异，都是将整只的畜禽去除内脏后填充其他食材，或烤或炖而成。而且“浑羊殁忽”按照记载是只吃鹅，羊却弃之不食，未免奢侈而浪费，也不符合胡食直接、硬朗的气质。

真正和今天烤全羊接近的记载，是出自著名的边塞诗人岑参。和其他唐代的边塞诗人比起来，岑参显然在记载西域风物方面更具权威，因为人家曾前后两次在西域工作过。在其一首题为《酒泉太守席上醉后作》的诗中，岑参就写下了“浑炙犁牛烹野驼，交河美酒金叵罗”的句子，“浑炙”自然就是整只地烤，而“浑炙犁牛”自然就是烤全牛。无疑，能烤全牛，那么烤全羊、烤全驼也都不是什么问题。至于交河，则在今天的吐鲁番，我们都知道吐鲁番最著名的特产就是葡萄，自然也就少不了葡萄美酒，反正有酒有肉，豪气干云，充满了边塞的气息。

和美食相比，唐代也大量食用来自丝绸之路的各类食材和调料，著名的如菠菜、胡椒、小茴香等。很多人不知道的是，蔗糖的工艺，也是唐代从丝绸之路引进的，王溥《唐会要》记载：“西番诸国出石蜜，中国贵之。太宗遣使至

摩伽佗国取其法，令扬州煎蔗之汁，于中厨自造焉。”也就是说，在唐代以前，中原地区是没有蔗糖熬制技术的，唐太宗李世民派人从西域学习引进了制糖的生产技术，丰富了唐代人的味蕾。

毫无疑问，美食是所有文化交流中最具人间烟火气的。面对一道道美食，唐人不仅有着海纳百川的胃口，更有着有容乃大的胸怀。通过这些胡食，也让我们从一个侧面，看到了立体的、缤纷多彩的汉唐气象。

★延伸阅读：西域的饺子与馄饨

和唐代一些胡食不知是什么不同，在唐代西域流传的中原传统美食，我们今天却要清楚得多，这主要得益于吐鲁番盆地干燥的气候。考古工作者在吐鲁番阿斯塔那古墓群中就先后出土过保存完好的唐代花式点心、馕、红柳枝穿成的烤羊排等。其中最引人注目的，则是出土了不少的饺子和馄饨，与今天的饺子、馄饨完全一样。考虑到从魏晋一直到盛唐，吐鲁番盆地都是以汉人为主的聚居地，因而出现典型的中原传统美食，也并不奇怪。而今天的维吾尔等民族，也一样有着自己的馄饨，被称为“曲曲”。这也至少从一个侧面说明，无论是胡食还是汉食，千百年来的交互影响一直就没有中断过。

新疆人的口味是什么

对于中国各地的口味，一种流传最广也是最为笼统的说法是南甜、北咸、东辣、西酸，我觉得最初进行这种归纳的人一定有一种强迫症，因为中国各地的口味完全不是按照东南西北四个方位分的。比如说东辣，那江浙算不算东？那里有什么菜是辣的？滇贵川湘那么狂热地吃辣，难道不是在中国的西南而是在东面？

而位于中国最西北的新疆，口味到底是什么？网络上要么是语焉不详，要么就是根本不提。

事实上人的口味也根本不是酸甜苦辣咸这么几种味道。中国自古以来有所谓"五滋六味"的说法，"滋"与"味"其实是分开的，所谓"滋"指的是口感，而"味"才指的是味觉。最流行的"五滋六味"大体为："香、酥、软、肥、浓"是为"五滋"，"酸、甜、苦、辣、咸、鲜"是为"六味"。其实这个"滋""味"的分类还有很多版本，各个版本略有出入，比如有些是将"清、鲜、嫩、爽、滑"作为"五滋"的，有些则是将"六味"中的"鲜"换作"淡"，有些则索性将这些都加在一起称作"九滋六味""七滋八味"的，等等。

当然按照现代中国人的分类，味道要更复杂得多，我就曾看到有人将味道还分成"椒盐、蒜香、香酥、奶香、孜然、咖喱"等种种味道。

大约是在刚进入21世纪不久，有一则消息说，美国的一帮科学家发现，人类除了能分辨酸、咸、苦、甜、鲜这五种味道外，还能分辨出第六种味道，即脂肪味。

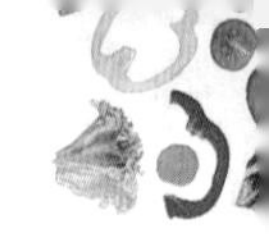

什么是脂肪味？不就是“五滋”中的“肥”吗？

我觉得，中国吃货们如果看到这则消息，估计大都是会心一笑，别的咱们不说，只要是说到了吃，那么中国吃货们的舌头分辨率，至少也比其他国家的人多演化出了好几个层次。

那么具体到新疆，新疆人的口味到底倾向于什么呢？

很多外地人想当然地认为，新疆的口味就是孜然味。但是事实上在新疆孜然用得并不多，比较常见的是用在羊肉的烧烤上，但我觉得用得更多的地方还不是烤肉，而是撒在蒸好的薄皮包子上。

新疆云集了全国各地的人，汉族人口更是祖籍各异，来自天南海北，似乎很难确定什么口味会占优势。但只要稍稍梳理一下，就不难发现，新疆的口味倾向，这就是——酸、辣。

新疆口味中的酸，主要来自醋。

新疆地接甘肃，历史上也曾有一部分隶属过甘肃，就是在目前，汉族人口构成中也是以原籍陕西、甘肃的居多，而且很多饮食还受到了晋商，也就是山西人的影响。这就决定了新疆人对醋的钟爱，而且这种偏好也直接影响到了维吾尔族人的口味，在新疆，维吾尔族人不仅离不了醋，而且还酷爱西红柿。

新疆的汤饭（揪片子、炮仗子）、“三凉”（凉粉、凉皮、凉面）这些食物不仅一做出来就带着醋，拌面的菜基本也都要有醋。比如你在新疆如果想来盘炒土豆丝，那绝对是酸辣土豆丝，就是川菜馆子里如果卖土豆丝，也都是酸辣的，绝没有第二种。所以一个标准的新疆人吃一盘土豆丝，衡量好坏的标准就是炒得脆不脆。

而新疆的“三凉”食品如果没有醋就更是无法想象。多年前我曾和一位维吾尔族姑娘去山东学习，学习之余爬泰山，半山腰什么地方有卖凉粉的，这位姑娘一见到凉粉立马走不动了，说离开新疆这么些天了，一定要吃一碗凉粉。结果一吃，根本不是新疆的味道，连呼难吃。我来了一碗一尝，的确和新疆的味道差之千里，最大的问题就是根本没有醋，而是有酱油。

这里需要提到的一个知识点是，新疆的维吾尔、哈萨克等民族虽然吃起

醋来绝不含糊，但很少食用酱油，尤其在以前，几乎不吃。虽然如今新疆各个民族的口味不断交融，但酱油依然在维吾尔、哈萨克等民族的餐桌上较少使用。

新疆人口味偏酸喜醋的另一体现是在凉菜上。

需要说明的是，新疆凉菜的概念与其他省市略有不同，就是新疆的凉菜品种中虽然也有荤的凉菜，但通常新疆人口中所说的凉菜，基本指的就是素菜，而且一定是用大量醋来调配的素菜。

这一类凉菜，口味上总体都偏向于酸，而且有些真的是超级酸，基本就是用醋泡出来的。事实上专门就有一种凉菜是用来配着抓饭吃的，作用类似于四川的泡菜。

新疆最为知名的凉菜，是类似于老虎菜的“皮辣红”，即皮牙子（洋葱）、辣椒和西红柿，也是绝不用酱油而是用醋调和的。甚至很多新疆人在吃油炸花生米这道菜时，也会加醋。而很多由外地传入的凉菜，也在新疆人的口味下朝着吃醋的方向一路狂奔，比如全国人民都熟悉的菠菜面筋——在大多情况下，我觉得这道菜在新疆应该叫作醋泡菠菜面筋更合适，面筋这玩意儿本身就很吸味儿、吸汁儿，由于新疆人在这道凉菜中撒了欢儿地放醋，所以菠菜面筋在新疆就是醋泡出来的，一口吃下去，两颊生津，酸味直透两腮。

中国的醋有很多知名的流派，如山西醋、镇江醋等。不过老新疆人则都钟情于本地的醋，新疆的醋据说都是纯粮酿造，货真价实。

我虽然生在新疆长在新疆，但远远说不上是一个吃醋狂人，所以对醋的高低优劣一直比较迟钝。直到后来走南闯北，尝过很多地方的醋，才发觉果然有些醋带有粮食的香味，回味悠长，而有些醋就是死乞白赖的一酸到底，再无其他。

但时至今日，酱醋行业竞争激烈，国内的几大酱醋品牌铺天盖地，新疆的醋即使在新疆本地，也远远没有了往日的存在感。

虽然不见得每个新疆人都是狂热的吃醋爱好者，但每个新疆人的身边却一定会有那么几个吃醋狂魔，几乎到了无醋不欢的地步。

我就经常会遇到有人无论吃什么大餐、吃什么菜系，都会问服务员要一碗醋，蘸着吃的——在我的朋友圈里，这样的人加起来至少有一个加强排。我们知道，醋虽然在一些情况下可以起到提味的作用，但是在更多情况下，反而会遮盖食物原本的味道，事实上就可以在陕西，吃牛羊肉泡馍也是不放醋的。虽然很多人对此解释为是出于阴阳五行、寒热温凉的考虑，玄之又玄，但我一眼就看穿了本质，这其实就是一个味觉的问题。

对于吃醋狂人，我最不能忍受的就是吃川渝风味的火锅加醋——当然不是往锅里加，而是往蘸料里加，并且往往一加就是半碗，约等于蘸着醋吃。反正在新疆的火锅店里，毫无疑问醋在所有蘸料中的消耗量稳居前三。

不过这些与真正的吃醋狂人比起来，根本就不是个事儿。我还听过更奇葩的。

我的妻子曾经跟我讲过，她上学时，有个女生只要是吃汤面之类，就必须要用醋将碗里的汤加满，是加到就要溢出来那种，然后不喝汤，只吃面，吃完后剩下一碗醋汤坦然离去。后来食堂的大师傅发现了她这个毛病，便故意难为她，在给她盛面的时候，故意将汤给她加到满得不能再满，看她还怎么加醋。呵呵，别担心，人家自有办法，却见这位奇女子端着碗先喝掉半碗汤，然后，继续加醋，一切照旧——多么舒爽的醋泡面啊！

新疆人爱吃醋，除了本地饮食受秦晋之地的影响之外，最关键的一点还是为了解腻。在饮食中，醋酸味可以掩盖油腻感，减弱味觉的灵敏度。据说这样的话，从神经传导的角度来说，人体对油腻的感觉就会大大缓解，同时醋还能促进唾液和胃酸分泌，从理论上说，便能达到加快分解脂肪的目的。

在新疆，饮食中的酸味担当还不仅是醋，还有番茄、酸奶，甚至未成熟的青杏子，都会用来提供酸味、缓解油腻。维吾尔族传统饮食中就有一种汤面，是将绿油油的青杏子放入同煮。如此种种，都与醋的功效类似。

新疆人口味中能和酸平分秋色的，是辣。

一般人们一说起吃辣，首先想到的是川、湘、赣这些地方，再多一点还能想到黔、滇、陕等地方，根本想不到远在西北的新疆。

其实辣并不是一种味道，而是一种刺激。所以你要是吃了超级爆辣的什么玩意儿，是不会感觉到什么味道的，而更会觉得是谁在你的舌头上抽了两鞭子，或者就是感觉你的口腔被谁猛猛地打了一拳。

辣味传到中国其实并不久，权威的说法是明代才传到中国，然后首先在西南地区盛行。西南地区之所以首先嗜辣，一种说法是因为潮湿，需要靠辣椒祛除潮湿，其实我觉得这种说法根本不靠谱。你觉得陕西潮湿吗？陕西人的油泼辣子都是一盘菜，而新疆就更谈不上潮湿了，反而是很多南方人到新疆很难受得了新疆的干燥，但新疆人吃辣子一样吃得天山南北一片红。

事实上，今天不仅在中国，甚至在全球，辣味有了一统江山的意思，其实这里面有着社会形态发生变化的原因。

辣味之所以现在成了最大众的一种口味，最大的原因可能是我们的饮食方式发生了变化。第一个变化是食材取用的变化。古时候，食材远没有现今流通得如此快捷，大都是就地取材，因而也保证了食材的新鲜。新鲜，自然就是要将食材的鲜放在首位，而辣，无疑会掩盖鲜，于是辣，除了潮湿而难得见到太阳的西南，在大多地区便不那么被待见。第二个变化是生活节奏加快了。我们吃饭更多的时候不再是细嚼慢咽，而辣适应了这一要求，不求味道多么地道，辣味就能快速便捷地解决一切，这也就是所谓"吃辣比甜、

鲜的成本低，时间成本也更低”的论点，更重要的是在快节奏中，辣能最有效地刺激肠胃和食欲。

当然关于为什么现在辣味流行，还有其他很多种说法，比如人口流动说、辣味辨识度高说，以及自虐倾向说等。

但不管怎么说，辣味早在全国流行之前就已经是新疆主打的口味了。

新疆的菜里基本都要放辣椒，比如酸辣土豆丝这道菜你只是听菜名就会知道，除了放醋之外，里面还一定要加些新鲜的辣椒丝同炒。而你如果要在新疆吃个西红柿炒鸡蛋，那么菜里除了西红柿和鸡蛋，还肯定得有青辣椒，所以新疆人干脆点菜的时候就会说：“来个‘西辣蛋’。”至于吃拌面时的各种拌菜，绝大多数都少不了辣椒，无论是新鲜的还是晾晒干的。

最具代表性的，就是新疆菜的新掌门——大盘鸡，辣椒是不可或缺的，而且不仅要有青辣椒，更要有晾晒干的红辣椒，也就是新疆人所说的“辣皮子”。干煸的大盘鸡，也就是所谓“柴窝堡辣子鸡”，那就更是辣皮子的狂欢，无论是鸡肉块还是土豆块，统统都埋在火红的辣皮子里，吃到最后就是在辣皮子堆里扒拉着找肉。

我就见过很多人吃起大盘鸡或辣子鸡来，吃辣皮子要比吃肉香。那些

浸透了肉香和油脂的干辣椒在烹制过程中都饱满了起来，吃到嘴里完全是香辣四溢，酣畅淋漓，对嗜辣者来说妙不可言。

不过有意思的一点是新疆人在吃羊肉类美食的时候，却基本不使用辣椒，比如清炖羊肉、水煮羊头和羊蹄，这似乎从一个侧面证实了辣味与鲜味的关系。但是新疆人一旦将羊蹄进行炒制，成为胡辣羊蹄后，则又会辣味十足；在吃羊杂碎的时候，也会大量用辣椒进行调制。

很多人可能会说新疆烤羊肉串不是放辣椒面吗？

诚然，烤羊肉串中的辣椒面是很重要的一味调料，但事实上真正原始的烤羊肉串是不放辣椒面的，甚至也是不放孜然的。

除了做一些羊肉的美食外，有些做新疆饭菜的厨师，离开了醋和辣椒基本上就不会做饭了。我的一位同事有一次去拌面馆子吃拌面，因为身体的原因，不能吃辣，因而叮嘱服务员炒一个不放辣子的菜拌面。大中午的，这家拌面馆子生意也兴隆，一拨吃完一拨进来的，就是不见他的拌面上来，叫服务员去后堂催，结果只见大厨探出头来，气势如虹地朗声回答："不放辣子的菜我就莫（没）做过！告诉他，吃嘛吃×，不吃去×！"说得这位同事哭笑不得。

很多人除了对新疆人的酸辣口味不大了解，对新疆人的主食偏好也不是十分清楚，也就是搞不大清楚新疆人的主食是偏向于米还是面。

和什么南甜北咸类似，中国人也是将国人主食的偏好概括为南米北面，如果这样算的话，那么新疆自然在北方，应该是以面食为主，但真相却并非这么简单。

南北米面之差其实再简单不过，就是水土差异，地里长出来的东西不同，或者说是看更容易长出什么而已。放眼世界范围，按照中国南北的划分标准，欧美人都是在北方，倒的确是偏重面食，但日本人也在北方，却主要是吃大米，这该怎么解释呢？放眼国内，这个理论一样解释不通，中国最北的一群人是东北人，难道不爱吃大米吗？所有的东北大米都是给南方人种的？

新疆作为一个多民族聚居的地方，饮食的混合性更加明显，对米与面的偏好并不算大。在新疆最具代表性的三种日常食物中，米有抓饭，面有拉条子和馕，甚至一锅羊杂碎里也有米肠子和面肺子，米面都有，面食略占上风。

总的来说，新疆人的主食是米面兼吃，稍偏面食，这和新疆饮食受陕西、山西影响较重，原籍为陕、甘、豫、鲁的人口较多有关。

不过新疆的汉族人口中，一样有着相当数量原籍为川、沪、苏、浙等地的，所以米作为主食的地位一样不可撼动。

而且和东北一样，新疆也盛产优质大米。

比如原本属于昌吉回族自治州的米泉县，从地名上看我们就能知道那里主打的农产品是什么。只不过现在米泉县已经并入了乌鲁木齐，和乌鲁木齐的东山区合并成为米东区——大概当初只是从行政的角度去考虑——所以现在从地名上已不大能看得出来。其实我觉得这个改名并无必要，完全可以将这个区叫作米泉区，既传承了历史，又表明了特点，一目了然。

新疆另一个优质大米的主要产区是南疆的阿克苏地区，其中又以阿克苏地区的温宿县最为著名。而阿克苏不仅在清代就是新疆大米的主要产区，并且还是当年以米为主食的上海知青最多的地方，大约这也是温宿县后来能成为当时农业部命名的“中国大米之乡”的原因之一吧。

阿克苏大米因为日照充足、生长周期长等原因，具有颗粒均匀、鲜亮透明、口感香软且油性大等特点，成为最受新疆人追捧的大米，一般认为要做真正地道的抓饭，就非阿克苏大米莫属。

除此之外，北疆的伊犁哈萨克自治州、南疆的巴音郭楞蒙古自治州等都盛产大米，而伊犁最佳的大米出自察布查尔锡伯自治县，巴音郭楞蒙古自治州最佳的大米出自焉耆盆地，甚至在吐鲁番市鄯善县的库木塔格沙漠里，也有着价格不菲、质量优异的沙漠水稻，等等。因此说新疆是一个大米之乡也并不为过。

新疆人对米和面的偏好，主要还是体现在个体上，在有些人身上体现得非常顽固，就是不喜欢吃米或者不喜欢吃面。因此如果和一个偏好吃米的人去了面食较多的地区或者和一个偏好面食的人去了吃米的地区，就很让人头疼，吃一顿饭无异于一次战斗，得一条街一条街地去找馆子，好不容易找到了还不一定是你想的那回事儿。

曾经我和一个原籍为陕西的同事去南方，这位老兄就一路上哭着闹着要吃面。他刚从新疆出去的时候兴致勃勃，一路走一路赞叹南方这也好，那也不错，尤其是女人长得水灵。但几天下来顿顿米饭，这位老兄开始崩溃，连看到南方街上走着的女人都不觉得水灵了，而是咬牙切齿地对我说："这个破地方女人都这么难看！"

为了防止这位老兄精神失常冲到街上咬人，我们在广州的时候开始陪着他拼命地找面馆，终于找到了一家炸酱面馆，欢天喜地地一吃，这炸酱面的炸酱主料竟然是用番茄酱做的，而且更要命的是甜的。这差点让这位老兄大哭一场。

这样看来，米面的差异不是小事，弄得不好要"出人命"。

另一次是在陕西西安，我拿着大米喂鸡，谁知道一把大米撒出去，一群鸡连看都不看，这真让我啼笑皆非，原来连陕西的鸡也只是吃面的。

★延伸阅读：出产优质大米的阿克苏

在新疆，只要一说起本地大米，新疆人首选的就是阿克苏大米。

阿克苏位于天山南麓，塔里木盆地西北，西与吉尔吉斯斯坦接壤，西汉时期为姑墨国所在地，其下所辖的库车市，则是历史上著名的龟兹。清代被定名为阿克苏，意为白色的水，因此阿克苏也就有了"白水城"的别称。从这个名字上，我们不难判断这里有着丰沛的水资源。

阿克苏地区一直以来都有着"塞外江南""鱼米之乡"的美称，在众多种植的农作物中，以大米最为出名，有"贡米"之誉，清代就有着"米产阿克苏者良，粒长色白，味甘而糯，精凿于东南杭米之上""(阿克苏)温宿大米较各城所产米质量最佳"的记载。

阿克苏同时也是瓜果之乡，盛产优质的苹果、红枣、薄皮核桃等。另外阿克苏的柯坪羊也颇为著名，为中国国家地理标志产品。而今天的阿克苏，最有存在感的则是长绒棉，这里已成为我国重要的优质棉生产基地。

★延伸阅读:种植沙漠水稻的库木塔格沙漠

位于吐鲁番市鄯善县的库木塔格沙漠,是世界上距离城镇最近的一个沙漠,近到可以一只脚踩着沙漠,另一只脚踩着葡萄园,鄯善也因此有了"滨沙之城"的雅号。

然而库木塔格沙漠更有趣的是,在沙漠之中竟然生长着优质的沙漠水稻。放眼望去,沙漠中大片的稻田波光粼粼,倒映着四周巨大的沙丘。在茫茫沙海之中,这样的情境多少会让人对世界的认知有一丝错乱。

其实至少自清代以来,在库木塔格旁边的东湖村,就是出产著名哈密瓜品种东湖瓜的故乡。

"库木"维吾尔语就是沙子的意思,而"塔格"则是山,因此库木塔格就是沙山的意思。这座东西长约62公里、南北宽约40公里,总面积达1880平方公里的沙漠,不仅是世界上距离城镇最近的沙漠,也是一座地球上落差最大的沙漠,有着高大无比的沙丘,这也使其成为我国最美的沙漠之一,同时也是沙漠越野车爱好者挑战车技的胜地。

不过需要注意的是,新疆还有一个沙漠也叫库木(姆)塔格,很多人往往会将两个沙漠搞混,一些文字在说到鄯善县的库木塔格沙漠时,常会说库木塔格沙漠"道路艰险""往来困弊",唐代史书称之为"大患鬼魅碛"云云,其实完全是张冠李戴。

唐代所说的库木塔格沙漠和鄯善县的库木塔格完全是两个沙漠。你如果仔细看看地图就知道,这两个沙漠都在地图上,完全同名,只不过鄯善的一般写作库木塔格沙漠,而另一个一般写作库姆塔格沙漠。

真正作为古丝绸之路中"道路艰险""往来困弊"的库木(姆)塔格沙漠,位于鄯善之南的巴音郭楞蒙古自治州若羌县,一部分还在甘肃省境内。若羌县库姆塔格沙漠面积也比鄯善县的库木塔格沙漠大得多,是新疆的第三大沙漠,为2.28万平方公里,是鄯善县库木塔格沙漠的12倍多。

新疆美食搭配之“五虎上将”

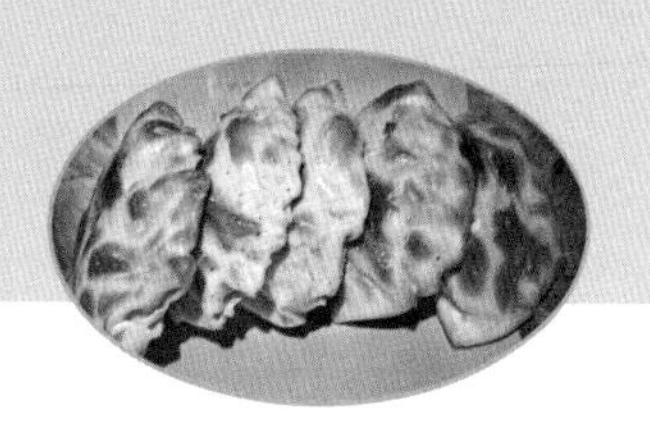

美食是需要搭配的。

一种味道，那只是一种味道而已，而两种以上的味道搭配在一起，就很可能会变化出不同的层次、不同的口感，甚至在相互映衬中，产生美妙的滋味。当然，前提是要搭配得好，搭配得合理。凡是搭配得好的，我们就叫它相得益彰；而搭配得不好的，很可能就是黑暗料理。

全世界的美食无疑都注重搭配，但在咱们中国，美食的搭配不仅仅是配在一起就了事那么简单，而是更为讲究口感的互补、味道的交融、君臣之味的和谐。

早了不好说，据说清朝的皇帝们就不吃所谓的“寡妇菜”，即只有一种食材的菜。这样看来，清朝皇帝们要想吃个煎荷包蛋，估计都是问题。

除去炒菜这一类，咱们的各种小吃、美食搭配更是出神入化，有着自己神秘而坚定的铁律。比如京城最牛小吃豆汁，就是要搭配上焦圈、咸菜丝才能显出精妙；而陕西的羊肉泡馍如果不配上一碟糖蒜，那滋味一下就会掉好几层楼。

而新疆美食的搭配，则更有着鲜明的特色。曾看到有人说起新疆的美食搭配来，列是列了一大串，但细看内容，却都是什么拌面配大蒜、手抓肉配洋葱，甚至还有薄皮包子配胡椒面等，完全就是不得要领。北方地区吃面条配大蒜本身就是常态，手抓肉配洋葱又有什么大惊小怪？这就是一些辅料啊，青海人吃手抓肉还配大蒜呢。至于在薄皮包子上撒胡椒面如果也算什

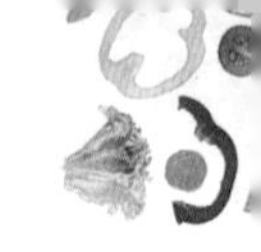

么美食搭配的话，那炒了个豆腐，撒了点盐，算不算？

这一方面说明罗列这些搭配的人在瞎凑数，另一方面更证明了他们对新疆美食了解得贫乏。说到底，要知道什么和什么搭配最佳，还得是自己一个个吃过，首先得是个合格的吃货。

如果大致排位一下，我认为在新疆美食中，真正日常的搭配经典，独具特色，群众喜闻乐见，味道又相得益彰的，应该是以下五种，可称之为新疆美食搭配的“五虎上将”。

第一道：黄面配烤肉

这是新疆最为历史悠久、随处可见的一种经典搭配。

所谓“黄面配烤肉”，就是凉面配上烤羊肉串。黄面，就是新疆凉面，因为颜色金黄而得名。黄面之所以金黄，并不是用了玉米面，而是因为面里放了鸡蛋、蓬灰等辅料，面用手拉出，调以蒜泥、芹菜、芝麻酱、醋、辣椒油等卤汁，再放几片面筋，酸辣鲜香，爽滑可口。虽然黄面本质上源自甘肃等地，但却是新疆最为常见的一种快餐食品，尤得女士青睐，因为这一份黄面对女士来说，基本上就是一顿物美价廉的正餐。

然而对于男士来说，如果只是吃这么一份黄面，未免还是嘴里淡出鸟来，所以，通常男士都必定要在黄面上再加几串烤肉。当然，如果不是出于控制身材的考量，女士们一样也会加。

黄面配烤肉的主流吃法不是吃一口面撸一口串，而是要将烤肉全部撸到面上，一起吃，这样方才痛快。黄面的酸爽鲜滑与烤肉的

醇厚浓烈相互交映，口感上既有了黄面的爽滑，又有了烤肉的鲜嫩，同时黄面又中和了烤肉的油腻，而烤肉又提升了黄面的香浓，的确是荤素搭配、相映生辉、最为理想的一道快餐。

在新疆，虽然烤肉可以和很多主食搭配，如馕、拌面、牛肉面、抓饭等，但与黄面的搭配最佳。大约是因为馕略显单调，牛肉面的汤汤水水容易稀释烤肉的滋味，而拌面、抓饭则本身就油重味厚，加入烤肉后，不仅口味偏油、偏重，而且还改变了拌面、抓饭原有的味道，不甚协调。

黄面配烤肉还有一个要点是最好配小烤肉，也就是肉块很小的烤肉，每块肉大约有大拇指甲盖大小，这样才更加入味。如果是大块的烤肉，整个滋味则会被烤肉带跑。

以前乌鲁木齐水磨沟公园北侧路边，七坊街附近的小烤肉颇佳，还有一家的黄面非常不错。前两年我常去吃，几个人要上黄面，再加上四五十串小烤肉，吃的是身心舒畅。

但是后来随着羊肉价格上涨，烤肉也整体涨价，那里的小烤肉似乎也随之消失。后来再去的时候，那家的黄面也不知为何滋味大不如前，也许是换了大厨吧。

第二道：面片、皮带面配大盘肉

这也是非常著名的一个搭配。著名的原因，是大盘鸡，大盘鸡就是在鸡肉上盖以皮带面同吃。但是我之所以没有说大盘鸡配皮带面，是因为首先大盘鸡并不是这种吃法的源头，其次也不是这种吃法的最经典搭配。

这种吃法的最经典搭配其实是纳仁，纳仁中最经典的则是马肉纳仁，即马肉上盖面片或皮带面，而且，要用手抓着吃。这种搭配，是哈萨克族人的传统。作为游牧民族的哈萨克族，不仅交通工具离不开马，餐桌上更是离不开马。新疆所有的马肉美食基本上全来自哈萨克族。

马肉有着一种独特的清香，而且脂肪较少，其实马肉不仅脂肪相对少，而且其脂肪也优于牛、羊、猪的脂肪。据说马肉的脂肪近似于植物油，其含

有的不饱和脂肪酸可溶解掉胆固醇,“翻译”过来就是吃了不长胖,因而尽可大快朵颐。

如果是夏季,哈萨克族人会选择一岁的马驹来宰杀待客;如果是冬季,则用的是熏马肉。马肉纳仁中煮出来的马肉是大块的,主人用刀将肉切割成便于入口的小块,而面片也要用煮肉的汤煮出,将热腾腾的面片浇盖在马肉上,再配以洋葱,一口肉一口面,而本身用肉汤煮熟的面片就吸附了马肉的肉香,因此面片滋味爽滑而鲜美,马肉滋味厚重而耐嚼,吃起来行云流水,痛快淋漓。

吃马肉纳仁一定要用手抓着吃,这样才更有滋味,这个道理有点类似于西安的羊肉泡馍,用手掰碎的馍味道才最好。这也就是为什么配马肉纳仁的面大都是面片的缘故,因为好抓。而如果是皮带面的话,抓起来就需要一定的技术含量,否则不仅姿势难看,搞不好还抓得到处是汤汤水水。

而马肉纳仁中不仅仅只是肉,还有马肠子、马肚子这样的杂碎。对于一个资深吃货来说,这其中顶级的美味就是马的大肠部位,一口下去,油脂四溢,浓烈的香味立即占据了整个口腔,这时候紧接着吃一口面片,整个面片都沾染上了浓香,鲜美异常——这才叫层次感啊!

其实除了大盘鸡、马肉或羊肉纳仁这几种面肉搭配之外,在新疆,还有很多种这样的搭配,比如大盘肚、大盘鹅、大盘红嘴雁(人工养殖)等。鹅与红嘴雁还好说,但是大盘肚不像肉那样多汁,因而无论是皮带面还是面片加在里面,滋味都大打了折扣,面片难以吸附肉香。

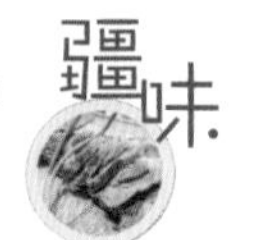

第三道:椒蒿配土豆丝

这个搭配是属于典型的入锅前搭配了,而且也是新疆最为大众化的一种搭配。椒蒿,又名灰蒿、蛇蒿,属于菊科蒿属的多年生草本植物,虽然这玩意儿在东北、华北、西北乃至整个中国北部都有生长,但似乎只有新疆人,尤其是新疆的汉、回、锡伯三个民族对它情有独钟。

而椒蒿的做法也多种多样,较常见的有凉拌椒蒿、椒蒿炒羊肉、椒蒿炒鸡蛋等。新疆的锡伯族人有一道名菜,叫"布尔哈雪克炖鱼",所谓"布尔哈雪克",就是椒蒿,而锡伯族人则称之为"柳叶草"。我曾经在没有菜光有肉的地方吃过椒蒿炒大盘鸡,因为当时椒蒿是唯一的蔬菜,味道也非常不错。

但所有椒蒿的菜肴中,最为新疆人喜闻乐见的,则是椒蒿炒土豆丝。一来是因为本身炒土豆丝就是新疆最为家常的一道菜,新疆人钟爱它;二来是用椒蒿炒土豆丝,不仅丝丝绿意点缀着菜相好看,还因为椒蒿的气味浓郁,有一种独特的辛香,入口微麻,味道略微接近一点薄荷,又略微接近一点荆芥,所以和土豆丝同炒,其独特的辛香会在土豆的味道中脱颖而出,但又不喧宾夺主,让原本再平实不过的土豆丝立刻灵动起来,增添了土豆所缺乏的鲜味和清爽,味道变得活泼而丰富。所以椒蒿土豆丝拌面,也是很受欢迎的一种拌面。

如果硬要比较的话,椒蒿在新疆的地位介于韭菜和香菜之间,既可作为一道菜的主料,也可成为各个食材的辅料。一口椒蒿下去,其微麻、辛香和清凉的滋味

会在口腔中久久停留，却又不会影响其他食材的味道。

椒蒿每年春季几乎生长在新疆的各个山区，所以事实上大家吃的椒蒿基本都是野生的，也正因为如此，吃椒蒿最为集中的时候是在春季，过了这个季节，便只能吃盐腌制的了。

在新疆和椒蒿地位类似的，还有一种野菜：沙葱。这玩意儿也很得新疆人的青睐。沙葱又名蒙古韭菜、野葱、山葱。因其形似幼葱，故名。在中国广泛分布于西北地区和内蒙古西部。沙葱为百合科多年生草本植物，茎叶针状，花白色，常生于海拔较高的沙壤戈壁中，说是葱，实际上比真正的葱细小了很多，味道中略有辛辣，一般的吃法是凉拌或者炒鸡蛋。但和椒蒿比起来，沙葱在西北许多地区被普遍食用，不像椒蒿那样，在新疆人心中拥有难以撼动的地位。

第四道：烤包子配维吾尔族药茶

新疆维吾尔族传统的包子主要有两种，即烤包子和薄皮包子。薄皮包子有点类似于烧卖；烤包子则大致呈四方形，包子皮用死面，在馕坑里烤得表皮金黄，颇有咬劲，而四方形的包子里则是肥瘦各半的羊肉丁配着洋葱的馅。一个优秀的烤包子，一口下去，汁香四溢，滋味浓厚，异常肥嫩鲜美。

烤包子由于味重、油大、扎实，因此既可以作为早餐，也可以作为正餐。我就见过在维吾尔族饭馆里，大家上一大盘烤包子，一边吃一边喝茶，是为物美价廉的一顿饭。

对一般人来说，如果只是一个接一个地大嚼烤包子，未免太过油腻，非得有好胃口才行，而且必须得是酷爱烤包子的这种。但是，如果配上维吾尔族的传统药茶，再吃烤包子，情况则会马上不同。

多年前我去尉犁县看胡杨，在墩阔坦乡吃早餐，点的就是烤包子，不经意地端起茶碗一喝，却是维吾尔族药茶，起初倒没觉得什么，结果边喝着茶边吃烤包子，竟然是越吃越想吃，而且那个药茶也是越喝越香。

药茶配上烤包子，不仅包子不再油腻，还平添了一种独特的滋味。更为

重要的是，药茶配着烤包子，喝在嘴里清香浓烈而爽口，喝进肚中浑身通泰而顺畅，让人欲罢不能。

药茶的茶都是砖茶，也就是茯茶，事实上也唯有砖茶的厚重味道才能“对付”新疆肥嫩丰腴的羊肉美食。而药茶里的药，则通常都有十几种以上，一般都有丁香、豆蔻、白胡椒、生姜、桂皮等。

其实维吾尔族药茶也是按方抓药的，比如吃烤包子、吃抓饭、吃大块羊肉有专门的药茶，吃素食也有专门的药茶，春夏秋冬，也有不同的方子，甚至要具体根据个人的身体状况配制药茶。而我吃烤包子时喝的药茶，自然是消食解腻的药茶了。

后来我回到乌鲁木齐，在维吾尔医医院买了些消食解腻的药茶，发现平常喝时，肠胃里像是被清洗了一遍似的空空落落，寡淡得难受，然而一旦吃羊肉时配上喝，整个人立马就会变得神采奕奕，而最佳搭配，还得是烤包子。只有体验了这种搭配，方能明白什么是唇齿留香、回味悠长。

第五道：抓饭配薄皮包子

见到很多滥竽充数的文字说，抓饭配咸菜什么的是绝好的搭配，这样的说法看着就让人觉得气短。但凡新疆的美食，只要是滋味厚重的，基本上都是配上咸菜或者小菜来解腻的，这有什么特殊？还有人喜欢抓饭配上几串烤肉，其实也是不懂得美食的精妙。

要说抓饭的最佳搭配，并不是烤肉，更不是什么咸菜，而是薄皮包子。

抓饭配烤肉，其实就是将两种滋味都强烈、个性都鲜明的食物混在了一

起，不仅不能相互增辉，而且还会互相牵制，味道难以调和。烤肉的特点是味道浓重而多汁——当然烤得过干的除外，佐以孜然等香料后，辛香猛烈；而抓饭的特点是香味醇厚，米香与肉香相互吸附后滋味平实而香浓，同时由于胡萝卜的原因，抓饭还有一丝香甜。如果以烤肉搭配抓饭，一会儿味道被烤肉带走，一会儿味道又会被抓饭带走，结果是什么味都不突出，乱七八糟一团。

至于咸菜，其实正确的说法是酸味突出的凉菜，对于抓饭的主要作用是解除油腻和缓解味觉，虽也必不可少，但远不能算什么惊艳的搭配。

而薄皮包子则不然。

薄皮包子之所以叫“薄皮包子”，是因为皮薄透亮，而包子馅则与烤包子相同，只不过是在蒸笼里蒸熟，咬一口也是汁水横流，因为洋葱的缘故，也有一丝香甜。抓饭配薄皮包子的正确吃法是，将薄皮包子在抓饭上撕开，再将饱含汤汁的肉馅浇在抓饭上，当然，包子皮也扔在抓饭上。现在，你只要扒拉着吃就行了，完全是人间绝配。

抓饭是没有汁水的，而薄皮包子恰好弥补了这一点。鲜香的汤汁渗入本就吸附了肉香的米饭上，混合着肉馅，不仅增加了抓饭醇厚的味道，使其香味愈发浓郁，同时抓饭的口感也变得滋润。原本味道平实的抓饭因为薄皮包子，鲜味蓦然被提升出来，犹如点睛之笔，薄皮包子的鲜香在前，而醇香的抓饭垫底，层次分明，前赴后继。简简单单的一个搭配，便能吃得汹涌澎湃、妙不可言。

★延伸阅读：维吾尔医

作为祖国中医的一个分支，维吾尔医简称“维医”，与之相应的还有维药，而维吾尔族的药茶，便是维吾尔医药中较为常见的一种。维医维药与藏医藏药、蒙医蒙药等，都属于中医中药的范畴，其治疗方式与理论基础相同。事实上，千百年来，各民族传统的医药都一直在交互影响和补充。

与主流中医一样，维吾尔医的基础理论认为：人体和所有生命都是自然的一部分，生命与外部环境条件是一个整体。这一点和中医理论中的“人以天地之气生，四时之法成”（《黄帝内经·素问·宝命全形论》）、“天地之大纪，人神之通应也”（《黄帝内经·素问·至真要大论》）的思想毫无二致。

维吾尔医同时认为宇宙是由火、气、水、土四大元素组成的，四大元素之间存在着相互联系、相互作用、相互制约的关系，而人体则相应地分为了胆液质、血液质、黏液质、黑胆质四种不同体液的体质。这个理论也和中医里金、木、水、火、土五行相生相克的理论本质相同。

维吾尔医的特点主要在于重视食疗、养生和抗衰老、增强人体免疫力等方面的调养，而由于新疆地域辽阔，蕴藏着巨大的药材资源，有些药材为新疆所独有，因而维吾尔药种类丰富。目前维药达1000多种，其中常用药材有400多种，药材来源分植物、矿物、动物三大类。

新疆的重口味美食

世界上总有一些这样的食物:在当地人看来是绝顶美味,而在外地人看来,却不忍直视。这一类的食物,姑且可称之为“重口味”,达不到一定的境界,通常是无福享用的。

在新疆,也有一些段位颇高的重口味的美食,固然比不上活吃老鼠、牛瘪火锅之类,但是对很多人来说,尤其是对外地人而言,不少人要吃下去的话,多少还是需要克服自己的心理障碍。

在这些食物中,有些是入门级的。所谓“入门级”,大体上相对比较常见,大部分人都能接受,是衡量一个人是否为新疆吃货的最低要求。

面肺子与米肠子

面肺子与米肠子是羊杂,亦即用羊下水制成的美食中,最具鲜明特色的一种。

面肺子,简单地说就是灌入了面的羊肺子。羊肺子这玩意儿,可以直接煮熟了吃,但是却略显单调,灌入了面糊的羊肺子,面积骤然变大,事实上吃起来,吃肺子的感觉很弱,而吃面块的感觉更强。具体做法是将羊肺用清水反复灌洗,直到将粉红色的羊肺子洗到发白。然后将羊的小肚套在羊肺的气管上,往里面灌面糊。这个面糊首先是洗出面筋,然后待淀粉沉淀后再倒掉部分水,还要往里放些清油什么的,慢慢往羊肺子里灌,灌满之后扎紧气

管煮熟，煮好的面肺子色泽微黄。

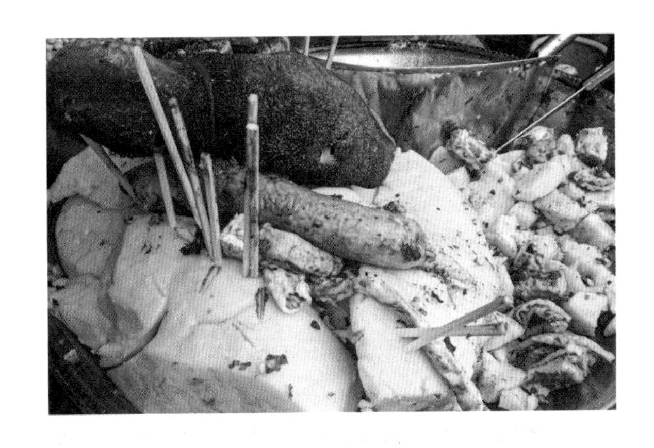

而米肠子则是在羊肠子里灌入与切碎的羊肝、羊心、羊肠油拌好的大米，再调以胡椒粉、孜然、盐，煮熟而成。

在新疆的大街小巷里，以往常常能见到大锅大锅的面肺子与米肠子，食客可以选择多一些面肺子还是米肠子。面肺子切成小块，米肠子则切段，拌入油泼辣子、醋、蒜末、香菜末等来吃；还有另一种大众吃法是将二者与其他羊杂并洋葱、辣椒等爆炒，滋味厚重。喜欢的人对此是欲罢不能，但是不喜欢的人则敬而远之，尤其是未曾见过这玩意儿的外地人，面肺子白乎乎的，米肠子则颜色发乌，一时半会儿较难适应。

对于一个品尝新疆美食的人来说，如果对面肺子与米肠子能够大快朵颐，才可以算得上登堂入室。

羊　头

广义上，羊头也属于羊杂类，而且和羊杂一样，也广泛见于西北地区。对不少人来说，羊头中相对较难接受的，可能就是羊眼睛了。其实羊眼睛，也是一包汁水，有些人还专门吃这玩意儿，爱吃羊眼睛的，才可算是一个标准的吃货。比如在西北的不少地方，有些人吃羊杂汤，还会专门要求多放两个羊眼睛，老板每每遇到这样的顾客，就基本能断定这位是一个资深吃货了。

我曾经有一段时间经常和小伙伴们吃羊头，主要是因为这玩意儿要比纯肉便宜。在新疆吃羊头，除了盐，不放任何调料，否则就会被视为外行。

在哈萨克族人的宴席上，羊头是有着特殊含义的，仪式化的程度很高。

比如羊头端上来先让最尊贵的客人在额头上切个“十”字，主人还要给主宾先削下一块面颊肉送过去表示尊敬，要给在座的小孩削羊耳朵，寓意为要听话，等等。其实很类似于汉族人宴席上吃一条鱼，鱼头鱼尾对着的人要喝酒，接下来“推心置腹”“倍感亲切”“高看一眼”等来一遍。

但是当年我们吃羊头时根本不会管这些，买回来煮熟的羊头撕着啃就是了。其实一个羊头最好吃的肉有两处，一处是面颊上的肉，均为精瘦肉，而且因为一直活动的缘故，肉质细嫩；还有一处就是羊舌头，香嫩而柔韧，但是羊舌头煮熟后，有一层灰白色的皮，最好剥掉，否则多少会影响口感。但是一个羊头中真正美味的，则是羊脑子了，不过这玩意儿胆固醇含量颇高，吃之前要先考虑考虑自己身体的各项健康指标。

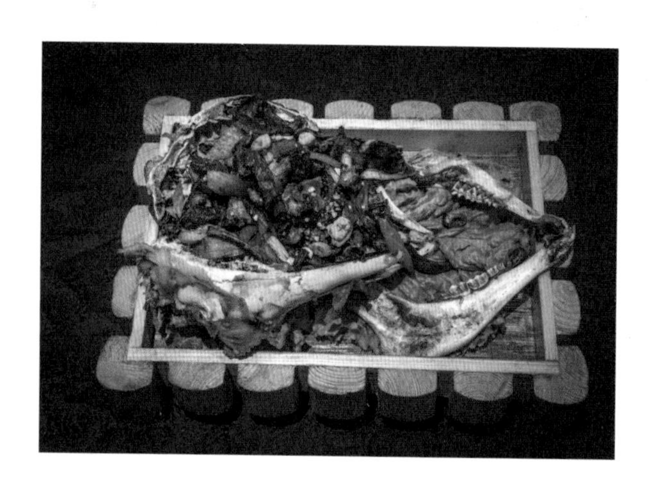

羊头更为大众的吃法则是爆炒或者凉拌，这样的话，对很多人来说吃下去要容易得多，不会出现你在吃羊头时，你看着羊，羊也看着你这种情况；也不会出现扒开羊嘴，硬扯下舌头这样的暴力场面，吃的时候至少情绪会比较稳定。

青杏子汤饭

新疆是水果之乡，而杏子则是新疆水果中的大宗之一，但是在一般人印象中，杏子要么与其他水果一样直接吃，要么做成甜点吃。事实上，在维吾尔族人对杏子的吃法中，除了以上两种之外，还有一种就是用未成熟的青杏子来做拌面或者汤饭——所谓“汤饭”，是新疆人对汤面的叫法。

每年的四五月间，就是用青杏子做汤饭的时节。这种汤饭的渊源，应该是在以前物资匮乏的时候，用以代替醋的手段。事实上在世界很多地方，都有用柠檬、柑橘或者酸角之类替代醋的传统。

青杏子汤饭的做法基本与普通汤饭无异，也是先烧油炝锅，放入葱、蒜、羊肉丁、胡萝卜丁、土豆丁以及辣椒、洋葱等翻炒后加水，下面，然后倒入青杏子略煮几分钟，撒香菜后出锅。

青杏子汤饭自然是味道略酸，吃完面还可以继续吃青杏子，对于第一次吃的人来说，虽然算不上有多么重口味，但却会产生颇为怪异的味觉搭配和心理感受。

这些新疆最为初级的重口味美食，对很多人而言不会有太大难度，而如果能够愉快地吃下新疆重口味美食中的进阶级食物，就需要一定的功力了。不过这一级别的美食要吃下去固然有一定难度，但喜爱的人还是相对较多。

酸奶疙瘩

也许有人会觉得酸奶疙瘩有什么啊，这玩意儿到处都有。

酸奶疙瘩基本上在所有的游牧地区都存在，没别的原因，就是因为来源稳定，便于储存携带，能高效补充养分。

在新疆，奶疙瘩大体上分为两种，即甜奶疙瘩和酸奶疙瘩，很多人吃的所谓“酸奶疙瘩”，其实是甜奶疙瘩。这句话的意思是：真正的酸奶疙瘩很多人是吃不下去的。

新疆的哈萨克、蒙古、柯尔克孜等民族都有自己的奶疙瘩，这里主要

说的是哈萨克族的奶疙瘩。其做法是先将牛奶或羊奶发酵成酸奶后倒入锅里熬，然后装入布袋，沥掉水分，再用手将酸奶捏成小块晾晒而成，通常都是放在室外的架子上、草席上。我在户外行走、翻山越岭的时候，常能见到哈萨克族牧民毡房前晾晒着这玩意儿，像是一个个小型的白色月饼。当然，这玩意儿既然是晾晒在室外，苍蝇、蚊虫什么的肯定少不了，飞来爬去的。但这不是重点，重点是真正的酸奶疙瘩真的很酸，酸入脑髓。

新鲜的酸奶疙瘩自然比较软，吃起来不费劲，但是放干了以后，啃起来可就真费劲了，好像是在啃一块石头，而啃到嘴里，整个口腔都将会被酸味占据。事实上传统的酸奶疙瘩是咸酸味的，但是一般第一次尝试的人，估计都会把咸味忽略不计，只会被酸得眼歪嘴斜、摇头晃脑就像拨浪鼓，不过喜欢的人，则根本无视这种巨酸，会啃得津津有味。因此没有点功力，这酸奶疙瘩还真吃不了。

烤啬皮

前面说过了羊杂中的面肺子和米肠子，但是羊杂中还有一种玩意儿经常出现在烤肉摊子上，黑乎乎的一大疙瘩，像肝不是肝，像心又不是心，新疆人称这个玩意儿为“啬皮”，新疆人念作“sēi 皮”，也有写作“塞皮”的，其实，这就是羊的脾脏。

烤羊脾脏是将羊脾脏洗净掏空后，塞入切碎的羊油、洋葱等烤制而成。和烤肉不同，啬皮需要较长时间才能烤好，而在吃的时候，外层的脾脏也非常耐嚼。所以往往可以看到一个吃烤肉的人可能都吃了十串肉了，吃啬皮的那位还拿着一串在那嚼呢。也正因如此，喜爱啬皮的人为之痴狂，有嚼劲啊，而且脾脏中间包了

一包羊油为主料的馅儿,香!

然而这玩意儿并不是每个人都能享用,先不说口感上、味道上很多人难以接受,首先有一部分人只要吃了这玩意儿就会闹肚子,肠胃不适。因此,要吃烤啬皮,不仅要能接受它的口感和味道,更要具备一个好肠胃。

说完了进阶级的,再来看看什么是高手级的。不管怎么说,进阶级的重口味美食,还是拥有相当大数量的爱好者。然而高手级的重口味美食,要吃的话则需要功力深厚了,非一般人所能尝试,相当于少林扫地僧、华山风清扬这个级别的。但对于一个顶级吃货来说,这一级别的食物都能够轻松享用。

奶脬

所谓"奶脬",不是奶泡,也和膀胱没关系,新疆人说羊奶脬,其实就是羊的乳房。在乌鲁木齐,偶尔能见到烤肉摊子上卖烤羊奶脬的。这玩意儿吃起来口感稍有些怪异,总体上略微弹牙,有点接近千叶豆腐,但更主要的怪异感则来自心理上。不过和任何重口味食物一样,照样也有人爱吃这玩意儿,隔几天不吃就想得慌。其实除了羊奶脬,还有牛奶脬。我的一位小兄弟对牛奶脬就是大爱,每逢炖风干牛肉的时候,必要切一块牛奶脬进去,据他说,吃起来口感跟吃豆腐一样,就是一个字:香。

其实牛羊的乳房在西北菜系中一直都有各种做法,比如牛奶脬用来爆炒,做法与爆炒牛肚差不多,羊奶脬也有加上调料炖煮的。

对我来说,烤羊奶脬曾尝试过,但煮牛奶脬倒一直没试过。对大部分人来说,面对着牛羊的奶脬,通常都会有点忐忑,下口是需要勇气的。

"马鬃"

此"马鬃"非彼马鬃,不是马脖子上的鬃毛,而是马脖子内的一块玩意儿。之所以说是"玩意儿",是因为这个东西既像是一块油,又像是一块筋,

或者说是油和筋的混合物，更形象点，就像是长满了油脂的筋。大约也就是因为其长在马的鬃毛下面，所以才有了“马鬃”这个名字。所以你如果在新疆听到有人说吃“马鬃”，不是让你去吃一嘴毛。

一匹马只有一条一两公斤的“马鬃”，据说小马还没有。在哈萨克族人中，这是招待贵宾的上佳食物，通常都是和马肉煮在一起端上桌。喜欢吃“马鬃”的人，那是奉若珍馐，一口下去，脂肪在口中爆开，筋道耐嚼，但是又没有筋的僵硬，越嚼越香。

然而对不适应的人来说，估计就没这种感觉了。一口下去，满嘴的油和筋，心理和生理上都会产生强烈不适，达不到高手的境界，是无法体会到“马鬃”的妙处的。

羊尾巴油

如果说“马鬃”还只是似油非油、似筋非筋的东西，那么羊尾巴油可就是扎扎实实的油脂了。这一大坨白花花、软乎乎的东西，对绝大多数人来说，何止是难以入口，完全就是恐怖。然而，对于一个高手级别的吃货来说，羊尾巴油才是真正的美味佳肴。

新疆的羊中，以阿勒泰的大尾羊羊尾巴最为巨大，一个硕大的尾巴，有好几公斤，据说常有因羊尾巴过大、过重，而压断羊后腿的事儿。

羊尾巴油，在西北菜系里其实多多少少都会用到，但大多是作为辅料。看以前写老北京美食的文章中，有“全羊宴”一说，其中羊尾巴油也是一道，但是看做法，应该是做成了甜点。其实在新疆很多维吾尔族糕点中也都会用到羊尾巴油，或者做馅料，包各种包子，包括掺羊尾巴油的糖包子。还有就是用来做奶茶、炒麦子等。

事实上，在新疆，有直接在羊尾巴油上撒些盐就吃的，也有用冰糖炖的，吃起来自然也是甜食。

新疆的维吾尔、哈萨克、柯尔克孜、乌孜别克、塔吉克等很多民族都有在春季过诺鲁孜节的习俗。过诺鲁孜节有一道必吃的食物——诺鲁孜粥，地

位相当于春节时北方地区的饺子。

喝诺鲁孜粥的本意是除旧迎新，将经过了一冬之后，家中剩余的各类粮食都拿出来同煮，但这里面还要放的，就是羊尾巴油。对很多外地人来说，根本喝不下去，我曾经喝的时候还好，凑凑合合总算还能喝下去。

然而羊尾巴油最为经典的吃法，则是直接吃。

直接吃，最简单的是和烤肉一样穿成串烤着吃，这种吃法喜闻乐见，不足为奇。我的一位表哥曾经就最爱这样的吃法，每逢到烤肉摊子上吃烤肉，都要来上十串羊尾巴油，那叫吃得一个痛快啊。然而现在，你让他这样吃，他除了干流口水外，却再也不敢吃了。因为有一次，他老兄在大吃特吃了一顿油后，突然就觉得天旋地转的，经检查，高血脂，所以如今对羊尾巴油敬而远之，只有怀念的份儿了。

直接吃还有一种常见的吃法是和清炖羊肉一起吃，这种吃法很多人估计就难以享用了。煮熟的羊尾巴油白花花的，切成块直接食用。说实话，我对直接这样吃羊尾巴油也是心存畏惧，不过我的妻子吃起羊尾巴油来却是气定神闲，从容淡定。一次我们围坐在一家牧民的炕上吃手抓羊肉，她不仅自己吃羊尾巴油，还劝我也吃两块，对我说吃起来就跟吃骨髓一样。

我抓起一块一吃，果然是香而不腻，宛如骨髓般入口即化。不过这种吃法要是跟我妻子的一位舅舅比起来，就完全小儿科了。我妻子曾对我说，她的一位舅舅年轻时跟人打赌，说可以直接吃下去一整个羊尾巴，对方不信，于是买来一个羊尾巴煮熟，妻子的舅舅将煮熟的羊尾巴油切片，撒上点盐，一口一片。眼见着我妻子的舅舅就要将一整个羊尾巴消灭殆尽，对方这才信了，连忙认输，说："给我也留两片。"

但是，吃羊尾巴油的最高境界，则是生吃，即在宰羊的时候，趁热掏出羊尾巴油，放在掌心，由腕部向前，吸溜一下，便将羊尾巴油吸进了肚里，荡气回肠。与之类似的，还有在宰羊的时候，掏出羊心附近的护心油直接生吃。

毫无疑问，这才是真正吃羊油的高人，吃货中的九段高手，非一般吃货所能企及。

如果说上述的种种食物，对你来说都能轻松拿下的话，那么，更高境界的重口味美食则不仅具备所谓黑暗料理的精髓，更是达到了传说的级别。

所谓“传说级”，即达到了出神入化的境界，相当于武侠中的独孤求败，江湖上只听过传说，学个一招半式就能傲视群雄。此种食物，若能轻松享用，估计在吃这方面也就所向无敌了。

酸奶拌面

拌面是新疆最为著名的大众面食，而且差不多是各种菜都能拌，最为常见的有过油肉拌面、家常拌面、碎肉拌面、土豆丝拌面、西红柿鸡蛋拌面等等，一个标准的拌面馆子，通常都会有至少五六种菜的拌面。但是，你绝对看不到酸奶拌面，没错，所谓“酸奶拌面”没有任何调料和菜，就是一碗酸马奶浇到面上。这个酸奶可不是你在超市买的那种，而是牧区的牧民们将马奶发酵而成的酸马奶。

新疆牧区的哈萨克族、蒙古族等，本身就有一种汤面条叫奶子面条，维吾尔族中也有类似的吃法。也就是用牛奶或者羊奶做汤，下面进去，另外放入一些羊肉、洋葱、辣椒面等，有些牧民还会放进去一些酸奶疙瘩提味。味道怎么样？反正我没尝过，据说奶香混合着肉香，略带酸辣，但是叫我来想，却怎么琢磨都觉得比较怪异。

而酸马奶拌面，则能甩出牛奶面条好几十条街。因为发酵的马奶子，虽然颇具营养，但最大的特点就是酸，还有一定的酒精度，只用这个浇在面上来吃，这滋味就是想想也能让一批人魂飞魄散。

其实这样的吃法，在牧区也是一种迫不得已的方式。

对曾经交通不便的牧区而言，蔬菜是奢侈品，而奶制品往往是除肉食之外唯一能提供营养的食物。

以前我看到一篇报道，是宣传新疆一位著名的医生常年为高原地区的少数民族牧民看病的事迹。别的都没记住，就记住了其中的一段，说是这位医生在一位柯尔克孜族向导的带领下，经过长途跋涉来到一户牧民家中看

病，吃饭的时候，牧民便是将一碗酸奶直接浇在了煮好的拉条子（拌面）上。这位医生当时就凌乱了，这根本无法下咽啊，转过头再看带路的向导，却早已端起来自己那份酸奶拌面稀里呼噜地吃了起来。

对于能够享用酸奶拌面这样顶级食物的人，在正常情况下，我也只能是高山仰止、自愧弗如了。

★延伸阅读：羊肉的膻味从哪里来

实际上不管何种动物，红肌或白肌纤维的结构大致相同，没有本质上的区别。风味的不同，主要是由脂肪细胞造成的，同时也会受动物饮食和肠胃内常驻微生物的影响。比如牛肉的腥味主要来自粮草植物中的化合物，猪肉的腥味一般认为来自其肠内微生物与氨基酸新陈代谢所生成的脂溶性产物。至于羊肉的膻味，则是因为肉脂中的一种挥发性脂肪酸，另外羊肉的膻味也和其体内的酚类物质、硫化物等成分有一定关系。

羊肉的膻或不膻，取决于多个因素，除了公羊是否阉割等因素外，羊肉的膻味大小其实最主要还是和地域以及饲料有关，饲料当中的盐碱少、水分大，则膻味就大，反之，则膻味小。而新疆的羊，尤其是塔里木盆地的羊，生活在盐碱较大，且相对干旱的地区，因而所出产的羊肉，鲜美无比。

新疆食谱中的食物相克

食物相克这事儿，在咱们中华文明中可谓源远流长。据说1935年时，相关学者就通过对十四组相克食物所做的实验，对此进行了辟谣。但是没用，生在新社会、长在红旗下的我们，别说当年根本就不知道这事儿，就算知道了，也绝不会相信那个在万恶的旧社会中得出的结论。

我们当年相信的，是《赤脚医生手册》。

在我小的时候，家里就有一本《赤脚医生手册》，红塑料封皮，看着就让人觉得心里踏实。翻开，第一页用加粗黑体字印着：应当积极地预防和医治人民的疾病，推广人民的医疗卫生事业。庄重而慈祥的强大气场扑面而来。

依稀记得，那里面就有食物相克之类的内容。因为书中也明确说了："中国医学是一个伟大的宝库，应当努力发掘，加以提高。"

而对于所有相克的食物，我记得最清楚的，莫过于大葱与蜂蜜的组合。按照食物相克的理论，如果这样吃了的话，会导致食用者在这种甜蜜的大葱味中殒命身亡。

我之所以对这一条印象深刻，是因为大约在十一二岁的时候，我的老爸就这么被折腾过一回。当时吃了生葱的他，又无意间喝了杯蜂蜜水，等反应过来的时候，那杯蜂蜜水早已见底，这下子全家大乱，惊慌色变。

好在咱们中国的医学宝库中，也有以不变应万变的破解之招，那就是绿豆解毒。因此我的老爸为了挽救自己，和我的老妈忙不迭地熬了一大锅绿豆汤，从中午一直灌到了晚上——反正蜂蜜加大葱有毒没毒不知道，但绿豆

汤利尿倒是真的。

虽然当时状况异常紧张，但我依然记得父母不忘见缝插针地给我科普，说是听说前段时间就是有几个人，大葱蘸着蜂蜜吃，结果回家后全都送了命。

对于我父母当年以生命的代价来给我“科普”这事儿，我记忆犹新。而对于十一二岁的我来说，当时也顾不上细想这个世界上为什么会有大葱蘸蜂蜜这样一种清新脱俗的吃法，只是在一旁也跟着惴惴不安。

后来随着年岁渐长，我慢慢知道，咱们民间解毒的方法其实还不唯绿豆一种，比如还有甘草、浓茶，甚至还有大粪。

还好，我父母当年用的不是大粪，否则那将会在我的人生中，留下一个多么气味浓郁又惊心动魄的记忆。

因为这件事儿，我后来专门查看了一下食物相克的各种说法，着重看了一下蜂蜜加大葱，结果发现虽然各种食物相克的版本中，都有蜂蜜加大葱这种经典相克组合，但对后果却说法不一。有的说吃了后会毙命，有的则说会腹泻，而最轻微的，则是说对眼睛不好。

这就让我有点困惑，继而大失所望，为什么同样是大葱加蜂蜜，结局却如此天壤之别？莫非是葱的品种不同？还是蜂蜜的产地不同？住在我隔壁的狗剩子、二蛋子昨天抢了我一块橡皮，本来我还计划着哪天骗他们吃一次大葱加蜂蜜，但只是让他们拉一次肚子或者眼睛红肿得看起来像个兔子，那还不如我冲他们撂块黑砖来得痛快。

而我对这个传统的食物相克说真正开始起疑，则是在我结婚成家后。

我结婚后，父母在我的冰箱上干的第一件事儿就是隆重地贴了一张“食物相克表”，全都配着彩图，类似于给幼儿启蒙用的拼音字母表彩色挂图。大约是怕人看不清或者不注意，所以这张挂图图案鲜艳、字体粗大，总之是非常贴心，尤其是充分考虑到了年老眼花的老龄人群，因而尽力使之一目了然。而在我后来不小心将这张挂图搞坏了之后，父亲大人一经发现，二话不说，立即新拿来两张一模一样的“食物相克表”，一张依旧贴在冰箱上，一张则放在厨房备用。

我虽然很少下厨做饭，但是因为这张挂图过于醒目，因此还是对其进行了认真的研究，结果一眼就发现了问题。

在这张挂图上，明确写着羊肉不能与西瓜同食，否则会伤元气。而另一条则写着羊肉不能与醋同食，否则大热、上火，而且还会“伤人心”。当然，“伤人心”不是说“感时花溅泪，恨别鸟惊心”的状态，而是古人认为汗为心之液，因为羊肉与醋同食大热，大热就会出汗，出汗多就会心慌气短，自然就“伤人心”，即伤及心脏。

而羊肉之所以不能与西瓜同食，道理是因为羊肉温热，西瓜大寒，二者相克，吃下去后在肚子里互相打架，脾胃失调，自然元气大失，内功尽废了。

虽然元气这个东西咱们从小就常能听到，武侠小说里也一再出现。曾几何时陕西还有一个什么神功元气袋，在全国刷了好几年存在感。但到底什么是伤元气，我还真没搞明白过。

于是我又查了查伤了元气的症状。

按照中医的说法，伤了元气的主要症状一条条列起来的话，可以有十几米长，包括心慌气短、失眠脱发、手脚冰凉、耳鸣耳聋、小便失禁、子宫肌瘤以及提前进入更年期等。反正看这架势，只要是伤了元气，人生基本上也就暗淡无光，没什么奔头了，就算活着，那肯定也是废了。

2008年，一部名叫《双食记》的电影上映，讲述了丈夫因出轨，结果被妻子以相克的美食搞废的故事，以影视作品的形式，展现了食物相克的理论，完全就是一部食物相克的教科书。

当年这部片子我还是跟我老婆一起看的，事实上是我老婆大人先看了后强烈推荐给我的，然后坚定地坐在我旁边陪着我又看了一遍。考虑到我吃的饭都是老婆做的这一事实，所以当影片还没结束我就一身正气，无比痛恨地对片中出轨的男主人公进行了强烈谴责——简直是死有余辜！

而在这部电影里，第一道出现的相克组合，就是羊肉与西瓜的组合：椒姜羊排煲与西瓜莲子羹。

在影片中，我们看到了男主人公半夜肚子绞痛、头冒虚汗的惨状，还有脱发、掉眉毛的场景。

羊肉与西瓜相克，后果如此凶悍，但我反倒彻底地不明白了。按照新疆人的饮食习惯，吃完一顿手抓羊肉或者烤羊肉，再干掉半个西瓜，是再正常不过的一种吃法了，甚至可以说是夏日里的标配。无论是羊肉配西瓜或者羊肉配醋，新疆人多少年来一直都是这么吃的，那么到底是食物相克的说法不对呢？还是新疆人集体都吃错了？

新疆人常常将羊肉与西瓜同吃，道理再简单不过，每个地方饮食搭配的形成，都是因为当地的物产，羊肉与西瓜，恰恰都是新疆的大宗特色物产，真要是这么吃伤元气，别的不说，就脱发、掉眉毛这一条，起码新疆人一多半都得是秃顶，这走在街上，放眼望去亮光光的一片，那将会有多么壮观。

至于羊肉配醋，首先来说羊肉馅饺子，在南方不好说，但起码在新疆，无一例外都是蘸着醋吃的。至于新疆最为家常的汤饭，标准的做法也都是放羊肉片再加醋的，更别说过油肉拌面了。这样吃下来，新疆人岂不是人人“伤心欲绝”，拥有一颗脆弱的心？

再仔细研究食物相克的各种组合就会发现，新疆人的饮食中，相克的还不止一两个。

比如羊肝和椒。

羊肝和椒相克，理论依据是椒味属金，羊肝属木，金克木。

《金匮要略》中记载：“羊肝共生椒食之，破人五脏。”孙思邈先生也说过“羊肝合生椒食，伤人五脏”，等等。

网上的有些食物相克派，将这个“椒”解释为辣椒，说因为辣椒中富含维生素C，而羊肝内含的金属离子可将其中的维生素C破

坏殆尽，削弱了其应有的营养价值。

我生物、物理、化学什么都学得差，所以对这些现代派的食物相克理论“不明觉厉”，但幸好我历史学得还行，所以我一眼就发现这个解释的漏洞，错得离谱。

因为《金匮要略》成书于东汉，作者是大名鼎鼎的张仲景，而同样大名鼎鼎的孙思邈，则是唐代人，这样问题就来了，那时候中国怎么可能有辣椒？

辣椒原产于美洲，最早见于中国的记载是在明末，清代以后才逐渐成为国人的食材，别说是在汉代和唐代了，就连宋代人也不知道有辣椒这么个玩意儿。所以这个“椒”根本就不可能是辣椒，而只能是花椒，充其量算上胡椒。所以，根本和维生素C没什么关系。

而且这个现代派的解释并没有解释所谓“羊肝与椒同食，伤人五脏”的问题，而是将相克的后果，减弱为会“削弱营养”，那么说好的“伤人五脏”呢？

更重要的是，无论是花椒、胡椒，还是辣椒，在新疆一不留神就都会和羊肝一起吃啊——看来新疆人不仅会掉发脱眉，而且心脏脆弱，这下可好，一肚子的“下水”都没一样是好的了。

而将这个金木水火土、五行相生相克运用到食物上，总让我觉得有点神奇，感觉我们吃每一顿饭都不是吃饭，而是在肚子里炼丹，保不定什么时候就能炼出一肚子七彩琉璃的牛黄马宝来。

中国传统文化有一个很显著的特点，就是世间万物都能用金木水火土这五行来归类，无论是动物、植物、食物、药物，还是季节、气象、方位、颜色、声音、人伦乃至朝代更替、五脏六腑等，无所不能，是为认识世界、分析宇宙的根本方法。

因此，五行相克的原理就自然成为食物相克的主要理论基础。

不过到了当代，现在的食物相克派基本摈弃了古人五行相克的理论，与时俱进，改用了营养学、化学等当代理论。而且食物相克的毒性也大幅度下降，从毙命、伤五脏之类，大都突降到没营养、不好消化这一层面了。如此看来，现代化农牧业的结果不仅仅使我们的食物口味下降，毒性大概也下降了。

就目前食物相克的组合来看，直接命中新疆人的，还包括了羊肉与乳酪相克、土豆与牛肉相克、鸡肉与大蒜相克、鸡肉与芝麻相克、马肉与木耳相克等组合。

更令人发指的是，在食物相克中，还有一条是吃了羊肉后不宜马上饮茶。理论是羊肉中含有丰富的蛋白质，而茶叶中含有较多的鞣酸，吃完羊肉后马上饮茶，会产生一种叫鞣酸蛋白质的物质，容易引发便秘。

问题是，难道只有羊肉中含有丰富的蛋白质吗？猪肉不富含蛋白质？牛肉不富含蛋白质？还是鸡肉、鸭肉、鱼肉不富含蛋白质？好像就是鸡蛋、豆腐也是富含蛋白质的吧，岂不是都不能吃完后饮茶？

更关键的问题在于，热爱羊肉的新疆人，同时也热爱饮茶，尤其是在牧区，须臾也离不开茯茶，偏偏牧民的主要食物就是富含蛋白质的羊肉。不过好在牧区辽阔，人烟稀少，生活节奏也慢，便秘就便秘吧，大可随便找个树坑慢慢解决——有的是时间。

要说咱们不吃荤腥，改吃素吧。一样不行，新疆人的食谱在食物相克表上一样有问题。比如黄瓜不能和辣椒一起吃、辣椒不能和胡萝卜一起吃、番茄和黄瓜不能一起吃，这些还都没什么，基本上都是说会使营养成分互相抵消，但是花生和黄瓜一起吃的危害却是伤害肾脏，这不也是常见的搭配吗？看来咱们的肾功能很让人担忧。

继续再深想一下，放眼全国，好像这样的搭配也随处可见啊。比如宫保鸡丁不就是放黄瓜、花生的版本吗？口水鸡不是也要放芝麻的吗？至于麻辣香锅这样的——想都不敢想，什么荤素菜都可能在一个锅里组合，这简直就是取人以性命的一锅“毒药”。还有什么火锅、冒菜、串串香，看来都是能够杀人于无形之间的“大毒”啊，实在是太凶险了。

不过我虽然化学学得很糟糕，但是至少还知道一条，有毒是个相对的概念，脱离了剂量来谈毒性都是瞎扯。同样，什么东西大补之类也是如此，比如有理论说西瓜壮阳，但前提是至少一次得吃半吨。因此无论是食物相克还是靠食物大补，大多数情况下，都已经在相克和大补的路上撑死了。

更为显而易见的是，很多食物相克，大家吃了这么多年，却并没有见到

相克的后果，一个个依旧生龙活虎，新疆人和全国其他地方的一样，照样是在该飙车的时候飙车，该跳广场舞的时候跳广场舞，不仅看不出来一丝中毒、受损的迹象，连营养不足都看不出来。

不过对于这一点，食物相克论者也提出了相应的辩驳，就是有些影响一两代人是看不出来的，需要长时间积累。

这样说好像还很有道理，虽然新疆人羊肉搭配着西瓜和醋也吃了不止一两代了，但是万一需要十代八代甚至二百多代才能显现出恶果呢？

这样一想，我觉得，上述的这些食物相克并不重要，其实有更多的食物搭配危害更严峻、更紧迫，根本用不了一两代，而是马上见效。

于是我认真梳理了一下，郑重地在新疆人的食物相克表上补充了几条，供大家参考：

一是手抓羊肉和烤肉不能同食，否则容易导致高血脂。

二是拌面和抓饭不能同食，太撑，容易积食，如果再加上几个烤包子，更撑，大忌。

三是无论什么肉，在新疆都不能和酒精大剂量搭配，否则会导致呕吐，还得滚一身泥，当场见效。

★延伸阅读：新疆的长寿老人

关于中国乃至世界的长寿之乡，有多种说法，也有不同的组织对全国各地和全球各国人均预期寿命的排名，但不管怎么排，往往都会有一个甚至多个新疆的长寿之乡，这些新疆的长寿之乡无一例外都在南疆，甚至有的排名将整个南疆都称为“长寿之乡”。

但实际的情况可能与人们的印象并不一致。根据相关部门的数据综合来看，其实某一地人均寿命的长短还是和这一地区经济发展的高低、城市化发展的水平，大体成正比。换言之，经济发展水平越高，人口的医疗保障也就相应越充足，人们的保健意识也越强烈。各种数据显示，全国人均寿命靠前的还是上海、北京等医疗资源更发达的地区。而根据2019年

新疆维吾尔自治区人民政府新闻办公室所发布的数据来看，新疆人口2019年平均预期寿命74.7岁，这个数字在全国排名中属于相对靠后的位置，略低于全国人均预期寿命。

然而在人们的印象中，南疆的乡村往往随处可见百岁老人，甚至有着130多岁高龄的老人，更有很多地方被称为“长寿之乡”“百岁老人之乡”等。

虽然我们并不排除南疆的乡村的确有着非常高龄的老人，但也有一种情况是很多高龄老人并不清楚自己的出生日期。事实上在南疆的乡村，很多维吾尔族老人说起自己的生日，往往是“杏子熟了的时候”或者“甜瓜下来的时候”，更不容易确定具体是哪一年出生的了，这显然和以前乡村的文化普及程度较低，以及户籍制度不完善有关。

不过话说回来，虽然人们对南疆百岁老人的相关数据，有或多或少的存疑，但如果行走于南疆，在一些乡村中随处可见老人们身板硬朗，精神饱满，载歌载舞，状态不让年轻人。其实这个道理也显而易见，这些老人们日出而作、日落而息，生活规律而常年劳作，在饮食上，绿色健康，且多食瓜果，加之维吾尔族人天然的外向、乐观、幽默的性格，自然易于拥有健康的长寿状态。

简单粗暴，直抵肠胃

吃这种事儿，向来是分为庙堂派和家常派的。

庙堂派大家都懂，在孔子他老人家“食不厌精，脍不厌细”的总体方针下不断演化、发展，最终形成了咱们的各个菜系。其特点，无非一是在指导思想上，要奔着高端的方向去。二是在技术层面上，要奔着精细的方向走。而家常派则没太多讲究，有啥做啥，也没那么些仪式感，合自家口味就行。

大约孔子提出的所谓“食不厌精，脍不厌细”有着两层意思，一是表明饮食是一件很重要的行为，我们在吃一个食物的时候，要考虑到食物的感受，让食物很有尊严地被吃下去。二是进食本身也是一件很隆重的事儿，所以要认真对待，要讲究些。

但我觉得，除去庙堂派与家常派，其实还有一种派别，无论制作还是吃，都是粗头乱服、简单粗暴，所以，大概可以算作江湖派，或者就叫作简单粗暴派。

事实上，很多庙堂派的美食，往往是简单粗暴派改良后演化而来的。最具典型的，比如叫花鸡，这玩意儿，用烂泥糊着在火里烧，烧熟了连泥带毛地扯下来，就是一通吃，谁还管食物有没有尊严，先顾了自己的肚子有尊严再说。而到了现在，叫花鸡一步步精致化、仪式化，最终演化成了大菜、名菜，完成了华丽的蜕变。

这个道理，在西餐中也一样。比如法餐中有一道著名的洋葱汤，其实最

初就是法国农夫们简单凑合的一道汤菜，下地前将一大锅连筋带骨的牛肉扔到水里，加上洋葱小火慢炖，下地回来就可以就着面包，有汤有肉地吃一顿了。但是大约到了路易十六时代，当时的法国贵族们虽然锦衣玉食，但夜夜笙歌的身体却在酒色中越来越不争气，于是那些贵族老爷们便殚精竭虑地寻找能够强健身体的方子，找来找去就发现农夫们一个个体壮如牛，再一看农夫们的饮食，竟然天天是洋葱汤，由此洋葱汤一跃进入了上层社会，最终成为今天著名的法国菜肴。

从简单粗暴派中演化而来的，还有一个很具代表性的，就是火锅、涮锅类：一锅水烧开，有肉扔肉，有菜扔菜，涮熟了往嘴里塞就是了。所以一般认为：火锅发源于重庆、四川一带的纤夫、挑夫，这玩意儿简单省事啊，不仅快捷还五味俱全，不需要费心去筹备什么食材，肉啊、菜啊什么的都能随便组合搭配。据传涮锅起源于北方草原，草原上的游牧民族在放牧、征战的间隙，烧一锅水，将随身携带的生肉削成薄片，一涮即食，节省时间和步骤。两斤肉涮完，喝两口汤，翻身上马，就可以继续驰骋草原。当然，草原上涮肉的吃法，之后逐渐演变成了以北京涮羊肉为代表的庙堂派吃法，而重庆、四川纤夫、挑夫的火锅，更是演变得眼花缭乱。大概也是因为火锅的随意性和混杂性，因此咱们明代著名的吃货袁枚，就对火锅有保留意见，觉得这玩意儿什么东西都往里扔，一锅乱煮，吃不出各个食材的精妙，“其味尚可问哉？”——不过人民群众没有袁枚那么讲究，终究还是将火锅吃成了一个轰轰烈烈的门类。

这说明在有的时候，简单粗暴派，或许更有不寻常的滋味和感觉。

而所谓的新疆美食，其实在多数情况下，都属于简单粗暴派以及简单粗暴派的升级版。

新疆人在说起新疆美食来，无疑和全国各地的一样，都是自豪感四溢，但如果细究，新疆美食最为突出的特点就是烹饪手法上简单直接，形式上粗放不拘，与那些以手法精细、工艺繁杂的菜系完全不是一个路数。简单地说，《红楼梦》里像茄鲞那样流派的菜，在新疆传统的美食中绝不会有，有的都是《水浒传》一派，大块吃肉，直奔主题。

比如真正优秀的手抓肉就是一把盐，技术层面上最主要的就是一定要撇去血沫。大盘鸡更是粗放派的代表，鸡肉、土豆、辣椒、大葱一律大块大段，没有一样是小家碧玉型的。而新疆的过油肉也与山西的过油肉大不相同，爆火重油，只求吃得过瘾。升级一点的烤肉类，也就是用一些调料稍做腌制，讲求的还是要体现原汁原味。

新疆饮食中的粗放与直接，自然是与地域文化相关。大地辽阔，山野苍茫，决定了不会去精雕细琢，也不屑于使用繁杂的调料、手法去营造多么复杂多变的味觉和口感，一口下去，纯正厚重；吃下肚中，热量充沛就行。因此在大盘鸡中大放八角、草果这样调料的，都是异端。

曾经在年少的时候，我遇到过一个卖水煮羊蹄的商贩，推着板车在卖，老远就闻到了香气浓郁的胡椒、八角之类的味道，这让我很奇怪，因为按照新疆人的传统，街边摊上所卖的水煮羊蹄、羊头，就是白水煮成，绝不会放入这些调料。

好奇之下与小伙伴买了几个回来一吃，原来羊蹄已有了少许异味，不得已才用调料压味。从此以后我便对这种大放调料的水煮羊蹄、羊头充满了警觉。对一个新疆人来说，很多时候如果在食物中加入太多的调料，那么便都有了掩盖异味的嫌疑。所谓“好厨子一把盐”，在这里，大可解释为就需要一把盐。

新疆美食的另一个特点，就是令人爱憎分明。喜欢的人大呼过瘾，不喜欢的人则避之不及。

很多新疆人大约都会有至少一个不爱新疆美食的外地朋友。这一点其实也很好理解，人的口味，都是在人生最初的十几二十年形成的，一旦形成，很难改变，因而吃不惯他乡的美食，才是常态。只不过新疆美食在全国来说似乎是个异类，喜欢与抵触的两极分化更为明显和强烈。不喜欢的人，有着不同的情况，有人是不吃羊肉，有人是嫌太油腻，还有人则是适应不了酸辣的口味，等等。但不管不喜欢的理由有多少种，喜欢的理由则基本一致，就是喜欢肉香四溢、大口吃肉的感觉。正如“幸福的家庭都是一样的，而不幸的家庭各有各的不幸”一样的道理。

关于介绍新疆美食的文章,往前推二三十年,数量很少。

在说美食这件事上,自民国以来被写最多的地方有两个,一个是老北京,一个是江南,这个现象,和以往咱们文化人多寡的分布图谱基本吻合。北京,首善之区,文人荟萃;江南则出才子,文化根基深厚。所以这两个地方的美食,便有着更多的机会被写入文人们的文章中,就连鲁迅这样的,在说起雷峰塔的倒掉时,也不忘说说螃蟹的吃法。

时至今日,各地在介绍自己美食的时候,都不遗余力。新疆人在这方面自然也不居人后,只不过绝大多数人在说起新疆美食时,都有意无意地回避了新疆美食的“粗”和部分人对新疆口味的不适应。

“粗”在美食的传统语境中,意思等同于单调、简陋、难以入口,所以粗茶淡饭,就是难以下咽的饭菜。不过新疆美食的“粗”,却与这个含义不尽相同。新疆人对美食的观念是大道至简,直指本心,表现出来就往往粗豪和直接。但要做到这一点,有一个很重要的前提,就是食材一定要新鲜而优秀,这样才能在制作时,有不加雕琢、追求本味的资本。

这倒恰好对应了如今非常流行的一句话:“高端的食材往往只需要采用最朴素的烹饪方式。”虽然这句话被越来越多的人用在自己介绍美食的文字中,但事实上,大约在新疆,才能对这句话有更为深刻的感受。

我曾经在吉木萨尔县的天山里带队搞户外活动,大家提议要大吃一顿,于是便买了当地的一只羊和四只鸡,并借用牧民的大锅炖肉。当时的做法是将大块羊肉和整只鸡全扔到一个锅里炖,有人对大家说这是奇台人的做法,这样做会使羊肉与鸡肉的鲜美融于一体。奇台县是不是真有这样的一种做法,我还真不清楚,我只是知道,当时我们之所以这样做的原因,其实是只有一口锅。而这样的做法,事实上就是典型的农家菜或牧家菜的制作风格,因陋就简,简单直接。

剁肉的时候,我和另一位伙计顺手就把两个羊腰子和几根肋骨给卸了下来,藏到了一旁的袋子中,等到大家都吃饱喝足,我们拎着“私货”来到小河边,随便用几块石头垒了一下当炉子,再折下几根杉树枝,将羊腰子和肋骨分别穿起来烤。

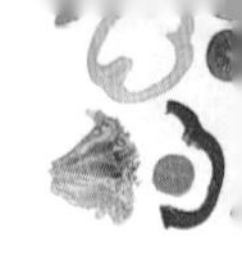

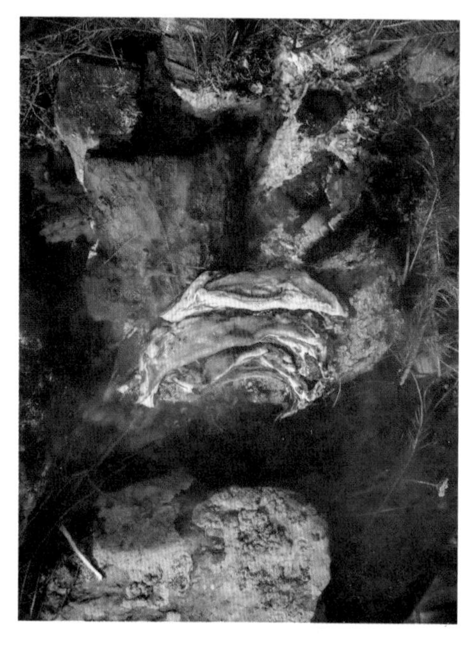

烤肉的燃料自然也是就地取材的树枝，而肋骨和腰子在树枝上也是穿得歪歪斜斜，搭在高低不平的石头上烟熏火燎，有些地方都已经熏烤得焦黑，有些地方还血丝呼啦的，没见着火。

看着烤得差不多，我先撕下来半个腰子，入口一吃，竟然口感滑嫩，味道鲜香，毫无想象中的腥膻。

腰子这玩意儿，本来也不能烤得太老，所以这样烟熏火燎地草草一烤倒也恰到好处。至于肋骨，本身上面的肉就少，也不能多烤，否则就烤成了一层干皮包着骨头。而我们那天所烤的肋骨，卖相也实在是不怎么地，有些地方早已熟透，而有些地方则半生不熟，得龇牙咧嘴地撕扯着吃才行。至于调料，则是在手里倒一点盐，蘸着吃就行。

然而没想到的是，就这样看起来乌七八糟还带着血的烤羊肉，味道竟然出奇的鲜美。在那种香嫩中，羊肉天然的鲜味脱颖而出，直击味蕾，那种鲜是全熟之后的羊肉所没有的。所以在那一刻我忽然明白了两个道理：一是怪不得古人用“大”“羊”二字造出了“美”字，用“鱼”“羊”二字造出了“鲜”字，还是老祖宗有智慧；二是瞬间懂了西餐牛排分为几成熟的原因——如果食材足够新鲜和优秀，那么五成熟才更能体现出肉味的鲜美。

那次我的一位同事带着新婚妻子，第一次跟我们去户外，在我表情“狰狞”地啃羊肋骨时恰巧经过，看我啃得不亦乐乎便驻足在我身旁。我自然不忍心人家这么眼巴巴地望着我吃肉而置之不理。但当时手中也没刀，就赶紧将手中的肋骨撕扯断，给了他一块。

我的这位同事一脸期待中略带着疑惑：真的这么好吃？接过肉后赶紧

给他妻子奉上。事后我问他:“你老婆吃了后觉得咋样?”

这位同事严肃地对我说:“她告诉我,这是她这辈子吃到的最香的羊肉。”

★延伸阅读:新疆美食的三个板块

因为天山的分隔,新疆的美食大致可以分为三个板块,即以乌鲁木齐为中心,以北、以西的北疆地区,饮食文化更多地具有游牧文化特点,或者说,哈萨克族人的饮食风格更多地在这些地区体现,比如最具代表性的熏马肉、熏马肠。当然,其中伊犁哈萨克自治州的地方饮食结构还要复杂一些,由于受历史上一些因素的影响,这里还有诸如来自东北地区的锡伯族特色饮食以及来自新疆南疆地区的维吾尔族特色饮食等。

而整个南疆,虽然一地与一地之间也有着一些差异,但却有着鲜明的维吾尔族美食的特色,通常我们所熟知的各种新疆美食,大部分都出自南疆。

至于北疆东段,也就是人们俗称的“东疆”,饮食更多地受到陕甘地区汉族饮食和回族饮食的影响,基本上是陕甘美食的延伸。这一点,尤其以东三县最为明显。所谓“东三县”,即位于乌鲁木齐以东的昌吉回族自治州的木垒、奇台、吉木萨尔三个县,而这三个县,历史上也是大量关内人口经商、谋生落脚之地,汉族和回族人口数量本身就占据优势,尤以陕、甘、晋等地的人口为多,这自然就会为当地带来家乡的美食。今天在新疆到处可见的过油肉拌面、油糕、黄面、羊肉焖饼、丸子汤等诸多美食,基本都是由此而传遍全疆的。

但同时,因为天山山脉横贯东三县,哈萨克族牧民放牧其中,也为当地带来了哈萨克族的饮食,最终形成了独具特色的东三县的美食体系。

在新疆,吃,就要吃得扎实

在吃这件事儿上,新疆人讲究的,是要吃得扎实。

扎实的本意是结实、踏实、坚实,用在吃的方面,意思一样,如果不塞满肠胃,吃得扎扎实实,身子骨又怎么能扎实?

中国人在饮食分量上的南北差异、南北互黑,一直以来都是常常出现的一个话题。北方人觉得南方人吃饭太过小家子气,北方人一顿能吃南方人一天的分量;而南方人觉得北方人的那种吃法,傻大粗笨,完全就是饭桶。

这里面除了有气候、地域以及历史的原因,更重要的是双方对饮食的不同理解。

在我还并不算太长的人生经历中,记得第一次关于南北饮食的争论,是在十六七岁,起因是关于韭菜炒鸡蛋。

那时候我和我的小伙伴虽然还都是耿直的少年,但是就已经开始关注并探讨中华餐饮文化的地域性差异这样的话题。事实上,那时候我们除了上课的内容不关注之外,其他的话题基本都关注。

当时一个小伙伴认为,南方人的韭菜炒鸡蛋,是将生鸡蛋打匀后,和切好的韭菜拌在一起炒。这样的做法,使得炒出的鸡蛋都是附着在韭菜上的细末,完全吃不到大块的炒鸡蛋——这简直是太啬皮了。啬皮的啬,新疆人念作“sēi”,意思就是吝啬、小气。

这位小伙伴话音刚落,另一位小伙伴立刻反驳:“你懂个啥,这样做,才更入味。”

虽然我至今仍然不知道，鸡蛋拌着韭菜炒是鸡蛋更入味还是韭菜更入味，但是我却就此隐约明白了关于菜肴的烹制，往往在一开始就因为人与地域的不同，而有着不同的理解。

具体到新疆，虽然各民族聚居，但位于祖国西北的这么一个位置，地接陕甘饮食圈，自然在饮食风格上走的是北方厚重的路线，吃东西，入味，自然还是要入味的，但能否吃得扎实，却始终是不变的标准。

换句话说，在新疆人看来，一切不扎实的饮食都是耍流氓。

反映到具体美食上，人们首先在脑海中蹦出的应该就是大盘鸡。其实大盘鸡只是新疆众多大盘系列中的一个，在这个大盘家族中，几乎无所不能大盘，例如比较有存在感的就有大盘羊肚、大盘鱼等。很多并未冠以“大盘”的美食，其实也是大盘，比如手抓肉、纳仁以及烤全羊等。反正新疆人就是对大盘有着高度的亲切感，只要看到大盘子里的肉、菜满满堆着，宛如一座小小的山峰，心里面就感到踏实而温暖。

但实际上，所谓的“大盘”并不足以代表新疆人吃饭的扎实程度。

因为所谓“大盘”，只适合多人共餐，两个人吃一个大盘自然是扎实的，但是十个人就不一定了。真正要看新疆人吃得扎不扎实，还得看个体是怎么吃。

作为个体的新疆人，最日常的餐食无非两个：拌面和抓饭。

先说拌面。

我们知道拌面在新疆的另一个名字叫作拉条子，这个名字更加口语化，也更加形象化。“条”的意思，显然是指这种面的形状，一条一条的，一听就要比什么金丝面、银丝面、肉丝面之类粗壮雄伟得多。挂面和拌面相比，简直就是林黛玉与黑旋风中间隔着几十个唐三藏的差距，所以一个新疆人如果要表示自己吃拌面吃撑了，会表述为：拉条子还在胃里立着呢。

而拌面的菜，绝大多数都是牛羊肉和各类蔬菜爆炒，素菜通常只限于酸辣土豆丝和西辣蛋。西辣蛋，就是西红柿、辣椒炒鸡蛋。

所以拌面的特点就是扎实而厚重，吃了要顶饿。正宗的拌面都是满满的一大盘，用新疆话说就是满实满载。

一份品质优良的拌面，拌好后，方便筷粗细的面条、肥瘦相间的肉片与红绿的蔬菜，油汪汪地堆在盘子里冒尖，一眼看上去就有着丰收的喜悦，扒拉到肚子里，沉甸甸的，足以担当一天的热量。不过这些对有些新疆人来说还远远不够，往往还会再加几串烤肉，也就是烤羊肉串。

一般情况下，新疆的烤肉不比外地有些地方那么“精致”，而都是大拇指大小的肉块——当然也有更大块的——标准的是两肥三瘦，也就是两块肥油，三块精瘦肉，这样一顿吃下来，才叫扎实。

现如今像乌鲁木齐这样的地方，拌面的分量自然越来越少，但在乌鲁木齐之外，满实满载的拌面依然随处可见。但即使是在乌鲁木齐，除了那种吃格调的地方，拌面也都是可以加面的。

一般来说，拌面馆子的老板只要看到来吃拌面的是青壮年男性，都会主动问一句，要不要加面？加面，通常是加原来分量的一半左右，对于不需要加面的壮汉，老板通常打心底里是鄙夷的。

我的弟妹身材娇小，还是小姑娘的时候，有一次吃拌面，不仅加了面，还顺手要了十串烤肉。她正在大快朵颐的时候，就听拌面馆的老板对刚进来的一位壮汉说：“不要加面吗？看看人家女娃娃，加了个面还要了十个烤肉。”

我弟妹后来对我说，当时把她丢人的，都不好意思再吃下去了。

其实从那个拌面馆老板的角度来说，他根本没觉得我弟妹丢人，丢人的应该是那个不要加面的壮汉：连个小丫头都吃不过，白坎儿（新疆方言，徒然之意）长那么壮。

现在的城里人不比以前，一方面运动量少，一方面都讲究减肥，所以往往在中午干下去一盘拌面后，晚饭也宣告结束。如果你问一个中午吃了拌

面的新疆人，为什么晚上不再吃点，新疆人的标准回答就是：中午吃了个拌面，太扎实了。

新疆人一样也吃宽的拉面，也就是所谓的“皮带面”，只不过大都是在吃大盘鸡这类菜时才需要，这是因为皮带面相较于拉条子，表层面积更大，更容易吸附汤汁。其实除了大盘鸡，新疆人对拌面的热爱体现在什么菜都能用面来拌，前提是只要有足够的汤汁和浓重的口味，因此红烧鹅、红烧羊肉、胡辣羊蹄、香辣蟹、小龙虾、剁椒鱼头统统都可以用来拌面。只要给新疆人一盘汤汁浓厚、辛香浓烈的菜，就没有不能拌面的。

和拌面相比，抓饭就更加具有硬核的气质。

抓饭固然样式繁多，甚至还有素抓饭，但主流的抓饭，都是大米、胡萝卜与肉这三样主要食材的组合。其实就算是抓饭馆子里卖的素抓饭，一般也是肉抓饭，只不过盛的时候不盛肉罢了。

在乌鲁木齐这样的地方，各家抓饭馆子会有一些不同，除了羊肉抓饭、牛肉抓饭、碎肉抓饭、风干肉抓饭等肉类不同的抓饭外，各家的肉块大小，制作手法、羊肉品种等也会有些差异，但都是根据一份抓饭中肉的多寡来收钱。

比如说十块钱的抓饭，可能就是点碎肉；二十的，则有一块羊排；三十的，是两块羊排；四十的，是一个羊的小腿，俗称“羊腿抓饭”；等等。

标准的一份抓饭，自然是配以大块的肉，有些馆子还可以由顾客选择自己喜欢的某块肉。抓饭的制作，本身就要使用大量的清油，以追求抓饭的饭粒松散、晶莹油亮，互不粘连。一大锅做好的抓饭，往往会有小半锅的清油渗到下面，这使抓

饭看起来是从油里捞出来的一样。

正因为如此，来一份油亮亮的抓饭，配以价位不同的肉块，一顿吃进去，自然颇为顶饿，扎扎实实，比拌面有过之而无不及。

而且抓饭也和拌面一样，都可以加米，当然，你也可以加肉，前提是只要你愿意加钱。

或者在吃抓饭时配上两个薄皮包子。撕开，将汁水充盈的羊肉丁、羊油丁与洋葱馅儿，浇到抓饭上拌着吃，吃起来肉香浓郁，更加硬核。

其实拌面和抓饭，在新疆并不局限于午饭这样的正餐，早饭上一样会出现。

曾经有一次去罗布泊，早上七点从乌鲁木齐出发，九点多到了吐鲁番的托克逊县，于是大家伙儿便在路边吃拌面当早餐。

我以为像我们这样的赶了近三个小时的路，将拌面当早餐的大概是特例，谁料放眼身边，照样有当地人在稀里呼噜地吃着拌面。

后来我得知，有些硬核的新疆人的确是早上起来要先来一顿拌面的，唯有如此，才能保持一天旺盛的战斗力，元气饱满。

比之早餐吃拌面，抓饭作为早餐则更为常见一些。

按理说以抓饭这么“硬”的饭来当早餐，实在是匪夷所思，但是随着我的阅历一天天增加，这才逐渐发现，抓饭竟然是新疆常见的早餐之一，只不过在乌鲁木齐不多见罢了。

在南疆、东疆的很多地区，以抓饭为早餐完全是习以为常的事儿。曾经有一段时间在吐鲁番，那时最初我的早饭都是走的常规路线，无外乎牛肉面、清汤面、奶茶、豆浆、油条什么的，但是后来我很快发现，维吾尔族饭馆里的早餐时间，总是摆放着一两盆热气腾腾的抓饭。对于我这样勇于尝试的人来说，自然是不会放过体验一下抓饭早餐的感觉。结果一试之后，顿觉意气风发、内力精纯，整个世界都充满了阳光。

除此之外，新疆的早餐食谱上还包括了汆汤肉、烤包子、薄皮包子、缸缸肉等过硬的内容，反正都是离不了扎实的肉。

当然，在新疆最为常见的早餐主食还是馕，但我觉得馕搭配上清炖羊

肉——比如缸缸肉——才更能体现新疆早餐的精神。我一直觉得，或许正是睡了一夜的缘故，所有的味觉元神归位，一元复始，处在从零开始的状态，味觉敏感，因而才能更容易感受到羊肉汤的鲜美。

后来不经意看到一本书，书中都是一些外国人，或者外籍华人所写的新疆，文章的内容大都不怎么样，不过是些命题作文，浮于表面的抒情、感怀和赞叹之类，倒是有一篇塞尔维亚人所写在新疆吃饭的体会，还颇为有趣。在这篇文章中，作者提到了早餐的问题："我来到中国以后最难接受的就是中式早餐，要么吃炒菜，要么喝点粥，那么早吃炒菜我的肚子肯定会抗议，而喝点粥跟没有吃早餐是一样的感觉。"

作者还专门谈了为什么老外会喜欢吃新疆的饭菜："在这里我觉得很有必要介绍为什么我们欧洲人很喜欢新疆饭菜，原因很简单——有大块的肉，有像我们面包的馕，有地道的酸奶。"

正因为如此，困扰作者的早餐问题，便在新疆得到了解决。

早饭如此，那么晚饭怎么样呢？

一样扎实。

通常来说，家常的晚餐都是以清淡、汤水为主打，更有很多人为了健康而"屏蔽"掉了晚餐。

不过这似乎只局限于娇贵的所谓"城里人"，在新疆的很多地方，晚餐一样硬核。尤其在牧区，放了一天羊什么的，只有晚上才是大快朵颐的时候，而且大家伙儿喝两瓶的时间也都在晚上，一大盘手抓肉必须是主打，不吃肉打好底子，怎么喝酒？

牧区如此，不放牧的维吾尔族人对待晚餐往往也有自己独到的看法。

我的一位维吾尔族小兄弟曾经给我聊起，说他有一次和自己的老爸去和田，当地的朋友“酒池肉林”地安排，到了晚上，他的老爸说中午吃的还没有消化，晚上就吃点汤饭(汤面)吧。然而和田朋友对此立刻进行了批驳，说：“晚上才要吃肉，才要吃得扎实，吃了汤饭，一晚上腰子都泡到水里，怎么能行?”

新疆人之所以吃得这么扎实，无疑和气候因素以及历史传承紧密相关。咱们饮食之南北差异亦是如此，只不过在新疆这样的地方，表现出来得更为明显。

相较而言，北方整体较南方寒冷，因而需要摄入更多的热量，而历史上每到冬季，北方的蔬菜也远少于南方，这也就逼着大家更倾向于吃肉食。

不过放眼世界，固然有着越靠北越能吃肉的国家，但也不尽然，有些靠近北极圈的国家吃肉并不比其他地方多，而有些靠近赤道的国家吃肉量大大高出世界平均值。

问题的关键还是存在历史传统的因素。以新疆这样历史上以游牧为主的地方，各式各样的游牧民族赶着牛羊逐水草而居，不种粮食不种菜，因而肉既是菜，也是饭，当然肉食也相对易得，千百年来自然就形成了热爱吃肉的传统。

而新疆地域的广阔与交通的不便，使得人们吃饭必须以扎实为主要目标，否则一走几百里地没什么人烟，山川戈壁，漫漫风沙，吃不扎实的结果，就只能是自己扎扎实实地挨饿，搞不好倒毙途中，反倒给豺狼猛兽提供了一顿扎实的大餐。

其实就算是不赶路，无论是在草原上放牧，还是在戈壁上开荒、山川间渔猎，都需要耗费大量的热量，所以吃得扎实，就成为新疆人面对生活的不二之选。

时至今日，固然吃到品种繁多的新鲜蔬菜不再是什么问题，养生、减肥也都成为主流，但是扎实的传统却并没有说变就变，依然顽强存在，成为新疆人基因图谱的一个组成部分，也造就了新疆人率真豪侠的性格。

★延伸阅读：新疆人吃肉多吗

在很多人的认知中，新疆人似乎每顿饭都是大块吃肉，无肉不欢，而新疆人在宣传自己的美食时，也非常侧重于宣扬这一点。而实际上，如果说吃肉的话，新疆人的排名在全国还真的连前20名都进不了。根据国家统计局2019年的统计数据，在全国除港澳台之外的31个省(区、市)中，吃肉最多的前3位是广东、海南和上海，每年人均肉类消耗量分别为93.2公斤、81.3公斤和69.3公斤，而新疆则只排到第24位，每年人均肉类消耗量为30.9公斤。这个数字甚至远低于全国平均水平51.3公斤。

很明显，吃肉多寡直接取决于一个地区的经济发达程度。

不过能让新疆人多少挽回一点颜面的，是新疆的羊肉人均年消耗量，2019年是12.2公斤，排名全国第1位。2019年新疆的人均牛肉消耗量，则排在17.5公斤的西藏和9公斤的青海之后，为5公斤，排名第3位。另外新疆虽然有着大盘鸡这样的代表菜肴，但其实鸡肉的消耗量也并不高，2019年人均仅为5.3公斤，名列第27位，至于猪肉的人均年消耗量，则在全国垫底，为3.1公斤。

显然，对于新疆人，还有内蒙古等地区的人吃肉多的这一认知，来自人们对游牧地区的刻板印象。

那么在历史上，身处游牧地区的新疆，是否吃肉就一定比农耕地区多呢？至少我们通过大量的文学作品，或者影视作品，都能感受到里面所描写的游牧民族以肉食为主。其实在古代，受生产力的制约，游牧民族所能吃到的肉，或许更少。一亩土地所能转化出的粮食，要远高于肉类。在通常情况下，养活一个五口之家，农耕的话一亩就能达到，而游牧的话则会需要十几亩、二十亩甚至更多，同时农耕如果富余，又可以转过来饲养禽畜。因此历史上游牧民族比农耕民族摄入更多的，应该是乳制品，而不是肉类。游牧民族那种敞开吃肉的场景，只存在于贵族的生活之中。

左宗棠的菜：新疆美食的那些传说

大约是从20世纪80年代开始，咱们的旅游文化差不多成了传说大全，或者也可以叫“你抄我，我抄你，千篇一律故事会”。如果你跟着一个旅行团或者什么导游，大概率的情况往往是收获一裤兜子的野史和漏洞百出的传说，从而彻底感受一场咱们旅游文化的“洗礼”。

但是如果你以为这种情况只局限于旅游那就错了，在美食上，这种胡编乱造的传说与掌故，一样汗牛充栋、不甘居后，甚至有过之而无不及，构成了中国文化奇观的“双璧”。

你只要稍微留心一下咱们的八大菜系还是十大菜系的所谓“掌故传说”，就会轻松地发现，这些菜品美食的掌故传说，似乎都是由同一个人编的，至少也是同一个速成班毕业的。大家伙儿在编故事上，三观一致、手法相同、套路固定，出奇地整齐划一。大概归纳一下，主要可分为三种类型。

一种是偶然发现型，也可以叫作“瞎猫碰上死耗子型”或“无心插柳柳成荫型”，比如武汉热干面、金华戌腿、福建猫仔粥、王致和臭豆腐以及差不多所有臭豆腐等。

另一种是名人脑洞型，也可以叫作“历史名人一不留神捣鼓出来型”，比如诸葛亮和馒头、苏东坡和东坡肉、戚继光和光饼、丁宝桢和宫保鸡丁等。

最后一种是名人遭遇型，也可以叫作“机缘巧合误打误撞吃后赞不绝口型”。

当然这里面也有复合型的，比如龟汁狗肉，就属于误打误撞瞎捣鼓加名

人效应型的。说是刘邦未发迹时经常骑着一只大乌龟过河到樊哙(一说是刘邦的娘舅)所开的狗肉店里白吃狗肉,樊哙(或者他娘舅)不满之下偷偷宰杀了刘邦的大乌龟和狗肉一起炖,没想到竟然成就了这道美食。

我们知道刘邦未发迹时的确是二混子不假,但骑着一只大乌龟当交通工具这事儿,就未免太过离奇,距离骑龙乘凤、御剑而行之类也就仅差一步之遥,基本上可以比肩骑着乌龟过通天河的唐僧。

借着历史名人说菜,有些多少有点依据,比如苏东坡就明确记载了自己烹制东坡肉的经过,属于有据可查。但更多的,则充满了山寨气息甚至玄幻气息,这种瞎编传说掌故的事儿,倒也不是今人发明,而是古已有之。比如三国时期的谯周在其著述的《古史考》中就说“黄帝始蒸谷为饭,烹谷为粥”,也就是黄帝发明了蒸饭和煮粥;而宋代的高承在其著述的《事物纪原》中则引用传说,将馒头的发明权给了诸葛亮,说是诸葛亮征南蛮,用蒸熟的面团代替人头来祭旗,馒头因而诞生,等等。但这些说法其实都颇不可信,比如馒头这事儿,史料中就有着早于三国的记载。

在名人效应这类的美食掌故中,最为常见的,则是以某个名人无意间撞见某道美食,一吃之后大为赞赏,就此便名满天下的为多。而且这种掌故中的主角,还大都是皇帝。

这些孜孜不倦发现或者带货美食的皇帝从秦始皇嬴政、汉高祖刘邦到隋炀帝杨广、唐太宗李世民再到明太祖朱元璋、清圣祖康熙等,都为美食文化做出了卓越的贡献,而这其中最为突出的、为美食事业立下汗马功劳的,则是清高宗乾隆。

如果我们只看那些关于乾隆的美食掌故和传说,就会发现这位皇帝基本都没怎么在紫禁城里办过公,大半生的时间不是在吃美食的饭桌上就是在寻找美食的路上;而且乾隆还是个路痴,基本不认路,走到哪儿都迷路,一迷路就会撞见一个苍蝇馆子,大快朵颐,然后大赞某道美食。这一点早有人统计过,仅与乾隆下江南有关的美食便多达百种,而且每一种美食的发现,都基本是因为迷了一回路。反正如果没有乾隆的迷路,咱们的菜谱,尤其是江南的菜谱毫无疑问将会黯然失色,往少了说也得损失百分之六十。从这

个角度上看，中华美食完全可以被称作“迷路美食”或者“迷踪派”，半壁江山都是乾隆迷路“迷”出来的。

相比之下，新疆在这方面就一直比较落后，因为历史上乾隆一辈子也没来过新疆，因此再迷路也无法迷到新疆。放眼整个清代，最高统治者们都没怎么来过新疆，最接近的一次，应该是中国美食界的另一个“天花板”慈禧，也只是跑到了西安，从而带红了羊肉泡馍、葫芦头泡馍、肉夹馍、腊羊肉、水晶饼、九碗十三花以及灌汤包等差不多大半圈陕西美食。

不过话说回来了，就算乾隆当年来过新疆，也不敢在新疆迷路，新疆这地方迷路可不是闹着玩的，不是迷路在沙漠戈壁就是迷路在雪山草原，别说发现美食了，一不小心自己就成了野兽的美食。

乾隆、慈禧虽然没来过新疆，但新疆一样也有关于美食的传说和掌故，不仅出现了迎头赶上的趋势，而且属于各种类型全面发展。

比如馕的传说就属于瞎猫碰上死耗子型的代表。在这个传说中，主人公是很久以前一个生活在塔克拉玛干沙漠边缘的牧羊人吐尔洪。沙漠边缘嘛，应该是缺少植被，没什么树木遮阴，所以这个牧羊人因为太晒而将老婆放在盆里的一块面团顶在头上当帽子，结果头顶上的面团被太阳给烤成了外焦里嫩的面饼。故事到这儿还不算完，情节继续发展，说是牧羊人吐尔洪随后被红柳树的树根给绊了一跤，头上的面饼掉到了地上，摔成了碎片，香气四溢，牧羊人捡起来一吃，香脆可口，于是受此启发，发明了馕坑，把和好的面团贴到馕坑四壁上，于是馕就诞生了。

看了这个版本的馕的来历，牧羊人头顶的面饼是不是外焦里嫩我不知道，反正我差点被雷得外焦里嫩，归纳起来，至少有以下三个疑问。

首先，如果这个牧羊人穷得连一顶帽子都没有，那么为什么就可以毫不心疼地将粮食当作帽子捂在头上糟蹋？

其次，一团生面，在头顶上达到了被太阳烤熟、烤焦，摔到地下成八瓣的程度，这是需要多大的热值？求牧羊人脑袋的材质。

最后，顶在头上被太阳晒熟的面饼，难道没有头油味吗？这口味是不是有点重？这是推广馕呢，还是在恶心人？还不如编一个将面团忘在了太阳

底下被晒熟的故事呢。

反正我是比较佩服瞎编这个故事的人，能把一个美食的故事编得如此漏洞百出、不合逻辑且倒人胃口。这一切竟然用短短三百来字就完美做到了，也真是不容易。

与这个馕的传说类似，玛仁糖——也就是外地人俗称的“切糕”，它的传说也是由普通人发明而成，不过这回是得到了神仙的指示。这个故事说，很久以前有一对夫妇，丈夫年老多病，妇人相貌丑陋，不能生育。突然一夜在梦中见到一个老神仙，告知：向南有圣树，取果实与金谷同食。于是夫妇俩寻找了三年找来和田的核桃，与玉米同食。从此丈夫变得身健力强，妇人变得面容娇丽，不久夫妇便生育了一子，考中了汉朝的状元。因而证明了核桃玛仁糖具有神奇的功效云云。

在这则故事里，我们注意到时代背景是汉代，因为人家靠玛仁糖而生的儿子考上了汉朝的状元嘛。这里我们姑且不说汉代在新疆生活的人如何参加科考，也不说从和田这个地方进京赶考怎么前去，首先考中的这个状元就属于瞎胡扯。“状元”的称呼起自唐代，是科举制度的产物，而科举制度始于隋唐，绝不会在三四百年前的汉代出现。

更荒唐的是，这个故事中说了是核桃和玉米同食。玉米？玉米是什么时候才传入欧亚大陆的？只能在大航海发现美洲之后，也就是在中国的明孝宗朱佑樘时代，这种原产于美洲的作物才被哥伦布发现并带回旧大陆，大约又过了五十来年才逐渐普及。一个生活在汉代的人，除非自己去一趟墨西哥，否则连玉米长什么样都不可能知道。不过咱们细想一下，既然在这个故事里老神仙都出来了，那么估计和田人在汉代就吃上了玉米也不是什么

难事儿，别说玉米了，就是想吃开普勒-22b星球上的野味都不是问题。

这类传说中相对靠谱一点，或者说没那么多明显漏洞的是关于抓饭的传说。

相传很早以前，有个叫阿布艾里·依比西纳的医生，晚年身体虚弱，吃了很多药也无济于事，后来他便研究了一种饭，用羊肉、胡萝卜、洋葱、清油、羊油和大米加水加盐后小火焖熟。这种饭不仅色、味、香俱全，更重要的是在他吃了半个月后，身体渐渐恢复了健康。没错，这说的就是抓饭的来历。

抓饭有没有如此神奇的功效我们不知道，但至少在维吾尔族文化中认为抓饭是大补，可是显然这样的观点都来自以前。如果一个人在缺油少肉的时代，吃这样的美食自然会身强体健，但在现在，恐怕更容易得“三高”。

在这类故事中，比较著名的还有大盘鸡的发明故事。说是在新中国成立前，一位四川的烹饪高手张师傅为躲避战乱，来到当时的新疆沙湾县落户，在312国道旁开了一家小饭馆，以卖炒面、拌面为生，生意时好时坏。到了20世纪80年代初的一天，一位长途汽车司机来到他的小店吃饭，随口对张师傅说：“炒面、拌面太干，你给我炒一份辣子鸡，多放些汤，再给我拉一些面拌在一起。”这句话提醒了张师傅，于是张师傅灵光一闪，就发明了大盘鸡。

这个故事一样有着诸多逻辑不通的地方。

我们先不说民国时期沙湾县这个地方的经济发展水平，也不说这个张师傅从20世纪40年代一直开饭馆开到80年代，视公私合营、计划经济、“大跃进”等历次运动于无物，就说这个312国道，是民国的国道吗？当然你也可以认为不要在意这些细节，民国时期虽然没有312国道，但是如今的沙湾市在312国道途经的位置，当年肯定还是有道路的。

至于说炒面太干，倒也好理解，但要说拌面太干，就纯属胡扯了。新疆人都知道，拌面的菜没有汤汁的话怎么拌？你用一盘油炸花生米拌个面试试？而大盘鸡本质上也是一种拌面。

事实上大盘鸡是在新疆饮食相互交融的基础上，逐渐成熟的，其最终定

型并走红，还是因为改革开放后市场经济的发展。

而在关于大盘鸡的传说中，还有一个名人效应的版本，因为新疆实在是找不到一个皇帝，所以便退而求其次，拉出来了左宗棠。在这个版本中，说是左宗棠在新疆打了胜仗后，用当地的土鸡和辣椒做了美食犒赏三军，这个便是大盘鸡的前身。

编造这个故事的人，显然只知道左宗棠曾平定过发生在新疆的阿古柏之乱，但却并不清楚，在平定阿古柏之乱的过程中，左宗棠实际上始终没有进入过新疆，只是在甘肃的肃州（今酒泉）大营遥控指挥。而后来，为了从沙俄手中收复伊犁，左宗棠才抬着棺材进入新疆，但也只是到了新疆最东面的哈密。所以就算左宗棠发明了大盘鸡，那么也不是什么沙湾大盘鸡，而只会是哈密大盘鸡。

在新疆，和左宗棠拉扯关系的菜肴不仅仅是大盘鸡，还有一个“羊八件”，也就是将羊的八种不同部位的肉或者杂碎同烩而成，具体是哪八件，倒也不一定。根据咱们的掌故传说，也说是左宗棠在新疆平叛后到了乌鲁木齐，吃了这道菜后大为赞赏，并正式将其命名为“羊八件”云云。

当然，我们现在知道，左宗棠就没到达过乌鲁木齐，所以就算是羊九件、十件、八十件也不可能是他命名的。

除了左宗棠，近代史上，另一个能和新疆扯上关系的大人物，是林则徐。而且和左宗棠不同，林则徐是一路从星星峡进入新疆来到伊犁的，这就为广大人民群众创造传说留下了广阔的发挥空间。

不过考虑到林则徐当时到新疆是发配被贬，因此不适合去发明创造各种菜肴，所以有关林则徐和美食的关系就有点接近乾隆迷路的模式。只不过林则徐在新疆没有迷路，而是一路走一路吃。

比如有一则传说是林则徐被发配新疆，一路长途跋涉，鞍马劳顿，非常辛苦，以致身体虚弱。而在路过托克逊时，当地群众非常敬仰这位民族英雄和他对水利事业所做的贡献，特别用民间秘方制作牛骨头汤来调养他的身体。

这则故事有一个非常矛盾或者说不严谨的地方。首先，林则徐是被发

配到北疆的伊犁，因此怎么走也不可能路过托克逊，除非他是被发配到南疆。其次，这则故事又提到林则徐为水利事业做出了贡献，这倒符合史实，林则徐的确是在吐鲁番盆地谋划过包括坎儿井在内的水利工程，但问题是林则徐是在被发配到伊犁之后，才被安排主抓屯垦、水利工作，这才去了吐鲁番，至于是不是在托克逊吃了牛骨头汤，就只有天知道了。

另一则关于林则徐和美食的故事是九碗三行子，说是林则徐被发配伊犁，途经昌吉，当地人就用九碗三行子宴请林则徐。九碗三行子因而便与林则徐绑定在了一起。

所谓“九碗三行子”，简单地说，就是九个菜碗按照3×3的方式摆出，而且每碗菜所相对的菜品、主要食材要一致。比如这边是一碗丸子，对面也必须是一碗丸子，只不过在烹饪或用料上有所区别：这边是烩丸子，对面则可能是将丸子裹上糯米后做成的珍珠丸子；这面是羊肉丸子，对面则可能是牛肉丸子等。中间则可摆放一份甜盘子或水菜（汤），讲究的，则摆放火锅。

新疆的九碗三行子，其实是传承于陕西一带的九碗十三花，相对来说，九碗三行子要比九碗十三花简略，可以说是一个便捷的版本。

实际上，在四川、陕西、湖北等地的汉族中，一直也有着九大碗、九斗碗的传统宴请方式，和回族的九碗三行子一样，也主要是用于婚丧嫁娶，有着

很近的血缘关系。

但不管九碗三行子是如何传承的，林则徐在发配途中到底有没有在昌吉吃过九碗三行子呢？

好在林则徐给我们留下了一部在发配新疆途中的日记——《荷戈纪程》，认真记载了路途中每天的情况。通过这部日记，我们得知林则徐是清道光二十二年(1842年)农历十月十三日进入迪化城(今乌鲁木齐)。在迪化停留了几天后，于十七日出发行至昌吉县城住宿，十八日一早离开昌吉到了呼图壁。压根没提吃饭的事儿。那么是不是林则徐忘了记还是觉得没必要记呢？好像还真不是，因为在《荷戈纪程》中，关于吃饭的记载随处可见，比如在某处“饮茶吃面”、某处“卖腌蘑菇，味可”、到某处“就店中为粥而食”“茹素”等，他都会记上一笔，甚至在奇台遇上当地猎人打了两只狐狸，他也会凑热闹，“取其皮传观”，也就是大家传着看，反正就是没记过有人请他吃九碗三行子。

而在林则徐留下的其他关于新疆的文字中，也提到过新疆的饮食，在其写下的《回疆竹枝词三十首》中，有两首都是关于食物的。一首是写抓饭：“豚彘由来不入筵，割牲须见血毛鲜。稻粱蔬果成抓饭，和入羊脂味总膻。”大约作为福建人的林则徐，对羊肉总是脱不了“膻”的认知。另一首则是写馕：“桑椹才肥杏又黄，甜瓜沙枣亦糇粮。村村绝少炊烟起，冷饼盈怀唤作馕。”是说南疆的维吾尔族人很少开火做饭，不是以各种水果代粮，就是怀里揣一个馕当饭。

所以林则徐如果真的吃过什么秘制牛骨头汤或者九碗三行子的话，大概率会在他的记录中留下痕迹，而不可能只字不提。

除了左宗棠和林则徐，清代还有一个著名人物，也被新疆人拿来当作了美食代言人，这就是纪昀，纪晓岚。

和林则徐一样，纪晓岚也是被发配到了新疆。只不过纪晓岚虽然也是清朝的高级官员，但却是以才华为世人所熟知，更重要的是为咱们今天的电视剧事业做出了突出贡献，这就使纪晓岚自带了网红的气质。

关于纪晓岚的故事是说其在被流放新疆时，途经哈密的巴里坤，巴里坤

的县令虽然仰慕纪晓岚的文采，但因纪晓岚是戴罪之身，不便用大鱼大肉招待，因而情急之下，便在焖好的羊肉上盖了一层饼子，这样叫外人看来，不过是一大盘饼子，但实际上饼下却藏有肥美的羊肉，这便是所谓“羊肉焖饼”这道菜的来历。

这个故事严格地讲也属于复合型，为“名人效应＋脑洞大开瞎捣鼓型”。

羊肉焖饼也叫“羊肉封饼”“封肉”，简单地说是将羊肉红烧后，炖至七八分熟，再以薄面饼覆盖于肉上，待羊肉彻底炖熟，面饼也被蒸气蒸熟。事实上所谓焖饼类的菜是在北方很多地区都存在的，除了羊肉焖饼，还有牛肉焖饼、鸡肉焖饼、鱼头焖饼、猪肉焖饼以及素菜焖饼等，只不过很多地方的焖饼说是炒饼更准确一些。具体到新疆的羊肉焖饼，倒是与青海的羊肉盖饼师出同门。

但不管怎么说，我们至少知道所谓“羊肉焖饼”的做法，不仅广泛存在，而且时间也绝不会晚到纪晓岚的那个时代。

今天的绝大多数人都是通过一系列戏说剧而知道纪晓岚的，历史上真正的纪晓岚不仅嗜烟如命，更是嗜肉如命。清代宗室昭梿在其著述的《啸亭杂录》上说，纪晓岚“日食肉数十斤，终日不啖一谷”，也就是每天要吃几十斤肉，但不吃一口主食。考虑到昭梿本身和纪晓岚就有着交往，所以这个记载不会不可靠。更有野史记载纪晓岚一次要吃“猪肉十盘”，其他也只是“熬茶一壶耳”，有茶水就着肉就行。

这样看来，如果当年的巴里坤县令真的给纪晓岚准备了一份羊肉焖饼

的话，纪晓岚也不大可能将那些面饼吃下去。

和林则徐一样，纪晓岚也留下了很多关于新疆的文字，有些出现在其笔记小说《阅微草堂笔记》中，有些则在其诗作中。在纪晓岚的关于新疆的文字中，记载了很多奇奇怪怪的故事，但关于吃却记载得很少。《阅微草堂笔记》中倒是记载了一两次新疆的野味，而诗作中更多提到的则是新疆的水果、蔬菜和关内运到新疆的一些食材。

除了上述的这些在新疆的所谓"美食传说"和"掌故"之外，还有吐鲁番豆豆面、烤全羊、烤包子的传说等，也都是差不多的套路。

很多人大概会觉得我们没必要对这些传说较真，所谓"你认真就输了"。但实际上恰恰相反，如果我们对这些胡编乱扯的故事无底线地宽容，才是真正的输了。这些逻辑混乱、漏洞百出、谬误丛生的旅游、美食恶俗文化泛滥，最终导致的是我们文化品位、审美能力的下限一次次地被拉低，只会使我们的审美能力越来越贫乏和荒芜，最终造成一堆堆充斥着庸俗、空洞、毫无创造力和营养价值的文化垃圾。

我们真要推广美食，能不能搞一些有点品位、有些创意的东西？这些雷同、硬拽出来的东西能有多少宣传效果？我们能不能自信一点，难道非要拉上一些历史名人来瞎编不可？

虽然上述的这些所谓"美食传说"已经够奇葩的了，但是这个世界上往往没有最奇葩，只有更奇葩。最后，我们就一起看看两则牛光闪闪的新疆美食传说。

一则是黄面烤肉的传说，主人公是在中国妇孺皆知的人物——唐玄奘。

说是唐玄奘取经路过高昌国，被高昌国王麹文泰留下讲经，因天气炎热、水土不服，唐玄奘连续几天吃不下饭，这可急坏了麹文泰，于是重金悬赏美食。这时一位老厨师用其擅长的做拉条子手法，在面中加入蓬灰、碱、芝麻油做出了黄面，再用辣子、醋、香油做成汁浇在面上调味，配以黄瓜丝和用上好羊腿肉烤制的烤羊肉给唐玄奘送了去。于是唐玄奘不仅大口吃起了黄面，而且还一连吃了十串老厨师递上的烤肉——你真的没看错，这个故事就是这么说的。最后，老厨师看唐玄奘吃得太急噎住了，急忙又递过去了砖茶。

好吧，在这则所谓的“传说”中，唐玄奘不仅吃上了中国明末清初才有的辣椒、清代后期新疆才有的用拉条子手法所做的黄面，而且还破了戒，连吃了十串烤肉。至于砖茶，虽然出现的年代略晚于唐玄奘生活的时代，但我们都不计较了。

只是不知道，吃了烤羊肉串的唐玄奘，是不是接下来会来一顿烤全羊或者大腰子？这你还取个什么经啊？直接娶了女儿国国王每天啤酒烤肉撸点串，岂不快活？

另一则是关于椒麻鸡的。

我以前一直以为乾隆再怎么巡游也不会跑到新疆，后来我知道自己真是孤陋寡闻了。正所谓没有做不到，只有想不到。

但这则传说不是主打新疆的椒麻鸡，而是主打安徽某地的椒麻鸡，本质上属于安徽的美食传说。在这则传说中，说是乾隆当年微服私访，遍寻美食，从新疆绕道四川，来到了安徽某地，大概又是迷路了，饥肠辘辘之时，找到了一家小店，吃了一碗当地的糁（方言读音sá）汤。附带说一下，这个糁汤的名字根据另一个传说是乾隆的爷爷康熙起的。为了对店主人表达谢意，乾隆就用他从新疆及四川学来的手艺做了美味的椒麻鸡，众人吃后皆称赞连连，乾隆就把制作椒麻鸡的手艺传给了当地人，流传至今。

在两百多年后的今天，乾隆的微服私访变成了“遍寻美食之旅”，而且还化身大厨，学会了一道新疆菜——椒麻鸡。更重要的是，照着这个趋势发展

下去，乾隆终有一天会跑遍全国，冲出亚洲，跑遍世界，这无疑是自负了一生的弘历做梦都不会想到的。

★延伸阅读：纪晓岚记载的新疆白菜

在纪晓岚所写的《乌鲁木齐杂诗》中，有数首描写当时乌鲁木齐及周边粮田、蔬菜、瓜果的诗，如其中一首："旋绕黄芽叶叶齐，登盘春菜脆玻璃。北人只自夸安肃，不见三台绿满畦。"这首诗前两句好理解，描写的是白菜，后两句牵涉两个地名，安肃，即今天河北省保定市徐水区东部，清代便以产白菜而著名，如清代王渔阳在其《易居录》记有"今京师以安肃白菜为珍品，其肥美香嫩，南方士大夫以为渡江所无"，而清代梁章钜也在其《浪迹三谈》记有"北方白菜，以安肃县所出为最"，同时记载所产的白菜，"必驰以首供玉食，然后各园以次摘取"，也就是首先要向皇帝进贡，为"贡白菜"。而纪晓岚诗中的"三台"，则应指当时属于乌鲁木齐的三台镇。这也就是说，纪晓岚认为三台的白菜品质与安肃的贡白菜不相上下。

滋味

ZI WEI

如何烤出一串优秀的羊肉

如果说新疆最具代表性的美食是烤羊肉串的话，应该没什么异议：成名早、影响大，地域特色鲜明。

没吃过烤羊肉串的人，应该为数不多，我就见过很多平常不吃羊肉的人，烤羊肉串还是会吃上两串的。尤其是新疆人，就算不隔三岔五地吃，但凡踏个青喝个啤酒什么的，都少不了要撸上几串。

但烤羊肉串，是外地人的叫法，在新疆，烤羊肉串就是被称为烤肉。如果你在新疆说吃烤羊肉串，就像在兰州将牛肉面叫作兰州拉面一样，一听就知道不是本地人。

烤肉，在新疆就是特指烤羊肉，并且在绝大多数情况下也不是指烤羊腿或者烤全羊这样的烤羊肉，而是指烤羊肉串、羊排串和羊内脏串。

这是新疆人概念的奇特之处，大约这是因为新疆最主要的肉食就是羊肉，因此烤肉，就不必再强调一个“羊”字。从这个思路出发，什么烤牛肉、烤鸡肉、烤鸭肉或者烤乳猪、烤鸽子、烤鹌鹑等都是“烤×肉”而不是“烤肉”。

这颇有点“白马非马”的味道。

而另一方面，烤各种的羊内脏，因为也都穿成了串烤，所以一律都属于烤肉的范围，最常见的包括了烤腰子、烤肠子、烤油包肝（羊肝与羊油同烤）、烤羊心顶（羊喉管）、烤啬皮（羊脾脏）、烤板筋、烤羊心等，而不那么常见的则有烤肚子、烤羊尾巴油甚至烤奶脬等。需要说一说的是烤假腰子，很多外地人认为就是油包肝，其实二者还是有差距的。油包肝是将羊肉和羊肝均切

为片状穿在一起烤，而假腰子则是将羊肝、羊油与洋葱切碎，再以羊网油包裹而成，外形仿似腰子，因此得名。与广西的烧蔗，手法相同，本质一样，其实都是上古肝膋(liáo)的遗风。

烤肉，事实上中原地区也是早已有之，汉代出土的画像砖上就有应该和现在一样的烤肉串——我之所以说应该，是因为咱们的画像砖画得都跟简笔画似的，你可以说他上面画的是一串肉，也可以认为那是一串糖葫芦，而我们之所以判定那上面画的是肉串而不是冰糖葫芦，原因是画上面的那串玩意儿是在一个炉子上，因此基本可以断定，汉代人不会是在烤一串冰糖葫芦。

大约也正是因为这个画像砖吧，最近两年画像砖被发现的所在城市宣扬他们才是烤羊肉(串)的起源地，还搬出了《史记》《汉书》甚至《诗经》的例子佐证。其实我觉得大可不必，或者说，是孤陋寡闻，对中国人吃羊肉的历史演变一无所知罢了——当然，更可能是揣着明白装糊涂。

其实烧烤肉食的这种吃法，在全世界各个民族中都有，换句话说，是人类共同的一种美食制作方式，比如我们熟悉的韩国烧烤、巴西烧烤什么的，这不奇怪，因为对人类而言，自从学会用火，最早吃的熟食肯定就是烧烤的，绝不是醋熘、红烧或者粉蒸。这也是为什么很多人平常可能对于肉食胃口一般，但是一见到烧烤的肉就会垂涎欲滴；为什么很多人平常不吃羊肉，但是却会吃一吃烤羊肉——吃烤肉的记忆已经镶嵌在我们遗传基因中了。

从这个角度讲，烤肉，是全人类共同的美食起源。只不过，在新疆，烤肉有着自己的不同。

烤羊肉，虽然看起来一串一串的似乎都差不多，但其实这里面差别大了。一串真正品质优秀的烤羊肉至少要做到肉质鲜嫩，肉汁充盈，肥瘦相宜，君臣之味分明。

从这个角度来讲，这个世界上有太多的烤羊肉都是不合格的。很多时候，在街上与狐朋狗友吃两串烤羊肉，不过都是应应景，完全感受不到烤羊肉的精妙。

也许有人会说："烤肉嘛，用火烤熟，撒上调料就罢了，是个人都能烤，能有多少技术含量？新疆的烤羊肉，也不过就是几块肉穿起来放在火上边烤边撒咸盐、孜然、辣椒面这三样调料而已。"

然而，世界上的事往往如此，看似越简单的东西，要达到一定的境界反而就越难，因为它没有花里胡哨的东西帮衬、弥补和掩盖，而是直奔主题，见性明心，容不得一点大意。

如果我们抛开羊肉品质的优劣不谈，只说如何烤的话，那么，要烤好一串优秀的新疆烤羊肉，我觉得，必须要解决三个问题：一是用什么东西烤？二是怎么用调料烤？三是用什么火候烤？

用什么东西烤？有人大概会觉得我是在说废话，还能有什么啊？用火烤啊。

你还别说，至少在国内其他地区，大部分打着新疆烤羊肉串招牌的烤肉，实际上还真不是用火烤出来的。

现在我们就算是去一个三四线的小城，稍不注意也能撞上一个卖新疆烤羊肉串的，但相应的，新疆的烤羊肉串在疆外发展出了一些杂七杂八的变异，最典型的一种就是不用火烤，而是用油炸。

记得是在青岛的街头，我就看到过维吾尔族人卖羊肉串的，扦子是一次性的竹扦子，羊肉串完全是用油炸出来的，先不说用油炸出来的羊肉串正宗与否，当时我站在街口轻轻一嗅，就辨别出那不是新疆的羊肉。不过那家烤肉摊子——如果还算"烤肉"的话，生意似乎倒还不错，一直没断过食客。

之所以改用油炸，估计很大的原因是不得已为之，烤羊肉过程中会产生

大量的油烟，油烟扰民，影响他人。如今的有些号称“专家”的人逮着什么都能斩钉截铁地断定是造成空气污染的元凶，这烤肉的油烟这么大，自然是罪大恶极、祸国殃民了。

不过，用油炸的这种所谓的“新疆烤羊肉串”，似乎在整个西北地区行不通，反正在西部地区，我倒是随处都能看见“火气十足”的当街烤肉，尤其是在新疆。很多年来，烤肉那必定是要用火来烤的，虽然烟雾缭绕，也有人颇有怨言，但是没用，人民群众就好这一口。

正因为如此，新疆在处理烤羊肉的油烟方面也曾经是想了各种办法的，比如曾经推广过一种用水“烤”的烤肉方式，大概是靠高温的沸水蒸熟羊肉串，据吃过的人说味道很鲜嫩，但最终还是无法推广，各族群众根本不买账，不用火烤，那还叫烤肉？大家就是喜欢在烟熏火燎的环境里大吃二喝，跟战场似的——这有一种张扬的豪情，是货真价实的人间烟火气，生机勃勃。所以什么水烤肉最后只得不了了之。

时至今日，在改善空气质量的持续压力之下，至少在乌鲁木齐市的主城区内，露天用火烤肉的传统烤法已经被明令禁止，而基本都代之以电烤，对于这样烤出来的肉，新疆人打心底里是不怎么认可的，只能是聊胜于无，在心理认知上，相当于袋装的烤鸭、方便面版的炸酱面，要吃一串真正的烤羊

肉，还得用火烤。

在新疆用火烤羊肉，一般用的是无烟煤，因为无烟煤煤化程度大，热值高，火苗小，煤烟相对少。否则火苗高蹿，熊熊燃烧，那就不是烤肉，而是烧肉。我在西宁曾见过当地有这样的烤法，烧烤者抓一把肉串，在火里不停地翻转，烤出来的味道与新疆的烤羊肉有着很大不同。

这里面当然有羊肉品种不同的原因，但关键还是烤的手法不同。

后来我在西宁按照新疆的烤法，为当地的朋友烤了几串羊肉，当地的朋友一吃，连连说："没错，就是在新疆吃到的那个味儿。"

说完了用什么东西烤的问题，现在说一说第二个问题：用什么调料烤？

很多人可能觉得这也是废话，新疆烤羊肉的最主要调料，不就是孜然嘛。

没错，新疆的烤羊肉之所以风靡长城内外、大江南北，首先应该归功于孜然这一味调料。但是不知为什么，孜然自西域逐渐传入中原地区后，却一直都没有得到普及，直到20世纪80年代后才随着烤羊肉为其他省份所接受。

孜然的特殊香味在某种程度上化解了羊肉的膻味，提升了烤肉的风味，然而，一串真正高品质的优秀烤肉，事实上反而是不用孜然的。

当然，这个前提自然是羊肉要好，比如新疆的羊肉。

其实一串真正高品质的优秀烤肉不单是不用孜然，更不用辣椒面，因为比起孜然来，辣椒面更会遮盖住羊肉的鲜。

一串真正高品质的优秀的新疆烤羊肉，只用盐。

这种风格的烤肉，

在新疆被称为“原始烤肉”。

原始不原始我不知道，但是只用盐，而不放其他任何调料的做法，其实在新疆颇为普遍。当然，这也从某种程度上，表明了对食材的自信，不需要五花八门的东西来提味。比如清炖羊肉，也是只放盐，要的就是肉本身的鲜味。

这一点新疆与其他省市很多菜的烹调用料截然相反：用了红花椒还要放青花椒；用了生抽还要用老抽，完了还要再加上十三香什么的。当然那是另外一种流派，要的就是五味杂陈，甚至要的就是让你吃不出原本食材的味道，豆腐要吃出肉的味儿，而肉要吃出鱼的味儿，等等。

其实在新疆的烤羊肉中，也有一种流派会放各种调料来改善烤肉的口味。最常见的，是在切好的肉块中，拌入切碎的洋葱，或将洋葱切碎，泡入水中，在烤之前，将穿好的肉串在洋葱水中蘸一下再烤，这样不仅有了洋葱的味道，还能使羊肉烤得更鲜嫩些。除了洋葱，通常也有拌入鸡蛋的，甚至还有加入啤酒的，都是为了改善口感，增加滋味。

我在烤肉的时候，如果条件允许，也会拌洋葱、鸡蛋什么的，但是如果要烤一串真正的“原始烤肉”，所有的作料也就到此为止了，剩下的，就是在烤制时只撒一把盐。

一串只放盐的烤肉，会最大限度地显现出羊肉的鲜美，在没有其他味道影响的情况下，羊肉原本的鲜香会充斥整个口腔。通常来说，我在烤肉的时候，都会在大家吃得差不多时，烤一批只放盐的“原始烤肉”。这时，大家的口中实际上已经布满了烤肉和孜然、辣椒等强烈的滋味，蓦然吃一串只放盐的烤肉，羊肉本身的鲜香会顿时在味蕾间独霸一切，其他所有的味道都会消散无踪，唯有鲜美笼罩着味蕾，从而精神为之一振，直达天际。

当然，一串只放盐的烤肉，也会最大限度地考验烤制的手法，这就涉及了第三个问题：用什么火候烤？

大概也有人说，烤羊肉串，不就是翻来翻去吗？两只手一手抓一把羊肉串来回拍，拍完了翻，翻完了拍。

嗯，我们在街头看到的所谓“烤肉摊子”，大都是这样烤的，而且有些人

还翻、拍得非常夸张，一边翻，一边吆喝，看起来眼花缭乱，充满仪式感。但其实，这样烤出来的肉根本失去了烤肉的妙处，表演的性质更大点，说白了，就是扯淡，这样频繁地乱翻、乱拍，肉汁将损失殆尽。

像西宁街头那样，在明火中一刻不停地翻转，这种烤法其实是和西宁的羊肉有很大关系。西宁的羊都是小尾寒羊，基本没什么肥的，穿成串后全是瘦肉，所以当我看到西宁的羊肉串后就很奇怪，看他们怎么烤，因为这样的肉油脂过少，无法像新疆烤肉那样在火上慢烤，这才明白他们为何要不停地在明火中翻转。而西宁更有一种烤羊肉串，干脆是羊肉煮熟后切成较大的块再烤，一样也没肥的，所以一样也是在明火里不停地翻转。

而新疆的烤肉，首先必须是肥瘦相间，其次是绝不用明火。

肥瘦相间，才会使油脂渗入瘦肉中，让瘦肉变得鲜嫩，所以一般穿出来的肉串都是“三瘦两肥”，也就是三块瘦肉、两块肥肉，肥瘦相隔。事实上还有专门吃肥的，穿一串肥肉，外层烤焦后，一口咬开，就是一包浓香的油汁。

而不用明火，是要让烤肉缓慢地在烘烤中变熟，明火只会将烤肉烧焦，风味全无。烤过肉的人都知道，要等到无烟煤烧透后，表层发白后再烤，此时不仅无火苗，且温度高，火力最佳。

羊肉在烤制中，会逐渐变色，同时从纤维中渗出汁水，这就是肉汁了，这就是为什么不能乱翻的原因，因为如果你不停地乱翻、乱拍，这些肉汁就没了。因而，烤肉不宜勤翻，放在火上，让一面的肉汁最大限度地渗出，再烤另一面。有人认为烤一次肉最多翻三次，甚至还有说两次的，这倒不必拘泥，重点还是按照自己的判断来，只有这样烤出的肉，才会鲜嫩多汁。

至于调料,也不要急着去撒。有些人刚把肉放到火上没多久就开始撒调料,而且一遍孜然、一遍辣椒面、一遍盐,然后又一遍孜然、辣椒面、盐地撒,这基本也属于胡闹。调料只撒一遍,而且不要急,顺序是肉烤得差不多后,先撒盐,要离开炉子端上桌前,再撒辣椒面,最后才是撒孜然。这个原因是辣椒面如果撒早了,会烤煳,有苦味;而孜然之所以要最后才撒,是因为撒早了就烤没了,等于没撒。

这样,一串品质优秀的极品新疆烤肉才会诞生。

当然,这还需要一点经验,多试几次就会掌握。

也正是因为我对烤肉的这点心得,所以每每家庭聚会什么的,都是我来烤肉。有时候大家在一起烤肉,我的孩子如果吃了别人烤的肉,一般都会将手中烤肉丢在一边,然后对我斩钉截铁地说三个字:“爸爸烤!”

我觉得,这三个字对我这样一个资深吃货来说,是最高的荣誉。

★延伸阅读:宋代以前中国人吃羊史

在宋代以前,中国人都是以羊肉为主要的肉食,或者说,以羊肉为上等的肉食。这一点,仅从古人所造的“鲜”“美”两个字中,就不难看出端倪。

魏晋南北朝大约是中国人吃羊肉第一个有史可查的高峰,北魏贾思勰所著的《齐民要术》中所记载的121种含肉类的菜、食中,以羊为主料或配料的就有39种,基本上占到了所有含肉类菜、食的三分之一,为所有肉类之冠。

唐代胡风大盛,羊肉的吃法更是五花八门,从唐人笔记的零星记载中,我们至少得知唐代的羊肉美食有类似于烤全羊的浑羊殁忽,有蒸着吃的过厅羊,有用酒糟制作的赐绯羊,有烤着吃的羊臂臑(前腿)等大菜。

到了宋代,羊肉依然是贵族阶层才能吃到的肉类,而且宋代记载美食的文字颇多,因此我们得以知道宋代人对羊肉的满腔热爱。当时有在地下挖坑焖烤而成的柳蒸羊,将羊肉、羊尾油切碎与其他辅料灌入羊肠中煮熟煎炸的鼓儿签子,用羊肉、豆子、香粳米等一同炖煮的马思答吉汤,用羊

肉、鸡蛋、豆粉等煮熟冷却后切片吃的海螺厮，将羊头、羊腰、羊肝、羊肺煮熟切片调味后吃的带花羊头，以及羊头菜羹、羊舌托胎羹、铺羊粉饭、羊舌签、胡椒醋羊头、坑羊炮饭等。而南宋的吴自牧所著的《梦粱录》中，记载的南宋临安（今杭州）的羊肉佳肴，更是令人瞠目，包括蒸软羊、酒蒸羊、羊四软、绣吹羊、五味杏酪羊、羊头元鱼、羊蹄笋、细抹羊生脍、改汁羊撺粉、虚汁垂丝羊头、乳炊羊肫等数十道羊肉菜肴。

身在宋代的苏东坡，就因为被贬惠州而买不上羊肉，才在无奈之下买些羊脊骨炖汤解馋，也间接地将视线转向了猪肉，进而发明创造出了驰名至今的东坡肉，也留下了当年"黄州好猪肉，价贱如泥土。富者不肯吃，贫者不解煮"的诗句，说明了当时猪肉并非中国人的主流肉食。

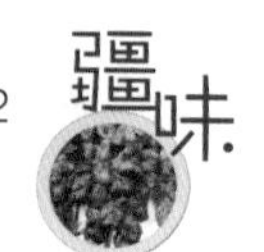

什么是真正的红柳烤肉

烤羊肉在新疆最为高端的烤法是所谓的“红柳烤肉”。当然你也可以认为红柳烤肉最为原始,也最为正宗。而真正的红柳烤肉,不仅烤肉用的扦子是红柳枝,使用的原料也不是煤,而是梭梭或胡杨这样的树木。

一般来说,在城镇里,烤羊肉所用的燃料是无烟煤,当然现在至少在乌鲁木齐市的主城区内,是禁止包括无烟煤在内的原煤散烧的,千百年来的传统美食与人民群众日益增长的环保需求在这里发生了冲突。虽然大嚼鲜美的烤肉和呼吸洁净的空气都是人民群众向往的美好生活,但显然烤肉带给人们的享受败给了人们更长远的利益。因此在如今的乌鲁木齐,烤羊肉基本都为电烤,烤肉燃料的嬗变,倒有点像人们通信联络方式的演化,信件让位给了电话,而电话又让位给了社交软件,烤肉的燃料也从梭梭柴、胡杨木让位给了无烟煤,而无烟煤又让位给了电。而这种嬗变除了方法越来越便捷之外,似乎总让人感觉有点廉价和疏远,这使得如今烤肉也带上了点工业化的味道,在一个真正的吃货嘴里,差之毫厘,失之千里。

最初的烤羊肉,应该就是红柳枝做扦、梭梭柴做炭的。因为以前的时候,梭梭柴也好,红柳枝也罢,都要比无烟煤和铁扦子来得容易,就地取材,根本不用花钱。后来咱们开始从一个农业大国向工业化强国转变,这才开始流行无烟煤和铁扦子,也没别的原因,就是方便,无烟煤要比木炭用起来快捷,铁扦子可以反复使用且清洗简单。改革开放之初,南疆的有些巴扎上就有用自行车轮的辐条做扦子的,大约觉得这玩意儿亮晶晶的,显得上

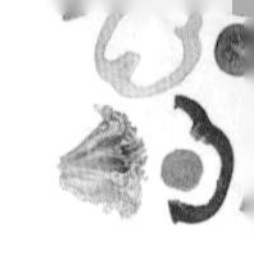

档次。

然而风水轮流转，时至今日，就像野菜才是上等菜肴一样，反而是梭梭柴为燃料、红柳枝为扦子的烤肉，才称得上“天然且正宗”，自然便是高端大气上档次。

不过话说回来，用铁扦子烤肉，处理不好通常都会有一些铁腥气，影响烤肉的滋味。而外地一些地方大都用竹扦子，则不大符合新疆人烤肉的要求。

那么，用木炭和红柳枝烤出来的羊肉串，归根到底，是不是滋味要更好呢？

很多人的回答可能是：就那么回事儿，没什么不同。

说出这种答案的，肯定都是只在饭店里吃过所谓的“红柳烤肉”，而没有尝过野外的红柳烤肉。换句话说，没有吃过真正的红柳烤肉。

真正的红柳烤肉，有着一种特殊的清香，而这种清香，来自红柳扦子。

那么为什么饭店里的红柳烤肉没有这种清香呢？

答案很简单。因为饭店里不会每烤一次肉就给你砍一些红柳枝回来，那些红柳扦子都不知道用过几百回了，清香肯定是没有的了，煳味倒是会有一点，完全就是糊弄人。红柳烤肉的精髓在于一定要用新鲜的红柳枝，清香微甜的红柳汁液会在烧烤过程中渗入肉中，不仅能够解腻去膻，更能形成独特的风味。

这也就是说，真正的红柳烤肉，一定要用新鲜的红柳枝。

这一点，别说外地人了，很多新疆本地人也对此一知半解，一样会以为酒店里所上的红柳烤肉就是正宗的。

所谓“红柳”，学名柽（chēng）柳，是一种在荒漠中生长的小乔木，其实作为一种荒漠植物，红柳在新疆更主要的作用是被当作一种象征，用来表示坚韧、顽强。

这是因为红柳生长在荒漠盐碱地，不仅能够防风固沙，还能够吸附盐碱，从而保护土壤、阻止沙化，它具有在恶劣环境下蓬勃生长的生命力。

正因为如此，尤其是在20世纪五六十年代，红柳基本成了当年新疆开

拓者的代言人，被称为“戈壁的英雄”“荒漠的卫士”，被作为无私奉献、坚强热烈的象征，号召大家都要向“红柳精神”看齐。

像红柳这样的植物，在南方自然无用武之地，南方的自然条件也不适宜其生长，在国内主要分布在新疆、甘肃、青海、宁夏、内蒙古等地；而在世界上，大致也是分布在与上述地区环境类似的区域，如伊朗、阿富汗、蒙古国、土耳其、俄罗斯等地。

红柳不仅能防风固沙、保持水土、改良盐碱地，而且其根下还能伴生著名的药材肉苁蓉。不过现如今，更多的人估计也不大清楚肉苁蓉与红柳的关系，提起红柳，首先会想到的，可能是红柳和烤肉的关系。

红柳烤肉大约是随着电视上的一些美食类纪录片的播出，迅速为大家所熟知。不过也正因如此，大量的红柳枝似乎通过某宝势不可挡地走向全国，真不知道每年有多少红柳因此惨遭荼毒。

后来我在一次酒席间遇到某公司的一位负责人，闲聊之间得知，原来他的公司就是在南疆专门种植红柳的，一方面用于改善生态，一方面则为红柳烤肉提供原料，同时还能伴随着红柳种植肉苁蓉。

按照这位老兄的说法，红柳的根系非常发达，因而很容易生长，只要水源能够跟上，生长就非常迅速，完全能够供得上市场的需求，因而基本不用担心生态被破坏的问题。

如果他所说的是真相，那么从另一个角度来说，倒也不失为一种新的经济增长点，红柳的价值得到这么一个新的开发，大可依靠人工大面积种植来

创收。不过虽然如此,但对于大规模商业化开发红柳用于烤肉,我还是有点担心。

当年我在户外混迹的时候,就偶尔会搞一搞以红柳烤肉为主题的户外活动。

通常的方式,就是组织大家到红柳茂密的地方徒步游玩,然后给大家交代任务,每人都折几根红柳枝来。等到了营地,徒步结束,就是各显厨艺、大快朵颐的时候,这时候,这些折回来的红柳枝就派上了用场。

烤肉所选用的红柳枝,标准也不复杂,首先是以枝条色深而油亮的为佳,说明这是一条生命力处于旺盛阶段的红柳枝,必定汁液充盈。其次要大体上平直挺拔,略粗于一根筷子即可。最后是长度在四五十厘米左右——当然你也可以更长,前提是要穿更大的肉块。

这时候还需要烤肉槽子和木炭。

新疆人在野外游玩,如果烤肉的话,除了会带上烤肉扦子、无烟煤之外,一般也都要带上铁皮制作的烤炉,因为都是长方形,状如马槽,因而新疆人称之为“烤肉槽子”。但对资深的吃货来说,包括槽子在内的这些所有东西,都根本不需要,扦子用红柳枝,燃料用木柴,烤肉槽子也一样可以就地解决。如果是石块多的地方,比如山野里,则可用石块垒搭,讲究一点的还会将一块块石头洗净;而如果是石块较少的地方,比如黄土地或者沙土地上,则可直接掏挖出一个槽子。在尉犁县的乡村里,我就见过当地村民们在沙土地上掏挖的烤肉槽子,而且在边缘还整齐地垒了一圈红砖,这就属于常用的固定烤肉槽子了。

木炭,则需要进行烧制,据说以梭梭柴最为正宗,实际上,与红柳同为荒漠植物的梭梭柴,大都与红柳在同样的环境生长,非常易得且十分耐烧。而如果在南疆的塔里木河流域,自然是胡杨的木柴更为易得,所以用什么木柴倒不一定拘泥。事实上我还吃过一次用松果——其实是冷杉树的杉果做燃料烤的肉,那一次的烤肉入口之后固然有一丝杉树的芬芳,但却发麻,我还以为用冷杉的杉果烤出来的肉就这个味呢,等吃得差不多才知道,烤肉的老兄因为粗心,错把花椒粉当作了孜然粉。而且他老兄在刚开始烤的时候自

己还尝了尝烤出来的肉,尝完之后大声抱怨:这孜然不行,味不重,是不是买上假的了?说罢便猛撒那些“孜然”。等到我们发现他老兄搞错了之后,大家都已经被麻得说不出话了。

就我个人吃红柳烤肉的生涯来说,在南疆的胡杨林就用胡杨木,在古尔班通古特的荒漠边缘就用梭梭柴,在天山的北麓里就用冷杉、云杉枝,当然也可以用杉果。和红柳枝需要采折不同,这些木柴都属于满地可见,随手可得,事实上你如果真要砍伐的话,且不说合不合法,首先就没有工具,其次有了工具也十分费力,根本无必要。更重要的是,新鲜的树木根本烧不起来,熏肉倒是合适,而捡来的木柴则早已干透,十分易燃。

因此,如果是一次有红柳烤肉的活动,通常大家到了营地,上交红柳枝,扎好帐篷之后,便开始分工合作,负责垒搭烤肉槽子的人搭或者挖烤肉槽子,负责捡柴火的人开始捡拾柴火,负责生火的人开始烧木炭,其余的人则制作红柳扦子,开始穿肉。

将选好的红柳枝削去皮,汁液就会渗出。用这样的红柳枝穿上羊肉,红柳的汁液在烤制中,就会渗到肉里,肉烤熟之后一口下去,红柳汁液的清甜隐隐地从浓郁的肉香中穿透而出,不仅增添了肉的鲜美,而且去除了肉的腥膻——这,才是红柳烤肉的真味。

当年这样的一次红柳烤肉活动,野趣十足,集游乐、运动、美食于一体,大家共同动手,其乐融融,星空之下,篝火熊熊,长刀割肉,纵酒欢歌,会让人不禁生出人生如斯、夫复何求的感慨,无

疑是一场充满着新疆气质的美食盛宴。

以我的经验,一根红柳枝,最多也就用个三五回,那些清甜的滋味就会消失殆尽,也就只能当作普通的扦子来使用了。

不过随着人们越来越重视生态保护,用新鲜红柳枝烤肉,如今已彻底变为一种奢侈的烤肉方式,在城市里能见到的红柳烤肉,也就是酒店里那种反复使用了多次的红柳枝扦子。至于外地很多店铺通过网购而来的红柳枝,在我看来早已失去了水分,除了视觉效果与新奇的噱头之外,完全不能与新鲜红柳枝相提并论,也就根本不值得一试了。

★延伸阅读:梭梭柴

梭梭柴是对梭梭的俗称,又写作“锁锁”“琐琐”,新疆乃至整个西北地区的人们,往往将其当作柴火来用,因而得名。而梭梭本身的材质坚硬,不仅易燃而且燃烧热值高,火力为木材之首,一直以来都是西北地区优良的薪炭材。

正因为如此,明代张萱、元代的陶宋仪都曾记载:“回纥野马川(野马川位置不详,一般认为在今蒙古国境内或甘肃境内)有木曰锁锁,烧之其火经年不灭,且不作灰。”清代的文献中也有关于使用梭梭为炭的记载。

梭梭为灌木或小乔木,在新疆有两种,分别为梭梭和白梭梭。梭梭生于半荒漠和荒漠地区的固定沙丘间低地和干河床中。白梭梭则生长在荒漠地区的流动沙丘或半固定沙丘的顶部。

梭梭极为耐旱、耐寒、耐热、耐盐碱等,生存能力十分顽强,是非常优良的固沙植物和盐生植物,因而往往用于防风固沙。同时,梭梭的嫩枝也是骆驼的饲料。

梭梭在我国西北地区的宁夏西北部、甘肃西部、青海北部、内蒙古等地都有分布。

★延伸阅读:胡杨

胡杨是新疆最为著名的树种,主要分布于南疆的塔里木盆地,尤以塔里木河流域最为壮观,是新疆荒漠中分布最广的落叶阔叶乔木树种之一。

胡杨是最为古老的杨树品种,其叶形多变化,也就是人们常说的一棵树上有三种叶子。其幼嫩的叶形呈细柳状,老的枝叶则呈圆状或枫叶状,也会出现肾形、三角形等。

关于胡杨有两种流传颇广的说法,一是所谓的胡杨一千年不死,死了一千年不倒,倒了一千年不朽。但实际上胡杨的树龄大多为一百到一百五十年左右。至于死后不朽的原因,则是因为胡杨大都生活在干燥的荒漠之中,因而死后不易腐朽。

另一种关于胡杨的说法是全世界90%的胡杨在中国,中国90%的胡杨在新疆,而新疆90%的胡杨分布在塔里木河流域。

事实上除中国外,胡杨广泛分布于中亚、西亚以及地中海周边等二十多个国家和地区,是亚洲荒漠、平原、丘陵中分布最广的乔木树种之一。在我国境内则主要分布在新疆、内蒙古、甘肃、青海和宁夏。

新疆的胡杨林面积,的确是占到了全国的91.1%,而塔里木河流域的胡杨林面积则占我国胡杨林分布总面积的89.1%,因此中国90%的胡杨在新疆,而新疆90%的胡杨在塔里木河流域的说法,基本没问题。

胡杨十分耐寒、耐旱、耐盐碱、抗风沙,有很强的生命力,对于稳定荒漠河流地带的生态平衡,防风固沙,调节绿洲气候和形成肥沃的森林土壤,具有十分重要的作用。而更重要的是,胡杨也为人们提供了木材、牲畜饲料、造纸原料、燃料等,其叶和花均可入药;当胡杨体内盐分积累过多时,会从树干的节疤和裂口处将多余的盐分排出,形成白色或淡黄色的块状结晶胡杨碱,俗称为“胡杨泪”,是一种质量很高的生物碱,可用来发面蒸馒头、制肥皂等,亦可入药。

而每逢晚秋时节,胡杨会变得一片金黄,景色如诗如画,壮丽而迷幻。

哪里的羊肉最好吃？这是一个问题

哪里的羊肉最好吃？这是一个问题。

新疆人大都有过这样的经历，即无论你走到新疆的哪个地方，当地的人都会以不容置疑的口气告诉你：尝尝我们这里的羊肉，绝对和别的地方不一样！

这个意思就是说，只有他们那里的羊肉与众不同，味道最好。

后来我发现，不仅仅是新疆人如此，其他省份的人们似乎在看待自己家乡的羊肉上，自信心差不多都处于爆表的状态。如果你足够有种的话，对着内蒙古人、宁夏人或者青海人说说他们的羊肉不好吃试试，不立马将羊腱子肉拍到你脸上那都是给你面子。就连在海南岛，人家都有主打的东山羊，为海南四大名肴之一。

总之在维护本地羊肉名誉这件事儿上，大家都毫无二致，只要是说到了羊肉，立刻就变身为自家羊肉的狂热捍卫者。

别的地方不大清楚，至少在西部地区，无论新疆、内蒙古、西藏、宁夏还是青海等地方，只要是吹起自己的羊来，都会用同一个段子，即我们这里的羊走的是黄金道，喝的是矿泉水，吃的是中草药——也不知道是谁最先想出来的，现在基本全国通用，你也用我也用，这东西听着就滥俗了。而且我相信很多人还听过后两句：尿的是太太口服液，拉的是六味地黄丸——说实话这后两句品味实在是差了点，不提也罢。

这是一个很有意思的现象，似乎只有羊肉是这种待遇，你肯定很少听过

有人说，尝尝我们这里的鸡肉或者猪肉，和别的地方不一样吧——当然也有，但绝非如羊肉这般普遍。

我琢磨，之所以羊肉有这种待遇，大概与很多人怕羊肉膻有关。羊肉的膻味据说是因为肉脂中含有一种什么挥发性脂肪酸，这种东西似乎只有在羊肉和鸡肉中最多——所以也有不少人不喜欢吃鸡——厌恶的人拒之千里，喜欢的人趋之若鹜，因为正是这种挥发性脂肪酸一方面使羊肉和鸡肉有着膻腥味，一方面又造就了其独特的鲜味，可谓“成也萧何、败也萧何”。

哪里的羊肉好吃，在很多大家的著作里也能看到。比如梁实秋、唐鲁孙这样的，就写得津津有味。

梁实秋写的羊肉，差不多都是内蒙古的羊，这点好理解，或者说他主要也就接触过内蒙古的羊，提起来羊肉也就是烤肉宛、烤肉季那么几家，清一色的内蒙古羊肉，所以除此之外再无其他。唐鲁孙也是，写起来都是老北京的内蒙古羊肉，事实上今天的北京，吃的羊肉还是大都来自内蒙古。不过唐鲁孙后来在台湾，吃过一次新疆的抓饭——那也是他第一次吃抓饭——想必不会再是内蒙古的羊肉了，至于滋味如何，唐鲁孙倒是没怎么说，但我们想想也不会正宗，至少是吃不出新疆的味道来。

和前人相比，后来的文人骚客吃羊肉的条件要好得多。比如汪曾祺。汪曾祺所写的美食文章我觉得是能比肩梁实秋的。汪曾祺曾专门写过在内蒙古吃手把肉，也曾写过在唐巴拉（即伊犁尼勒克县的唐布拉）吃哈萨克族人的手抓羊肉，而且看文字应该吃的还是羊肉纳仁。汪曾祺对全国各地羊肉的评价，好像是认为宁夏的滩羊最好。我看了不少当代人所写的关于羊肉的文章，貌似都说是宁夏的羊肉好。不巧的是西北五省区中，截至目前我还就是没去过宁夏，也没吃过宁夏的羊肉，所以不好判断。不过乌鲁木齐也有卖宁夏滩羊肉的店，大体吃法是先将一整只宁夏滩羊烤熟，吃得差不多再涮菜。

但是我坚持认为，一地的美食，要真正吃出滋味，必须要在当地吃，即便你在外地所用的全部食材都是从当地空运过来的，口感也会有差异。

我举个关于熏马肠的例子：

一次我在伊犁开会，当地兄弟单位的一位伙计说，他回老家甘肃探亲，带了些伊犁特产马肠子，但是甘肃的乡亲们一吃，纷纷皱眉，说：这有什么好吃的?！干渣渣的。

这位伙计当时不信，自己一尝，唉，咋就是没伊犁的那个味儿了呢?

而你在伊犁，或者在北疆的任何地方，拿起把刀削着根马肠子吃，那味道就是那么鲜香浓腴。这个原因，无他，只是因为一方水土一方美食，一地的美食其实都是和当地的环境紧密相连的。比如我们在户外徒步的时候，常常会买一只牧民的羊，所讲究的，便是要就地用旁边的山泉或河溪中的水炖煮了，才能达到最为美味的效果。

综上所述，你如果要真正判断哪里的羊肉好吃，没有什么捷径可走，自己坐个飞机火车拖拉机什么的赶过去吃一顿才是硬道理——当然前提是要吃上正宗的，而且自己的各项生理心理指标都要正常，否则你感冒发烧拉肚子的时候肯定是吃不出正确判断的。心情，心情也很重要，你什么时候见过一个失恋的人有滋有味地大快朵颐?

而一个新疆吃货在新疆品尝疆内各地羊肉的机会就要多得多，上述条件都容易达到。

新疆的羊种类繁多，有毛肉兼用的，如新疆细毛羊；有主要用毛和羔皮的，如和田羊、新疆羔皮羊、策勒黑羊；也有就是吃肉的，最为常见的是哈萨克羊，为新疆原始的品种，分布于北疆各地。在乌鲁木齐、昌吉一带的人们大部分吃的都是这种羊，汪曾祺吃的应该也是这种。新疆还有一些著名的羊，比如：塔城地区的巴什拜羊；吐鲁番的黑羊；分布在喀什地区麦盖提的多浪羊；分布在阿勒泰地区的阿勒泰羊，又叫“大尾羊”；分布在塔什库尔干塔吉克自治县的塔什库尔干羊，又叫“当巴什羊”；分布在克孜勒苏柯尔克孜自治州的柯尔克孜羊等。

新疆人因为以羊肉为主要肉食，羊的品种又多，所以潜意识中，就认为自己是吃羊的权威，新疆的羊肉自然就是天下第一，容不得半个不字，提起羊肉来完全是舍我其谁的自负，对疆外的羊嗤之以鼻，不屑一顾。比如基本上所有新疆人对内蒙古羊就不以为然，事实上内蒙古的羊味道也不错。新疆有一个著名的品种巴音布鲁克羊，其实就是内蒙古羊在新疆的后裔，属于蒙古羊系绵羊品种。而我曾经在青海，随手用手机拍了张青海羊肉的照片，马上就有新疆同胞说，那羊肉黑乎乎的，看着就没有新疆的好。其实那是不知道青海羊的品种以及吃法造成的，我拍的是煮出来准备再烤的羊肉。事实上我在青海吃到的青海羊肉，觉得也很好，脂肪少，这也是那里的烤羊肉串为什么和新疆的不同的一个原因。

新疆人不仅仅是对疆外的羊肉看不上眼，疆内之间也是如此，每个新疆人只要说到自己的羊肉好时，毫无例外都是语气坚定而豪迈，容不得半点质疑。

在这种情况下，你如果不识抬举，胆敢说一句你们这里的羊肉不行，跟你拍案而起的那是兄弟，默默看你一眼而不和你争辩的，那就是基本上断绝了再和你深交的可能性。

比如阿勒泰的弟兄们，提起羊肉来，那必须就得是阿勒泰大尾羊啊。别的羊？别的那还叫羊吗？不管你怎么说，就是我大阿勒泰的大尾羊好吃。

阿勒泰大尾羊其实最早叫“福海羊”，20世纪90年代正式被命名为“阿勒泰羊”，民间一直称其为“大尾羊”，顾名思义，这种羊有一个硕大的尾巴，也就是所谓“大屁股”。而这个大尾巴里储存的，都是脂肪，据说其重量平均达到35公斤，这个原因，无非是阿勒泰地区冬季漫长，羊需要储存更多的脂肪来过冬，其功能，与骆驼的驼峰、狗熊的熊掌无异。说到驼峰和熊掌，我们知道一直都是位列中国古代所谓“八珍”的行列，那可是古代达官贵人的美食珍馐。反观具有同样作用的大尾羊的尾巴，却没有这种待遇，这大约是因为相比羊，骆驼和熊更为稀少，也更为值钱，而且对于羊肉还存在怕膻的障碍。

印象中只有梁实秋在文章中谈过老北京的回民餐馆有所谓的“全羊席”，包含了羊尾油这道菜，做法好像是和糖与蜂蜜一起做，完全是一道甜食，其他则大都是以羊尾油做辅料。然而在新疆，羊尾油却是一种高段位的美食。之所以说是高段位，是因为一般人是享用不了的，看到那白花花的脂肪，是怎么也无法下咽的。而酷爱羊尾油的高人，却可以直接在宰羊的时候，趁热生吃羊尾油，据说香浓腴滑，妙不可言。相比之下，羊尾油更大众的吃法是煮熟后和羊肝同食，因为羊肝固然味美，但是无油脂，难免柴、干，因而用两片羊肝夹住一片羊尾油，自然便是最好的搭配了。

当然，我们吃一只羊，重点还是吃肉，而不是吃油。阿勒泰羊的肉质，主要特点是相对细嫩，这一方面是因为阿勒泰羊的脂肪含量高，另一方面，大概是阿勒泰水草丰茂，羊吃草吃得多，吃得好，羊就生长得快，生长得快，自然肉质就不会如南疆地区的羊肉那么紧实。

与阿勒泰相邻的塔城地区，虽然也水草丰茂，但那里的巴什拜羊，肉质就要紧实得多，而且也和阿勒泰大尾羊一样耐寒，但与阿勒泰羊靠厚厚的脂肪抗寒不同，巴什拜羊的耐寒是因为杂交。

关于巴什拜羊的来历，主要有着三种说法。一种是说因为塔城地区冬季十分寒冷，羊的存活率一直不高，因此当年有一个叫巴什拜的贫苦青年便一直在琢磨：怎么才能让羊的身体素质提高？据说后来他发现塔城山里的野盘羊身体好、不怕冻、繁殖力强，于是开始对两种羊实施杂交。

另一种说法是某一天巴什拜忽然发现自己的羊圈里混进来几个“流氓成性”的野生盘羊勾引他的家羊，于是不动声色，让盘羊乘兴而来、满意而去，终于杂交出来了所谓的“巴什拜羊”。

还有一种说法则是巴什拜年轻时不小心将其父给他的一群羊丢失，两年后又重新找到了这群羊，结果发现羊只不仅没有减少反而增加了，而且其中有毛皮呈红褐色的新品种，于是大喜过望，因而产生了巴什拜羊。

这些说法虽然颇为有趣，但却都是有演绎性质的传说。真实情况是，历史上的巴什拜·乔拉克1919年从苏联迁居到塔城的裕民县后，用当地的哈萨克母羊与他带回的公羊进行杂交，经选育而形成新品种，“巴什拜羊”得名也因此而来。

巴什拜羊躯体以棕红色为主，白鼻梁，当地人称之为“白鼻红羊”。公羊大都有角，有的甚至有四角和六角——因此也难怪有人认为其有野生盘羊的血统。巴什拜羊一方面耐粗放、耐寒、耐旱，抗病能力和适应能力强，成活率高、出栏快；另一方面净肉率高，不仅肉质好，且羊毛品质也好。

但不管巴什拜羊是不是野生杂交，吐鲁番人则认为，他们的黑羊才是真

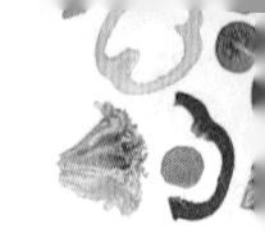

正在野生状态下生长的，至于味道，当然是吐鲁番黑羊最好。

吐鲁番黑羊主要生活在吐鲁番的艾丁湖附近和黑山草场。

艾丁湖为吐鲁番盆地内的白杨河等河流的尾闾所形成，是吐鲁番盆地，也是中国陆地的最低点，湖面比海平面低154米，湖底最低处则达到了-161米。由于历史上艾丁湖几经干涸，周边多为盐碱滩，这里的黑羊食用的水、草自然盐碱含量极大，而且这里遍生骆驼刺。所谓“骆驼刺”，是荒漠戈壁中极度耐旱的一种植物，由于枝叶坚硬、布满硬刺，因而通常只有骆驼能够食用，这也是这种植物名称的来源，牛羊一般不会去碰这种草。但是据说艾丁湖的黑羊却吃这种草，大约是因为生存环境而改变了生活习性。

而黑山草场，则位于托克逊县的克尔碱镇境内，实际上那个地方已经挨着乌鲁木齐了，和乌鲁木齐只有一山之隔，当然这个山大了些，是天山山脉，黑山草场就在天山一号冰川的南麓。即使在今天，去黑山草场也比较辛苦，从托克逊县的克尔碱镇出发，也需要越野车一路颠簸近百公里路。由于交通的不便，使得这里保持了较为原始的自然状态。在巍峨山峦围绕下，这片草场如一个台球案子般平坦，黑羊就放养在这个平坦的山间草原上，远远望去，草原上撒满了黑色的斑点——那就是所谓的“黑羊”了。其实黑羊也并非都是纯黑的，很多黑羊的毛色其实是深褐色的。

吐鲁番人对于黑羊的品质非常自信，价格也要比其他的羊高出许多。吐鲁番很多馆子都标榜使用的是吐鲁番黑羊肉，但也只有懂行的人才会知道哪家馆子用的是纯正的黑羊肉。吐鲁番黑羊不仅被吐鲁番人所推崇，在乌鲁木齐也被人认可。我的一位老伙计在某大国企的食堂工作，据他说，他们食堂曾对乌鲁木齐周边多地的羊肉进行过一次盲选评比，最终就是吐鲁番黑羊胜出。

但如果我们考虑到这家食堂的羊肉盲选范围主要是乌鲁木齐的周边，那么显然，是缺少了新疆羊肉最为重要的南疆地区。

新疆地域辽阔，南疆则更为广袤，跑趟喀什或者和田都得上千公里，相对近点的是巴音郭楞蒙古自治州，那里的轮台和尉犁，羊肉在全疆颇为知名。

尉犁最著名的是烤全羊，有多家著名的烤全羊店，据说在北京的维吾尔族人要吃烤全羊，都是从这里打包空运过去。但以我的经验，有些店在有了名气之后，便徒有其名，店大欺客，实在不怎么地。其实在尉犁的街头巷尾，甚至夜市上都能吃到非常不错的羊肉。有一次我和两个小伙伴从轮台往尉犁一路地跑，最后在尉犁吃烤羊排，那些烤好的肉块上抹着姜黄，金灿诱人，吃到嘴里浓香的滋味一瞬间便霸占了整个口腔，且还有一种独特的鲜味。至于膻味，哪里有什么膻味，除了鲜香就是鲜香。后来我们坐火车回乌鲁木齐，晚上肚子饿了，便同时都想起了那些羊肉，眼珠子都绿了。

在这里一定要厘清非常重要的一点，就是很多人以为爱吃羊肉的人都是爱羊肉的膻，其实恰恰相反，我反正没见过有谁夸自己的羊肉说是味道膻的，反倒是都说自己的羊肉一点都不膻。其实判断一地的羊肉好与不好，最重要的一点就是膻还是不膻，而羊如果吃的水草盐碱大，那么羊肉不仅毫无膻味，而且鲜美无匹。

比如吐鲁番人认为自己的黑羊之所以好，就是因为艾丁湖的水草盐碱含量大。有些地方的羊在宰杀前必须要专门喂盐以改善肉质，像烤全羊这

样的大菜，在羊被烤之前，便是要喂几天盐碱水和盐碱拌过的料，以去膻增香，而吐鲁番的黑羊则根本不用。

但如果说到盐碱大，南疆较吐鲁番更甚。

比如尉犁很多地方的羊肉，可以不用放盐直接吃，也是因为当地的草和水中盐碱含量高的缘故，肉本身便够了盐分。当年有个美国地理学家叫亨廷顿的，跑到尉犁一带，吃了那里的肉，便说不用放盐，煮熟了后也跟腌制过了似的。

这样自带盐分的羊肉我也吃过，虽然没有吃到像那个美国人说的那么夸张的，但是基本不用放盐倒的确是真的，炖熟了后滋味鲜美、毫无膻味，这大概就是人家尉犁的羊，每天都被盐碱腌着的缘故。

除了巴音郭楞蒙古自治州，南疆的和田、喀什、阿克苏、克州等地也都有着令当地人引以为傲的羊和羊肉。很多人可能觉得羊肉和羊肉之间根本不会有什么太大的差别，没错，我以前也这么想，至少觉得新疆的羊肉，一地和一地的差别没有那么玄乎。但后来现实给我上了一课。

也是那次去轮台和尉犁，我们每到一个地方，都大吃当地的羊肉，这才发现，羊肉有时的差别远比我想象的大得多，在轮台是一种味道，在尉犁又是另一种味道。那次我们在尉犁的喀尔曲尕乡——一个著名的罗布人聚居地所吃的羊肉就比别的地方更结实，嚼起来嘎吱嘎吱得咬劲十足——那不是因为火候不到，而是因为这里植被稀疏，羊要吃上草，得比水草丰茂地区的羊跑更多的路，因而便结结实实地长了一身肉。

说到底，到底哪里的羊肉好吃？依我看，其实还是看个人的口味，而口味，则取决于自己所处的环境。正如阿勒泰人生活在寒冷的阿勒泰，自然是觉得阿勒泰大尾羊最对胃口；而吐鲁番人生活在炎热的吐鲁番，则觉得只有黑羊肉才更为滋补。

而我这么些年来跑了不少地方，各地的羊肉也吃了不少，一直是一个坚定的“饭醉分子”，如果硬要我评定一下哪里的羊肉好吃，个人认为新疆最好的羊肉应该还是在南疆的塔里木河沿岸一带，因为水土和草料的关系，那里有着世界上最香的羊肉，也有着各不相同的口感。

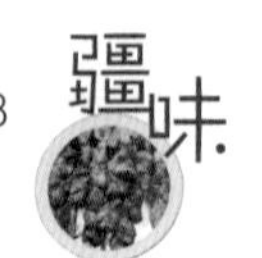

按照咱们大部分省份的传统，所谓羊肉是要冬天吃的：羊肉性热，适宜冬天进补。不过这一点在新疆、西藏、青海、内蒙古这样的地方根本行不通，一年四季照吃不误，吃肉，关季节什么事？！

对于初来新疆的人，到新疆不吃羊肉应该是一个很大的损失。其实不吃羊肉的人只要克服心理障碍，就能尝试到不同的鲜香。虽然很俗套，但是我还是可以肯定地说，尝尝新疆的羊肉——和其他地方的羊肉绝对不同！

★延伸阅读：不在艾丁湖乡的艾丁湖

如果你去吐鲁番，会发现一个奇怪的现象，作为我国陆地海拔最低点的艾丁湖却并不在吐鲁番市高昌区的艾丁湖乡，而是在高昌区的恰特喀勒乡。艾丁湖乡位于艾丁湖的北面，一点湖的影子也看不见。

之所以如此，是因为艾丁湖的水域面积一直在变化，随着水域面积的逐渐缩小，今天艾丁湖乡已经没有艾丁湖了。

“艾丁”为维吾尔语，意为月光，所以艾丁湖实际上是有着“月光湖”这样一个浪漫的名字。不过艾丁湖的月光并不是来自月亮，而是因为艾丁湖的结晶盐壳晶莹雪白，宛如月光而得名。

据20世纪50年代初的统计数据，艾丁湖水域东西长40公里，南北宽8公里，面积近152平方公里。但由于艾丁湖是由吐鲁番盆地内的白杨河等河流的尾闾所形成的，所以湖面大小直接与河水的流量有关，近几十年来，由于用水量增加等多种原因，艾丁湖几近干涸，到了2010年仅剩0.5平方公里。2016年夏季由于山区降雨等原因，湖面再度恢复。

熏马肠、熏马肉
——新疆山水的美食版本

一些人有这样一个毛病，即对自己没吃过的肉，大都坚定地认为是酸的。

比如北方人听到广东人竟然吃猫，便会一脸不解：猫肉是酸的啊，怎么能吃？

同样，外地很多地方的人听到新疆人吃马肉，也会一样的惊奇：马肉？那不是酸的吗？而且有些资料还信誓旦旦地说，马肉不但发酸，且还有臭味云云。

如明代李时珍在《本草纲目》中便说："食马肉中毒者，饮芦菔汁，食杏仁可解。"《随息居饮食谱》亦云："马肉辛苦冷，有毒，食杏仁或芦根汁解之。其肝，食之杀人。"至今似乎在某地吃马肉米粉什么的，据说也还是要配南乳、花生之类的解毒。

猫肉我从未吃过，自然不会妄下结论，但是马肉，新疆人基本上都有发言权，事实上马肉非但不酸，还有一种独特的香味。更出人意料的是，据说马肉的脂肪在所有动物脂肪中，最接近植物油，不饱和脂肪酸含量高，换句话说就是吃了不增肥，因而远佳于其他动物脂肪。而至于马肉有毒一说，更属无稽之谈，否则的话，新疆人早就被毒死何止千万了。

许多人之所以对马肉有着错误的认知，其实也很好理解。中国作为一个农耕大国，不要说马肉了，牛肉在很多朝代用来吃都是违法的，我们今天看《水浒传》梁山好汉也罢，地痞流氓也好，动辄就是切二斤肥牛肉，但历史

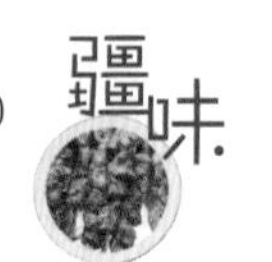

是:在宋代屠宰耕牛是违法的,所以根本不可能像现在这样随便吃牛肉。

而马肉,在中国历朝历代甚至连违法私屠的机会都没有,因为马匹属于稀缺物资,主要用于军事,基本是用来组建快速反应部队的,要不然也不会有汉武帝派遣大军,铁了心也要搞回来汗血宝马这事儿。

中原到江南基本都不产马匹,所以这才有历史上连绵不断的茶马贸易。北方游牧民族要喝茶,中原王朝要骑马,所以这才要不停地互换,在这样的情况下,自然不会吃什么马肉。

从这个角度看,对于汉民族来说,其实在绝大多数的食谱上,是没有马肉的。

放眼整个世界,其实马肉在很多地方是上食谱的。比如欧洲的法国、比利时等国,马肉就是一种很常见的肉食;甚至日本也有著名的马肉刺身,被称为“樱花肉”,原因是新鲜马肉颜色鲜艳,宛如盛开的樱花。

不过要说吃马肉最多的,还是游牧民族。对于马背上的民族来说,马不仅是主要的交通工具,征战坐骑,还能为游牧者提供补充能量的肉,故而在新疆马肉则是哈萨克族人最为重要的一种食品。而其中最为著名的,则是哈萨克族的熏马肉和熏马肠——更多的时候,新疆人就是将其称为“马肠子”。

我最初接触到真正的哈萨克族熏马肠时,也就二十来岁。

之所以说接触到“真正的熏马肠”,是因为在此之前,乌鲁木齐卖的熏马肠不仅数量少,而且大都不正宗——据说都是什么碎肉马肠子——颇似哈尔滨红肠的构造,除了口感粗糙之外,再也吃不出什么感觉。但事实上,真正的熏马肠不仅外观粗壮有力,而且一定是要肥瘦相间,灌入肠子中的肉和脂肪是成块的,亦即块肉马肠子,这样的熏马肠吃起来,首先是气势上就有了舍我其谁的豪迈。

我第一次接触到这样的熏马肠就是在乌鲁木齐市南门附近的一家哈萨克奶茶馆里。馆子里的生意很好,熏马肠斜着切片,每片都有鸡蛋大小,每片都多少带些脂肪,有些片甚至基本全是脂肪,呈现出优雅的象牙色;马肠子一律用大盘盛着,堆成一堆,入口一吃,浓郁的鲜香扑面而来,瞬时间便压

倒了所有的味觉，且越嚼越香，回味无穷。

最初的时候，我还对那些脂肪不敢尝试，当时一位老哥夹起来一片全是肥油的熏马肠，对我说，今天咱们要是喝酒的话，这就是好东西。不过那天的情况是我们没喝酒，而是喝的奶茶，因而这位老哥说完之后，又将那片肥油熏马肠放回了盘子。最终，那盘熏马肠中的肥油，尽数剩在了盘子里。

但是后来我才知道，吃熏马肠而不吃油，那是多么大的一种损失啊。可以说，熏马肠的精妙，至少一半都在那些泛黄的脂肪，也就是马油上。

我说过，马的脂肪最近似于植物油，据说是动物脂肪中最健康的一种脂肪。但这不是关键，关键是，马的脂肪和其他动物的脂肪还有一个很大的不同是，它更能够入味，换句话说，腌制、熏制的时候，那种鲜香的味道是完全渗入到马油中去的；而且，正是因为有了这些脂肪，才使得肌理略粗的马肉口感不柴，且增加了肉香的浓郁，从而使得口感和味道都达到最佳效果。

哈萨克族人的熏马肠和熏马肉，其实主要是为了过冬而储备食物。每到冬季来临，从天山到阿尔泰山的广大哈萨克族牧民便会挑选合适的马匹进行宰杀，灌制马肠，制作熏马肉，这是一件非常隆重的事儿，是哈萨克族人冬宰的一个重要内容。

而冬季到哈萨克族牧民的家中，主要的大菜，或者说主食，就是用熏马肉或熏马肠制作的纳仁。大盘的马肉或者马肠煮熟，盖以面片，大快朵颐。

其实无论是熏肉还是肉肠这类食物，为各个草原民族所共有，制作方法也是大同小异，无非是待秋季牲畜膘肥体壮之时宰杀，用盐、蒜之类腌制后烟熏或者风干，备以度过漫长冬季。然而就是这么一种看起来制作手法原始简单的食物，却因为在熏制和风干过程中吸收日月之精华、天地之灵气，而滋味独特，挥发的油脂和收缩的精肉凝结在一起，使其口感耐嚼，越嚼越香，而肉的香气也似乎浓缩凝结，浓郁而鲜美。更重要的是，这类食物不仅热量高，耐饥寒，更便于存储和携带，揣上两条就能确保一整天口腹无虞。

我觉得，吃熏马肠、熏马肉这种东西，在山野草原之间吃，才更有滋味，而坐在饭店里斯斯文文地吃，基本上就是对熏马肠、熏马肉的怠慢，彻底丧

失了熏马肠、熏马肉作为一位草原霸主的气魄。只有席地而坐，头上是万里苍天，屁股下是延绵大地，才能品尝出熏马肠和熏马肉的奥妙。

熏马肠和熏马肉的特点是精肉耐嚼入味，脂肪肥而不腻——事实上因为油脂的部分挥发和另一部分的凝结，而根本感觉不到油腻——所以尽可放心地大快朵颐，既能下酒，又可下饭，一通熏马肠或熏马肉下肚，肉体和心灵立马加到满血，驰骋天地间的豪情奔涌而出。

相比于熏马肉，熏马肠的味道更为鲜美，也更受今天人们的欢迎。以前的熏马肠，自然都是手工灌肉进去，但在工业化的今天，则有机器灌的和手工灌的两大流派，但真正懂吃的人，还都是要手工灌的。

这里面的不同在于，手工灌制的，讲究的是一侧是肉，一侧是油，也就是保证切出来每一片上都是肥瘦相间。从外观上看，一根手工灌制的熏马肠，大约三分之二都是棕褐色的精瘦肉，剩下的三分之一则是泛着象牙白光泽的脂肪；而机器灌制的，就是随机的了，无法保证肉与油的均匀分布。

但有趣的地方在于，现在大多数人，反而是更喜欢机器灌制的熏马肠，这是因为当代人出于对健康的担忧，差不多都对脂肪心存恐惧，而机器灌制的，因为脂肪与精瘦肉混合在一起，至少从外观看起来没那么肥。除了这一

点，今天的城里人也往往会选择口味相对较清淡的熏马肠。对那些烟熏味更大、料也更重些的熏马肠敬而远之。市场口味的变化，最终无疑会倒逼商家们对熏马肠口味进行调整，因而今天的熏马肠，大都会主动减少一点脂肪，调淡一下口味。

其实这一点倒也无伤大雅，观念的变化必然会带来人们口味的变化。马肉和马肠的熏制，其实最初的主要目的就是为了便于保存。纵观人类历史，所有从便于长期储存角度出发的食物，无非是采取熏制、腌制、风干等方式，而要保存得更为长久，就必定会熏制得比较重，盐也会放得更多些。当然熏制所用的果木和松枝、杉枝等，也会使熏制的肉中有果木香，重点是松枝的清香。

但就现在的生活条件来说，食物的保存并不是一个问题，因此对这一点就没有太多的要求，故而减轻烟熏度和用盐量的熏马肠、熏马肉，便更适合人们的需求。

至于用什么样的马肉来制作熏马肠和熏马肉，或者说哪里的马肉更好，则是一个争论不出结果的问题，至少伊犁、塔城、阿勒泰这三个地方就会为此争论不休。即使只是在阿勒泰地区，一县与一县也会为谁的马肉更好而争论得不亦乐乎。比如我曾经在阿勒泰的富蕴县，就多次听到当地人认为最好的马是富蕴的富青马——一种在传统哈萨克马的基础上选育的马种。富蕴人认为富青马不仅是优良的赛马，更是美味的肉马，至于味道有什么不同，大家也讲不清楚，总之比别的地方的马肉更好吃就是了。

反正在新疆，这样的话题即使争论个几百年大概都不会有定论。唯一能达成共识的一点，就是制作熏马肉和熏马肠，一定都是选择四五岁、肉质好的马。

和一般人的认知不同，真正高端的熏马肠还不是纯肉的，而是所谓的“卡子肠”，亦即用一整根带肉的马肋骨穿进肠中，再配以脂肪，吃的时候，啃着骨头，据说才能吃得真味，越啃越香。有一种说法是：一匹马的肉刚好能全部灌进自己的肠子中。这种说法其实不准确，准确的说法是一匹马的肠子刚好能装完所有的肋骨。

而一盘优秀的熏马肉，每片肉上也基本要带一点马油。加热后的马油色泽黄润，入口香滑，毫无油腻的感觉，而瘦肉部分则纤维松软，口感香嫩。无论是煮熏马肉还是熏马肠，只有火候对了才能口感对，不能用大火一直煮，而是先大火煮开，再用文火煮两个小时。在煮熏马肠的过程中，还需要用牙签在肠衣上戳一些气孔，以防胀裂，这样肉才会嫩、醇、香、浓，不塞牙。

其实熏马肠的典型吃法，并不是切片装盘，而应该是一手持着粗壮的马肠，一手持刀，边吃边削，充满在草原肆意驰骋的大气。古代的草原骑士们，大约就是这样的吃法，一大截马肠子下肚，再来两口马奶子酒，立马就浑身通泰，策马扬鞭，就又可以到前面去冲锋了。

这样的吃法，我倒也有过。有一次去阿尔泰山里游玩，为了赶路，大家翻出了一个人带的马肠子，先垫垫肚子，一路上边走边吃，削成厚厚的大片，你一片我一片地分食，没想到竟然越吃越想吃，欲罢不能，让人有了想一口气吃到饱的欲望。后来眼见情况失控，有人当即高喊："再这样吃，晚上喝酒没肉了！"才算好歹停止了这一场饕餮大嚼。

或许正是因为熏马肠和熏马肉来自高山峻岭，来自茫茫草原，来自马背上驰骋的人们，这种食品才具有了豪爽与磅礴的气质，适合于长刀割肉地吃。然而它又不仅是豪爽和磅礴的，在粗犷的外表之下，蕴含着浓郁的鲜香和悠长的回味。

这正如天山和阿尔泰山一样，在雄浑阳刚之中还有着柔美而妩媚的一面——白云舒卷，清风拂林。

从这个角度讲，熏马肠、熏马肉更像是对这些山川大泽、草原林海的一种再现。虽然形式看起来粗犷不羁，但却滋味细腻；看似简约粗略，但却回

味悠长。这些元素神奇地统一在了一起，构成了熏马肠、熏马肉的独特风味，成为天山、阿尔泰山这些雄奇山水风光的一个美食版的、在味蕾上的再现。

★延伸阅读：中国人吃马肉的典故

上古时期的中原地区是吃马肉的。比较著名的一个例子就是《燕丹子》中所载，燕太子丹为了让荆轲刺秦，应荆轲的要求，杀了自己的千里马，给荆轲吃马肝。虽是出自野史，但却证明了古人吃马肉及其内脏的事实。

现在的考古发掘证明，早在新石器仰韶文化时期，就存在着吃马肉的习俗，而在《东观汉记》中，就有食“马醢（hǎi）”，即马肉酱的记载。西汉桓宽的《盐铁论》中更记载了当时的长安所销售的一种熟食“马朘（zuī）”，也就是今天所说的马鞭。

在《晏子春秋》中有着一句比喻：“犹悬牛首于门，而卖马肉于内也。”其实就是后世所说的“挂羊头卖狗肉”，这说明了马肉作为一种肉食在当时的存在。

史料中关于吃马肉的记载虽然不多，但仍零星可见。如《史记·秦本纪》与《资治通鉴》都记载有秦穆公丢马的故事，说一次秦穆公的爱马逃逸，他亲自带人去追，结果追到后看到有一群三百多人，已经杀了这匹马正在围坐着吃肉，当时秦穆公手下的官员准备严惩这些人，不料秦穆公却说：“我听说吃骏马的肉而不喝酒会伤身，我就一并赏给你们一些美酒吧。”这件事过去三年后，秦穆公与晋军作战，被晋惠公的军队包围，眼看就要战败，未曾想突然冲出一群士卒拼死击退了晋军，扭转了战局，还俘虏了晋惠公。秦穆公一问，才知道这群士卒正是当年吃马的那群人。

然而随着时间的推移，马肉作为一种食材，在汉代以后逐渐退出了中国人的食谱，后来的历史上，再出现吃马肉的记载，几乎都是在战争中弹尽粮绝时，才不得已用来果腹的。

★延伸阅读:欧洲人怎么吃马肉

欧洲人吃马肉的情况要比中国人普遍得多。据数字统计,有一千多万人口的比利时,每年的马肉消耗量至少达到三万吨。

吃马肉最为著名的是法国人,被称为“嗜马者”。但法国人吃马肉的历史却并不长,一般认为最早在19世纪60年代才开始出现。

在法国历史上曾经有过著名的马肉宴,据1865年巴黎大饭店的一份菜单显示,当时的马肉宴包含了意式细面马肉汤、清炖马肉、红烩马肉、马肉里脊炒蘑菇、马油煎土豆、马油沙拉、马骨髓朗姆酒蛋糕等菜肴及甜品。

20世纪上半叶,马肉消费量在法国达到顶峰。1913年时,法国的马肉已经供不应求,不得不从国外进口,以满足国内需求。

不过需要强调的是,爱马的法国贵族通常不吃马肉,因此马肉的消费人群都属于劳工阶层,即使是在马肉消费的巅峰时期,也是穷人的食物,价格比其他肉类要便宜。

随着动物保护主义的兴起,吃不吃马肉的争论在法国便一直没有间断过。2010年,法国曾有一项关于禁食马肉的立法尝试,但最终归于失败。虽然如此,今天的法国,吃马肉的人群数量一直在减少,数据显示,1980—2001年,法国马肉的消费量下降了60%。

法国人坚持认为自己并不是马肉消费的大户,真正吃马肉的大户是邻国意大利,每年消耗的马肉为法国的两三倍。比如2004年,法国人吃掉了25380吨马肉,而意大利人吃掉的马肉则有65960吨之多。

不过有趣的是,英国人却一直对吃马肉的行为深恶痛绝。在二战结束后十来年的物资匮乏时期,英国人为解决肉类紧缺的问题,仅1948年便消耗了大约75万匹马,但即使如此,英国人的做法依然是偷偷摸摸,将马肉与其他配料混合,称之为“牛肉馅”来销售,也就是说,当时的英国民众以为的牛肉馅,其实是马肉做成的。

今天的欧洲,大多数国家的民众不吃马肉,只有法国、意大利、比利时、波兰、瑞典等国家还保留着吃马肉的习俗。

正确地吃一个羊头

羊头是新疆一种常见的食物。

我之所以用了“食物”这个词而没有用“美食”，是因为一种食物“美”或“不美”，其实都是一种很主观的看法。比如有的人觉得臭豆腐是当之无愧的美食，是坚定的臭豆腐党，但有的人见了臭豆腐却避之不及，痛不欲生。有的人没有辣椒就下不了饭，而有的人吃了辣椒就会感到天崩地裂，怀疑人生。

而像羊头这样的，虽然没有这么极端，但却一样会让很多人望而却步。因为至少在新疆卖羊头的摊子上，大都是将煮熟的羊头堆在一起，那些煮熟的羊头呈棕褐色，重点是一个个龇牙咧嘴，无论怎么看，表情都不是十分愉悦，这对于第一次接触羊头的人来说，难免多多少少会产生一定程度的心理障碍。

即使是面对一盘撕下来的羊头肉，对一些人而言，看起来也有那么几分古怪，用新疆人的说法是“筋筋膪(chuài)膪的，也不知道都是些什么部位”。其实我觉得对于一个不善于吃羊头肉的人来说，看不出来那撕下来的一盘肉都是什么部位反而更好，否则鼻子、耳朵、眼睛堆在一起，反而会使人心生畏惧，丧失下口的勇气。

当然，对一个吃羊头爱好者来说，情况便完全不同。无论是从羊头上撕下的面颊还是从口腔里拽下的舌头，只要堆放在一起，就会让人感到分外和谐和充实，进而充满了人间烟火的快乐。

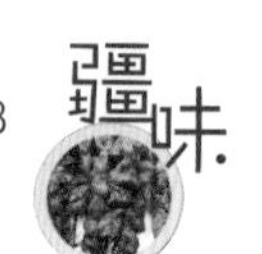

将水煮的羊头肉一条条撕下，只是撒以盐，便是新疆最为传统而经典的羊头吃法。在新疆，很少有如北京等地那样将羊头片成薄片的吃法，也基本没有如西安那样，用以制作杂肝汤的吃法，更少有拌以各种作料的吃法。

至于宋代那种“羊头签”的吃法——将羊头肉切丝加料，如寿司般卷起，因为工序繁杂且年代久远而无人知晓。

曾经我和一位小伙伴吃羊头，那位小伙伴大约是觉得羊头肉上只撒盐过于单调，也许是觉得难以下咽，因此找了些辣椒面撒上，立刻被另一位老兄厉声阻止：“吃羊头怎么能撒辣椒面?!”

小伙伴低声讪讪地回答：“我爱吃辣。”

而那位老兄则斩钉截铁地说：“爱吃辣也不能放辣椒面!”

时隔多年，我依然对当年吃羊头肉的这一场景记忆犹新。这件事证明，对于一个热爱吃羊头的新疆人来说，给羊头肉撒上任何盐之外的调料都是对羊头肉的亵渎，完全失去了吃羊头的精妙所在，尤其是不能撒辣椒面，这一点与烤羊肉串要撒辣椒面有着本质的不同。不过细究起来，最为原始而正宗的烤羊肉串，最初其实也是只撒盐而不撒辣椒面与孜然的。而今天烤羊肉串之所以辣椒、孜然大行其道，我很怀疑是一种世俗化的妥协，就像是原本清水出芙蓉的姑娘化身成了浓妆艳抹的妇人。从这个角度来讲，大约正是因为水煮羊头肉的相对小众，才使得正统的羊头肉爱好者们，依然坚守着最初的底线，顽强守护着羊头肉本身的原味，从而保持了一个羊头的最后尊严。

但事实上，对于绝大多数人而言，羊头自然不仅仅是水煮这么一种吃法，即使是水煮羊头，只撒盐的吃法也未免曲高和寡。不过，在我吃水煮羊头的历史中，印象最深的，则是除了盐之外，在水煮羊头肉上撒上大量的花椒面。事实上，椒盐羊头本身就是一种历史悠久、地域广阔的吃法，全国很多地方都有。

记忆中曾有一次吃羊头，因为人多手杂，一堆羊头肉被撒上了双倍以上用量的花椒，以至于最后吃完羊头肉，嘴里像是被一群马蜂刚刚蜇过了一

遍，上下嘴唇有着如被暴击之后的麻木。

据说花椒对于味觉的作用，就像是使人的味蕾产生50赫兹的震颤，也就是一秒之内震颤50下，据说还相当于给口舌施加了大约9伏特的电压。如果真是这样的话，我觉得那一次在花椒羊头的作用下，我的舌头一定是电力充足、熠熠生辉。

一个羊头上面，纯肉很少，纯肉只存在于羊头的双颊，据考证宋代所谓的“羊头签”，所用之肉便是取自此处。按照中国式餐饮美学的理论，这里的肉是所谓的“活肉”而不是“死肉”，因为一只羊在其一生都要不断地吃草咀嚼，使这里的肉一直处于活动的状态，因而味道鲜美。

当然要说起活动的肉，在一个羊头中，活动量最大的，自然是舌头，因而舌头就成为羊头中最为美味的部位。这一点无论是牛舌、猪舌都适用，只不过吃羊舌头时，要先撕去羊舌头上的一层白膜，而这层膜一旦撕开，浓郁的肉香便会立刻涌现，直奔鼻腔，激活我们的大脑和肠胃。

也许很多吃羊头的人，第一次都是因为面颊肉和羊舌头而喜欢上吃羊头的，当然也不排除有些人喜爱羊头就是因为那些筋头巴脑，比如有人就对羊耳朵内的脆骨情有独钟。而如果要看一个人吃羊头是否资深，则要看其对羊眼睛的态度。

资深的食羊头者，都是羊眼睛的坚定爱好者。据说在北京，一个卖羊头的摊子上如果没有了羊眼睛，就不能算是卖羊头的。而在西安的杂肝汤里，顶级吃家都会要求放入羊眼睛才行，否则，一碗没有羊眼睛的杂肝汤，显然是没有灵魂的。

在新疆，吃羊眼睛更是检验一个吃货是否资深的重要指标。如果在吃羊头时，一个人对吃下羊眼睛流露出一丝犹疑或畏惧，那么接下来也就没有必要再与其探讨任何关于吃羊头的话题了。

曾经有一位前辈对我讲他的经历，一次他在哈萨克族人的家中做客，羊头肉端上之后，席上的客人都对羊眼睛避之不及，只有他直奔羊眼，首先吃的就是眼睛，旁边的主人见状，立即对他有了高度的认可，冲他说：“你嘛，真正的朋友。”

我觉得，这位哈萨克族主人更想表达的应该是“我们才是同类人”的意思，而只有双方是同类人，显然才具备了进一步交流的基础。这件事告诉我们，要做朋友，首先就是要口味相同，能吃到一起才行。

而羊头在新疆更为常见的吃法，则是将煮熟后的羊头肉爆炒。

以前在新疆的大街小巷，到处都能见到卖羊头的，但时至今日，随着城市市容市貌的改进，街头巷尾摆摊设点卖羊头的摊子也基本销声匿迹了。因而现如今最能吃到羊头的地方，反而是饭馆，做法上清一色与辣椒、洋葱等爆炒。偶有创新的菜式，也不过是在摆盘上搞点噱头。

爆炒出来的羊头肉，重油猛火，滋味浓烈。味道虽然不错，但对一个真正的羊头爱好者来说，总是欠缺了手撕而食的乐趣，因而也使羊头肉的本真滋味打了折扣，而且最重要的一点是：羊脑子去哪儿了？

在爆炒羊头肉中，羊脑子一般都没了踪影，而在吃炖煮羊头中，吃羊脑子则是最后一个环节，正如明星登场，最大的腕儿必须最后亮相一样，羊脑子因此便明显具有了压轴的性质。

但对于一个普通级别的吃羊头爱好者来说，吃羊脑子则是一个力气活，必须要砸开坚硬的颅骨。如果砸羊头的手法不够熟练，或者内力不够精纯的话，往往会将一个羊的脑壳砸得乱七八糟，样子难看倒也罢了，重点是会将一些碎骨头渣子砸进羊脑子中。

但如果羊头面对的是一个资深级别的吃货，那么则根本无须费力去砸开头骨，而是找准关节的契合处，用小刀撬松，之后双手用力一掰，羊头骨便

会应声而开，羊脑豁然而现。

我们都知道，脑子这种东西，属于高热量高胆固醇类，但也正因为如此，羊脑子的味道才更为可口，入口糯滑，香浓无比。羊脑子的经典吃法是撒上盐后再撒入少许细碎的葱花，小口品尝，那种滋味才会在人的口腔中由点及面，逐步蔓延。随着羊脑一点点地被送入口中，香浓的滋味不断叠加，从而达到起伏有致、余味绵绵的境界。

很显然，爆炒羊头肉中之所以没有了羊脑，很关键的原因是其并不适合爆炒，除非自己买来羊头爆炒，羊脑则可取出另吃，达到“一头两吃”的效果。

我的表兄赵大一次偶尔说起，自己的夫人爆炒羊头肉是为一绝，这立刻招致了我的严厉谴责：“你说你结婚了这么些年，为什么今天才想起来说这件事儿？完全是令人发指。再说大嫂爆炒羊头肉绝还是不绝，也不能你说了算啊。”于是当即严肃提出，要检验一下大嫂的手艺方能作罢。

而我后来品尝到赵夫人的爆炒羊头肉，虽然也是典型的新疆菜流派，与饭馆中的并无本质上的区别，但却胜在滋味浓烈，果然要比饭馆中的鲜香出好几个档次。而之所以如此，其实原因也不复杂，无非是自己烹制起来，首先便是拾掇起来用心，这样爆炒出的羊头肉便没有了异味，同时在爆炒过程中用料扎实，充分激发出了羊头肉的味道。

爆炒羊头肉首先是放入葱蒜，爆香之后加入大量干辣椒爆炒，随后放入羊头肉及各类调料，炒透入味之后，最后放入青辣椒，即可出锅。爆炒出来的羊头肉色彩鲜明亮丽，香气弥漫四溢，吃起来则鲜浓辛辣，欲罢不能。

当然，单独取出的羊脑子是不辣的，在吃辣味十足的羊头肉之间，点缀以香滑的羊脑，才是一个新疆羊头的正确吃法。

在以往的岁月里，羊

头肉在更多的时候，是作为难得吃羊肉的替代品而存在的。而到了今天，羊头肉早已不再以羊肉替代品的身份出现，吃一顿羊头肉，无论是水煮还是爆炒，更多彰显的，是一个资深吃货在美食道路上的品味和不懈坚守。

★延伸阅读：中国最早记载的羊头吃法

目前已知文献记载中最早的羊头吃法，是唐代名医昝殷所著的《食医心鉴》，里面关于羊头的吃法是将白羊头水烫去毛，清蒸熟透，之后“切，以五味汁和调，食之”。其实就是最为简单的凉拌羊头肉。

不过《食医心鉴》是一本关于食疗的书，并不是菜谱，其中所记载的各种菜肴，本质上都是用来调理和治疗身体。至于羊头这道菜，主治“风眩羸瘦，小儿惊痫，丈夫五劳，手足无力”。大体上的意思，就是吃了蒸羊头肉会身体强健有力。而之所以要用白羊头，是因为在以前的中医观念中，食用白羊的头和肉疗效更好。而李时珍更在《本草纲目》中认为黑身子白头的羊和白身子黑头的羊以及长着一个角的羊，都有毒，吃了以后会得皮肤病，所谓“白羊黑头，黑羊白头，独角者，并有毒，食之生痈”。但今天新疆羊中的一个著名品种，就是黑头羊，味道一样鲜美，根本不存在有毒一说。

★延伸阅读：羊头签

羊头签是在宋代流行的一种羊头吃法，虽然对于什么是“签”有着多种说法，但从各方面的史料综合来看，“签”，应该就是今天的“卷”，比如今天的蛋卷，如果在宋代，大致上就是一种“鸡蛋签”。

两宋时期“签”这种菜肴形式颇为盛行，并不局限于羊头。《东京梦华录》中除了记有羊头签外，还记有细粉素签、入炉细项莲花鸭签、鹅鸭签、鸡签等。《梦粱录》中则记有鹅粉签、荤素签、肚丝签、双丝签、抹肉笋签、蝤蛑签等。《武林旧事》中记有奶房签、羊舌签、肫掌签、蝤蛑签、莲花鸭签等。

南宋洪巽所撰的《旸谷漫录》中记载了一则顶级厨娘的故事，说是某太守请了一位厨娘为自己做菜，而这位厨娘所做的大菜就是“羊头佥”，也就是羊头签。而这位厨娘做五份羊头签就要耗费十个羊头，只取羊头面颊上的肉，用其所做羊头签味美无比。这个故事虽然说的是某太守难以承担雇佣顶级厨娘的费用，但也从侧面让我们知道了羊头签这道菜在宋代的地位。

而在宋代，喜欢吃羊头签的大有人在，包括以吃饭不讲究而著称的王安石。清代顾栋高编撰的《王荆国文公遗事》中记载，王安石最喜欢一边看书，一边信手抓着吃羊头签，看一页书，吃一枚羊头签，兴致勃勃，兴味盎然。

最正宗的大盘鸡叫作“上海滩大盘鸡”

大盘鸡在如今差不多已经是新疆菜的代名词了。

在大盘鸡之前，说起新疆美食，所有人的第一反应都是烤羊肉串。而大盘鸡的出现，则将这一点成功改写。在全国各地的新疆饭馆，甚至是西部其他地区的饭馆，基本上都有这道菜，至于味道还是不是新疆那个味儿，就不敢保证了。

我有一位老兄，一次去上海看望一个朋友，对方亲自下厨用大盘鸡招待他，并约来了一群上海同事一起大快朵颐。据这位老兄说，上海人吃的是喜笑颜开，连连称赞。

我问：“那到底做得如何？”这位老兄顿了一顿，正色道：“也不知道放了多少糖，甜死了。”

虽然正宗的新疆大盘鸡，烹制的第一道步骤的确是要放糖，但也仅限于上色和提鲜，否则那就是白砂糖炖鸡了，新疆人吃了肯定会产生掀桌子的冲动。正因为如此，当这位老兄在说到上海人的大盘鸡糖放多了的这一事实时，一脸悲痛，也就不难理解了。

实际上即使在新疆，大盘鸡也不断地出现变种，八角、桂皮之类的调料也混迹于一些大盘鸡中，而变种中最著名的就是所谓的干煸大盘鸡，即柴窝堡辣子鸡。其实所谓的干煸大盘鸡就是川湘菜中的干煸辣子鸡而已。20世纪90年代，在这种干煸的大盘辣子鸡刚出道的时候，还叫过一段时间“机密大盘鸡”。当年我和伙伴们吃过之后才发现，这不就是干煸辣子鸡吗？只

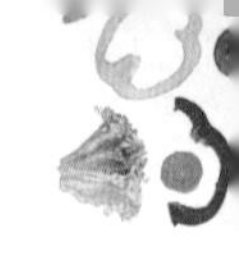

不过在新疆这个地方换成了大号的盘子，略微调整了口味，加上了皮带面或者配上了花卷。因为干煸的大盘鸡没有汤汁，因此皮带面是另外混合了汤汁再加入盘中的。

后来一位四川籍的伙伴忍不住感慨道："以后我也开个大盘鸡店，名字就叫'绝密大盘鸡'。"

这种机密大盘鸡几经变迁，最终以"柴窝堡辣子鸡"的名号尘埃落定，行于江湖。柴窝堡位于乌鲁木齐市区之南、达坂城区之北，在乌鲁木齐通往吐鲁番乃至南疆的交通要道上。如果你坐火车进入乌鲁木齐，或者从乌鲁木齐往南走，就会看到有几公里长的风力发电机组，也就是大风车，密密麻麻排列在天山之下，甚为壮观，这里便是柴窝堡。

而这种干煸的大盘辣子鸡便在这里扎了堆，据说最初是一位湖南籍的厨师，在这里开店，制作改良后的干煸辣子鸡，最终形成了规模。从这里的高速公路拐下西侧，就能看到一条很有年代感的道路两侧，一家挨着一家的都是经营大盘鸡、辣子鸡的店面，放眼望去，也是好几里地都望不到头。

从某种程度上说，这些扎堆的店面，和那些壮观的风车所带给人的震撼，不分伯仲。当然，对一只鸡来说，这种震撼或许会更为强烈，如果说在这个世界上，有什么地方能够让一只鸡魂飞魄散、肝胆俱裂，估计应该就是这里。

那么在新疆菜里最终夺魁的大盘鸡，到底是怎么诞生的呢？

关于大盘鸡的来历，有很多胡编乱造、装神弄鬼的说法，甚至还有敷衍成一本专著的。最夸张的说法是大盘鸡来自宫廷，是皇家菜肴，后来流

落民间。这种蹭皇帝光的说法自然是拙劣不堪。

但凡熟悉一点宫廷菜肴的吃货都应该知道,别的不说,宫廷菜最突出的特点就是精细,“食不厌精、脍不厌细”,恨不得一粒米上都能雕出朵花来。

回头看看大盘鸡,说好听了是简单扎实、大气实惠,说白了就是粗头乱服、大大咧咧。说大盘鸡是宫廷菜,不是故弄玄虚就是自作多情的痴想。这让我想起了古代的一个笑话,说某农妇在地里劳动,满头大汗得不由感叹道:“想来皇上这时候正坐在树荫里,吃着鸡腿,看着手下人割麦子呢。”

还有一种关于大盘鸡来历的说法,倒也有趣,说是偷鸡的小偷们发明的。小偷们偷了鸡,嘁里喀喳把鸡大卸八块,糊里糊涂往锅里一扔,加上辣子、土豆什么的一炒,之后加上水开炖,一边等一边打牌,牌打得差不多,鸡也就熟了,再下点皮带面,就算是一顿大餐了。这个说法倒也很符合大盘鸡的特点:大块的鸡肉、大块的土豆、大块的红辣椒、整瓣的大蒜、大段的大葱,再加上又宽又厚的皮带面,透着一股山野之气,稀里呼噜一吃,野气中顿时有了几分豪情。

关于大盘鸡来历的这个说法,虽然听起来有几分道理,但大盘鸡绝不可能是偷鸡贼的发明,最多,也只可能是大盘鸡形成过程中众多来历之一。因为大盘鸡有一个最明显的源头,那就是哈萨克族的传统美食——纳仁,也写作“那仁”。纳仁的做法就是在大块清炖马肉或羊肉上面加皮带面或者面片,这个吃法要比大盘鸡形成的时间早得多。大盘鸡只不过是把纳仁中的马肉或羊肉换成了鸡肉,洋葱换成了大葱,胡萝卜换成了土豆,再加上辣子罢了,二者有明显的传承关系。

事实上在维吾尔族人中,也有着类似的吃法,更接近今天的大盘鸡。大盘鸡刚流行的时候,一些维吾尔族老人第一次吃所谓的“大盘鸡”,都会脱口而出:“这就是懒婆娘饭啊!”在以前的维吾尔族家庭中,女主人懒得将饭菜分开做时,就是这样的一种做法。

那么到底是谁首先将纳仁转变成了大盘鸡呢?虽然坊间一直以来都有着某某人首先发明、独创大盘鸡或者辣子鸡的说法,但并不见得就是事实。

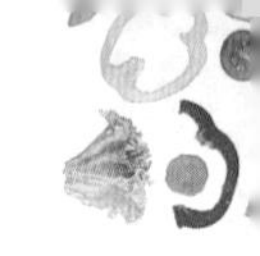

大盘鸡的形成就是一个多民族、多地域口味逐步融合、适应的产物。哈萨克族人、维吾尔族人，与四川、湖南、陕西、甘肃等地的汉族人的口味习惯在新疆这片广袤土地上融为一体，最终产生了大盘鸡。你说不上它是谁发明独创的，但它的确是经过许多人改良和发展来的。

如果一定要找大盘鸡是什么来历，还不如找大盘鸡最初是如何走红的。

所有新疆人都知道，正宗的大盘鸡是位于塔城地区的沙湾大盘鸡。大盘鸡的走红是在沙湾市，而且是在沙湾市一个叫“上海滩”的地方。曾经乌鲁木齐就有大盘鸡馆子，打出的牌子就是“沙湾上海滩大盘鸡”，不明就里的人以为是在胡闹，明白的人却知道这是正经的来历。

其实沙湾并没有一个叫“上海滩”的地方，所谓“上海滩”是沙湾城边上的乌鲁木齐西路。包括最初走红的沙湾杏花大盘鸡等在内的一批大盘鸡店，全都开设在那里。那么好好的乌鲁木齐西路为什么又成了“上海滩”？原因是那里曾经是一条过境的交通要道，南来北往的车辆、各色人等大都在这里停留用餐，因而这里便成为当时沙湾最为繁华的区域之一，各类店铺云集，恰巧那时候电视上正在热播周润发主演的电视连续剧《上海滩》，因此当地人就将那里戏称为“上海滩”，由此叫响开来。

沙湾“上海滩”的大盘鸡还没有在全疆走红的时候，我倒是有缘在那里吃过一次，而且就是在后来第一家注册了“杏花大盘鸡”的那家店，算是领先了绝大多数的新疆人。

那次我去沙湾，本已吃过了饭，但是沙湾的亲友一再相邀去“上海滩”吃一吃大盘鸡。盛情难却，抱着看一看什么是大盘鸡的态度走进“杏花”，没想

到鸡上来一尝，顿时欲罢不能，香辣可口，鲜美无比，吃起来痛快淋漓，须臾光盘，由此知道了什么是大盘鸡。

之后不久，大盘鸡开始见诸媒体，乌鲁木齐的大盘鸡店如雨后春笋，各种各样的大盘鸡店遍布大街小巷。时至今日，几乎所有的馆子都会有大盘鸡这道硬菜，但对我来说，大多数吃起来都不过尔耳。

其实大盘鸡的做法并不复杂。我的做法是：先用水将切好的鸡块煮个七成熟，捞出备用，煮鸡的汤也留着备用，之后锅里放油，油热了放入白砂糖，待糖起泡后倒入鸡块上色。这里需要注意的一点是切忌用酱油上色或者提鲜，真正的新疆菜是不放酱油的。

将鸡块翻炒后加入滚刀土豆块、干辣椒继续翻炒，而干辣椒则用秦椒、二荆条那种，新疆人称之为“辣皮子”，辣与不辣，重点在于放入多少。我曾见过用朝天椒炒大盘鸡的，结果朝天椒根本无法入口，也就失去了吃油浸辣皮子的乐趣。

在鸡和土豆炒得差不多时，加入盐、花椒等调料，之后将撇去血沫的鸡汤加入锅中，漫过鸡块、土豆、辣皮子，小火慢炖。

即将出锅时，加入大蒜、葱段、生姜、青辣椒翻炒即可，这时候就等皮带面了。

当然，也可以不用下皮带面，而是在盘子里放一个切成放射状的馕垫底，将炒好的大盘鸡盖在上面，吸饱汤汁的馕，味道甚至会超过鸡肉本身。

需要注意的一点就是皮带面一定不要过水，而是直接将捞出的热面盖在大盘鸡上，否则，皮带面就很难吸附浓厚的汤汁，难以入味。

而大盘鸡中的鸡，一般人都推崇散养的土鸡，唯如此味道才更浓厚。但我觉得，或许三黄鸡更容易炖烂和入味，更便捷省时。也正是因为如此，后来我曾按照以往用三黄鸡做大盘鸡的经验，在农家院子里抓了两只正儿八经的高龄土鸡做大盘鸡，结果土豆都炖成了糊糊，鸡肉却依然“坚韧不拔”，显然是犯了经验主义的错误。好在当时吃鸡的伙计们对我都表达出了高度的善意，在连连说味道不错之后，纷纷放弃了盘中的鸡肉，用汤汁拌起了

米饭。

事实上如果用土鸡来做大盘鸡，则需要先用高压锅将鸡肉炖至接近熟烂，之后再炒，方不会出现啃不动鸡肉、靠汤汁下饭的情况。

当然大盘鸡的做法可以有很多种，或者说后来演化出了很多种的做法。鸡肉下垫馕的吃法就是一个变种，而用咸菜作为配菜做出来的咸菜大盘鸡，可以说别有风味，是一种绝妙的组合，这大概是因为咸菜一方面会释放原本腌制而形成的鲜香，另一方面则可以最大限度地吸收和中和鸡肉的油脂，吃起来就会形成较大反差的互补，使得层次与口感更加丰富。

曾经我在吉木萨尔还吃过一次用椒蒿做配菜的大盘鸡。

椒蒿作为一种新疆人爱吃的野菜，有着一种独特而浓烈的辛香，入口微麻，类似于薄荷、荆芥、紫苏、罗勒那样的感觉。然而就是这样一种个性强烈的味道，未曾想却也能与大盘鸡组成别致的滋味，浓郁而清爽。

但对于我本人来说，倒是一直很抵触在大盘鸡中放入桂皮、八角之类的调料，这样做出来的大盘鸡，会极大削弱大盘鸡原本的鲜香，或者说让大盘鸡丧失了直达心脾、痛快淋漓的秉性，颇有忸怩作态、画蛇添足的嫌疑。

不过放眼今天，即使是在新疆，大盘鸡也有着各种各样的做法。而在新疆之外，更是花样百出，有专炒鸡腿的，有放香菜、番茄的，至于加酱油的则更为普遍，更别说上海那种大量放糖的。

其实仔细想想，大盘鸡的诞生和发展本身就是一个不断融合与适应的故事，人与人的口味存在着很大的不同也是事实，往大了说，所有的美食都必定逃不出南橘北枳的规律，不管什么做法、什么口味，只要大家吃得开心就好。

★ 延伸阅读:辣子鸡汇集的柴窝堡

柴窝堡位于乌鲁木齐市东南四十公里的柴窝堡谷地,因柴窝堡湖而得名,隶属于乌鲁木齐市的达坂城区。需要注意的是,在整个西北,只要是地名中出现“堡”字的,都不念作“bǎo”,而是念作“pù”。

清代为保障乌鲁木齐到吐鲁番乃至南疆的交通,在今天的柴窝堡修建有昂吉尔图军台,因为这里的戈壁滩上,遍地生长着可生火的植物梭梭柴,因而将这一带称之为“柴俄博”,意为柴堆,后讹传为“柴窝堡”,其实意思都差不多。

1947年以前,柴窝堡只有二十余户人家。如今这里却因为大盘辣子鸡而驰名,乌鲁木齐人往往驾车前来这里只为吃一顿柴窝堡辣子鸡。柴窝堡湖更是成为鱼、蟹养殖地和附近民众的旅游休闲之处。

★ 延伸阅读:大盘鸡的故乡沙湾市

沙湾是在民国时期才设立的一个县。位于乌鲁木齐以西185公里处。民国四年(1915年),从当时绥来县(今昌吉回族自治州玛纳斯县)析出,属迪化道(今乌鲁木齐),县治设在今天克拉玛依市的小拐乡。1917年,沙湾划归塔城道(今塔城地区),1929年,县治迁小拐乡东南方的沙湾庄(今老沙湾镇),1956年又迁到了今天的三道河子镇。1975—1977年,沙湾曾短暂隶属于石河子市,随后又重新划归塔城地区。2021年1月,经国务院批准,撤销沙湾县,设立沙湾为县级市。

沙湾地处天山北坡,在乌鲁木齐市通往塔城地区、博尔塔拉蒙古自治州乃至伊犁哈萨克自治州的交通要道之上,农牧业资源丰富,也正因为如此,催生了以大盘鸡为代表的餐饮美食。其下辖的安集海镇,更是以出产优质辣椒而闻名。

椒麻鸡，是新疆的还是四川的

在国内一个知名社交平台上，有一个话题，讨论什么鸡肉菜看最能体现出鸡肉的极致美味，而排在第一的，竟然是新疆椒麻鸡，这有点出乎我的意料。

然而当牵扯到关于椒麻鸡到底源自新疆还是四川时，意见就不那么统一了，“新疆说”与“四川说”壁垒分明，各执一词，不过细看下来，双方却似乎都没有什么过硬的证据，基本上都处在“我认为是，它就是”的状态。

还有人则从这道菜的口味上反推，认为椒麻鸡既然这么辣，所以不用说，就是一道四川菜。显然，这个推断固然没有推断出正确的结果，但却清晰准确地推断出了推断者的无知，至少，这位推断者是没有到过新疆、吃过新疆菜的。事实上，四川人总体上吃辣的水准不一定比新疆人高。

倒是有一种观点，说这事儿也不用争，因为新疆与四川都有椒麻鸡，只不过两者不同，新疆的椒麻鸡为凉菜，即鸡煮熟后再凉拌；而四川的椒麻鸡应该叫麻椒鸡，是炒出来的热菜。

但这种说法也一样不怎么靠谱，因为我所看到的四川椒麻鸡也一样是凉拌的，不过对于新疆、四川都有自己的椒麻鸡这一点，我还是基本认可的，这就像南京和北京都有烤鸭，抑或中国与意大利都有面条一样。但即使如此，这事儿也不能算完，反而使另一个更严重的问题接踵而来：既然两地都有这道菜，那么，谁抄的谁？

其实这个问题基本上已经成为民间讨论各地美食的一个死结了，类似的例子比比皆是。就拿烤鸭和面条的例子来说吧，南京人表示北京烤鸭只不过是南京烤鸭的北方盗版，而面条这事儿更要铁定了是中国人发明的，意大利面条？那是马可·波罗学回去的，诸如此类。

其实椒麻鸡在新疆的所有美食中，也的确是一个另类，如果我们仅从这道菜的名称来看，倒的确更像是四川菜的样子。新疆的椒麻鸡除了放入大量花椒、大葱、洋葱等之外，还有着必须要手撕，绝不加红油和酱油，而且一定是道凉菜等特点，这使得新疆椒麻鸡不仅与其他地方的椒麻鸡有所不同，也与新疆菜的总体风格不大相符。新疆菜除了椒麻鸡，基本再无以麻味为主的菜，虽然新疆的很多菜——比如大盘鸡——都会加入花椒，但却并不以麻取胜。

有人认为椒麻鸡出现的时间不会早于2000年。但我则可以负责任地说，椒麻鸡在新疆的出现，是早于2000年的，我之所以说得这么肯定，是因为20世纪90年代的时候，我第一次吃椒麻鸡，就是在乌鲁木齐市的红山夜市上。

那时候的夏季，一到晚上，乌鲁木齐市的红山商场门前就是夜市，人头攒动、烟气蒸腾，我已经忘了是怎么选择了一个椒麻鸡的摊子，大约是因为没吃过好奇，而且当时好像还问了摊主一句：“椒麻鸡是什么鸡？”但是至今我仍然记得很清楚的是，摊主是个回族大叔，一面招呼我尝尝，一面兴致勃勃地给我宣传推广椒麻鸡，说现在乌鲁木齐虽然也有不少做椒麻鸡的，但最正宗的是呼图壁县的沙氏椒麻鸡，而椒麻鸡就是呼图壁的沙家发明的，他自己虽然不姓沙，但却是沙家的姻亲云云。

沙姓是一个常见的回族姓，而关于椒麻鸡是一道新疆回族美食的说法，叫我看来显然可信度也较高。

记忆中那位大叔在我吃的时候，一直跟我聊天，这大概也是因为当时知道椒麻鸡的人并不多，因此他的摊儿上生意并不忙，而且他还很关心顾客的反馈，一再问我：“味道咋样？辣不辣？”说昨天有个南方的小伙子要了一份他的椒麻鸡，吃了几口就辣得不行，又要了一瓶啤酒解辣，没想到新疆的啤

酒劲大，喝了两口就上了头。他看到对方的窘态后哈哈大笑，说："你怕辣早说啊，有免费的茶水啊！"——显然，这位南方来的伙计并不知道，在新疆的街头巷尾吃饭，都免费提供茶水。

而当年我第一次吃椒麻鸡，印象最深的却不是鸡肉，而是里面的葱白——切成一两寸长的葱段，洁白如玉，模样喜人，更重要的是葱香的辛辣中吸足了鸡肉的鲜香，让我欲罢不能。老板见我爱吃里面的葱段，主动提出可以加葱。

后来我便给身边的伙计们介绍这家的椒麻鸡，带着大家再次去他家吃，才发现原来大家都爱吃椒麻鸡里面的葱段，只不过在加了两份葱后，老板娘便有些不情愿起来，说："不光是你们爱吃葱，别的人也都爱吃呢。"

但今天，椒麻鸡里的葱不仅大都变成了斜切的菱形，也远没有了我当年所吃的滋味。

事实上，今天的椒麻鸡中所加入的配菜早已不仅仅只有大葱，越来越多的配菜被加入其中。对于这种变化，我们可以理解为在竞争之下的不断创新，木耳、莲藕、腐竹、牛板筋、千叶豆腐等都逐渐成为新疆椒麻鸡的标配，反正椒麻鸡的创新思路简单粗暴，就是不停地往里面加配菜，越加花样越多。通常卖椒麻鸡的店都会让顾客自行选择添加何种配菜，在我看来，这主要有两方面的原因：一是从顾客的角度考虑，这会使人品尝到更多配菜，满足多样化的需求，同时使这一道菜变得更为丰富；二是从经济角度考虑，则会使一份椒麻鸡的附加值最大限度得以提高。

甚至我还见过乌鲁木齐一家颇为著名的新疆菜馆，推出了加入松露的椒麻鸡。我虽然多次路过，但一直都不敢有去品尝的念头。一来我很怀疑加入了所谓松露的椒麻鸡到底能否提升椒麻鸡的口味。或者说一款椒麻版的松露还能否吃出松露的味儿？二来我更不知道这样的松露版椒麻鸡一份要抵几份普通椒麻鸡的价钱。

不过对新疆人来说，在一份椒麻鸡中仅仅加入配菜还是不够的。几乎可以用一切汤厚味重的菜肴来拌面的新疆人，最终还是顺理成章地创造了椒麻鸡拌皮带面，造就了爽滑鲜麻的效果。

但就我个人而言，却并不怎么喜爱这种吃法，总觉得用椒麻鸡拌出来的面，味道上少了些厚重。而且我们知道椒麻鸡是一道凉菜，因此这样拌出来的面，就不如热面入味。

以我的经验，凉面宜细，方好入味，而如皮带面那样宽厚的，必须要热着拌才能更好地吸附汤汁，否则就真如同嚼皮带了。事实上，无论纳仁还是大盘鸡中所拌的皮带面，都不宜过凉水，而要直接出锅，热气腾腾地拌才是正确的方式。

不过对于椒麻鸡，后来却由于一次偶发性事故，使我在很长一段时间里，都对其敬而远之、退避三舍。

那是一次带着一支户外徒步队伍去阿勒泰，大家包了一辆大巴车从乌鲁木齐出发。

通常从乌鲁木齐去阿勒泰，大都是利用双休日的时间，因此从节省时间的角度考虑，都是周五的傍晚从乌鲁木齐启程，这样刚好一夜可到阿勒泰，不耽误事儿。但那次不知道谁带了一份椒麻鸡，却没包裹严，半途漏洒了出来——我们知道椒麻鸡不仅带着汤汤水水，更关键的是味道有着异常的穿透力，按照北方方言的说法是味道非常“窜”——结果整整一夜，整个车厢内都蔓延着椒麻鸡的味道。这味道在一个人饥饿的时候，自然会勾起人的肠胃蠕动，食欲大开，但是被熏一晚上那就是另一回事儿了，直接熏得我头昏脑涨。

虽然按照先贤“久入芝兰之室不闻其香,久居鲍鱼之肆不闻其臭”的说法,熏一阵儿嗅觉就适应了,但椒麻鸡好像并不理会这一套,而是如后浪推前浪般,浓郁的味道前赴后继,高低起伏,一波接一波涌入鼻腔,持续进行着强力输出。

这种被熏一夜的感觉,从此让我见到或闻到椒麻鸡都心有余悸。

其实椒麻鸡的最大亮点就是在汤汁的味道上,或者说,判断一份椒麻鸡好不好吃,就是看汤汁调配水准的高低,调配标准的,闻起来自然就会扑鼻。

椒麻鸡本质上就是一种白切鸡,不同之处就在调料上。先用白水将整只鸡煮熟后过凉水,使鸡皮紧实变脆,之后将盐、大葱、洋葱、生姜、辣椒、花椒、花椒油、香油等重味调入鸡汤,浇拌入味。吃到嘴里浓烈的味道首先是冲着鼻腔而去,之后再以辣味和鲜味冲击味蕾,等缓过神来,则是麻味最终占据上风,辣的灼热感,让人咝咝吸气,而吸气之间,花椒的麻又会让人产生凉的感觉,也就是新疆人所说的“嘴巴里面刮风一样”。从这个角度上讲,椒麻鸡就是口腔的冰与火之歌,是热辣与清凉的交替和摩擦。

椒麻鸡在新疆从出道到风行的短短几年之后,很快就出现了以椒麻鸡方式所做的羊肉菜肴,如椒麻羊腿,选用的是精瘦羊腱子肉,也是用手撕成条状,调味上与椒麻鸡完全相同,配以大葱、洋葱、辣椒,只不过将鸡肉换成了羊肉。其实鸡肉与羊肉都是属于有强烈个性的肉,因此在一片椒麻的味道中,羊肉的鲜味也一样能够不被遮蔽,并与椒麻的味道交相辉映,吃起来倒也不错。

而凉拌的椒麻鸡在新疆也最终演变出热炒的形式:爆炒椒麻鸡。简单地说,爆炒椒麻鸡用的鸡肉也是水煮后,用手撕成条状,之后加入花椒、辣椒、胡椒、葱、姜、蒜等爆炒,也有加入豆瓣酱的。与凉拌椒麻鸡相同,爆炒椒麻鸡也可以选择加入各种配菜;而与凉拌椒麻鸡不同的是,爆炒椒麻鸡还可以加入土豆粉之类同炒,总之炒出来是色深味重,辣味更足。我曾经和一位爆炒椒麻鸡店的大厨闲聊过,这位大厨告诉我,爆炒椒麻鸡的食客以年轻女性居多,所谓“都是一些丫头子爱吃”。其实这一点,只要参照吃新疆炒米粉

的主体人群，就不难得出结论。

短短几十年的时间，椒麻鸡就在前进的道路上不断演化，从最初的不怎么辣到加入大量辣椒，从最初的配以大葱、洋葱到配菜五花八门，直至演化出椒麻羊腿、爆炒椒麻鸡等变种，本身就说明，每一道美食，都是在根据当地人的口味，乃至时代的变迁而变化着。即使某道菜肴起源于甲地，但或许经过在乙地的发展早已演化得面目全非，形成不同的风格甚至不同的菜肴。

更重要的是，椒麻鸡这道菜，即使是起源于他处，但却是在新疆首先兴起而火爆的，说明这道菜正是因为适合新疆人的口味，或者说按照新疆人的口味而发明并发展壮大的，那么它当然就是一道确定无疑的新疆菜。

曾经在成都，我听一位在新疆搞餐饮的老兄给我讲，他们对成都的餐饮市场经过认真的调研发现，成都没有新疆椒麻鸡，于是兴高采烈地在成都开了一家新疆椒麻鸡店。原本想着偏好麻辣口味的四川人一定会对这道菜趋之若鹜，但现实却是椒麻鸡在成都根本鲜有人问津，或者对于四川人来说，没有红油或者小米辣的椒麻鸡看起来清汤寡水，难以勾起食欲。

这实际上从反面证明了椒麻鸡也不大可能是一道四川菜。

更接近事实的是，椒麻鸡最初的经营者，均为清一色的北疆回族人，因此其诞生于呼图壁回族厨师之手的说法更令人信服。事实上，今天的椒麻鸡经营者，也绝大多数为回族厨师。而且最初的椒麻鸡是不怎么加辣椒的，今天在椒麻鸡中加入大量辣椒也是演化的结果。而最初发明椒麻鸡的厨师，则是借鉴了川菜中藤椒鸡的做法，按照新疆人的口味进行了创新，最终形成了新疆菜中椒麻鸡与大盘鸡双雄对峙的局面。

但今天的我，由于曾经那一夜被熏的惨烈遭遇，对椒麻鸡还是抱着审慎的态度，虽然不至于十分抗拒，但是通常点菜的时候，还是很少会再点这道菜。后来我在伊犁和一个伙计喝酒聊天，无意间讲到这件事儿，没想到对方听罢，立刻双眼放光，大呼知音难求，端起酒杯就要和我碰一个。

原来这位伙计有一次喝多了睡去，朋友将吃了一半的椒麻鸡放在了他的床头，然后就这样熏了他一夜，直接熏得他闻到椒麻鸡就反胃。不过他的朋友对此倒也有自己的说法："之所以将椒麻鸡放在他的床头，是怕他万一

半夜饿醒了,可以再吃两口。”

这位伙计哭笑不得:“我都醉成一摊泥了,怎么可能还爬起来吃什么鸡?”

自此以后,这位伙计便再也吃不下去一口椒麻鸡了。

★延伸阅读:中国人的花椒

一般认为花椒的原产地是中国,因此其在西方也被称为“中国胡椒”。早期没有辣椒的中国人,所需要的辣味相当一部分来自花椒,其次为生姜、茱萸、芥子之类。至少在先秦时期,花椒就是中国人最为重要的调味料之一。这一点通过《诗经》《楚辞》等古代文学作品,我们仍可以清晰地感知到。在古代,花椒不仅是一种食材,更是一种祭祀品,甚至是一种建筑材料。而作为一种食材,花椒在古代也可以入酒、入茶。

随着辣椒的传入,花椒在中国作为辛辣霸主的地位被逐渐取代。虽然在中国菜,尤其是北方菜系中,花椒仍然被广泛使用,但无疑只有川菜中,花椒的存在感最为突出,甚至可以说,除了川菜之外,再无其他省份的菜系会使用大量的花椒,或者说,强调麻的味道。这其中的一个原因,至少与四川所产的花椒质量优异有关,在英语中,花椒就是被称为Sichuan pepper(四川胡椒),亦即中国人所说的川椒。

不过在新疆菜中,花椒的使用也随处可见。除了椒麻鸡、麻辣鱼这样显而易见的菜式之外,大盘鸡、胡尔炖、大盘肚、爆炒羊杂、炝莲白等都会放入花椒,只不过大多花椒的味道并不算突出,只是起到增香、去腥、去膻的作用。

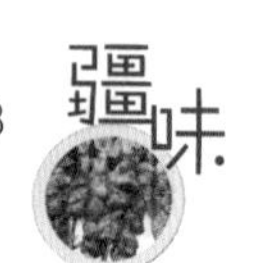

在新疆吃不一样的鱼

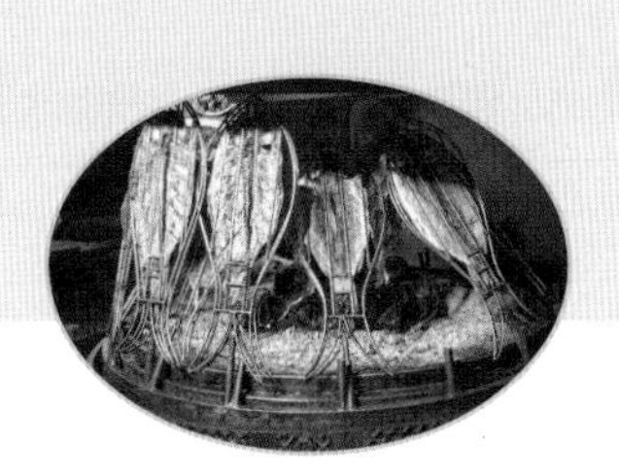

乌鲁木齐是全世界离海洋最远的城市，这个在今天是很多人都知道的常识，在我刚工作那会儿，却鲜有人知。当年我曾经在单位的一份材料里顺手写到了这一点，但是一个审阅材料的小领导却郑重地将“全世界”改为“全国”。这件事给我留下了深刻的记忆——虽然我们可以就此得出这个小领导知识面狭窄的结论，但当时更给我以启发的，则是知识能够给人以底气，否则，连“世界”二字都没胆量去说。

乌鲁木齐不仅仅是世界上离海洋最远的城市，在不少人的印象中，也是布满了沙漠、戈壁的地方。这种标签式印象来自多年来有意无意的宣传。但真相却往往与那些固化的印象大相径庭——新疆固然有大片的沙漠和戈壁，但一样也有众多的湖泊与河流。我们从中学的地理课本中就知道了新疆地貌最为突出的特点是“三山夹两盆”，显然，这“三山”之上都有众多的冰川，而这些冰川又造就了大大小小的河流与湖泊。真实的新疆拥有570多条大大小小的河流，以及130多个大于1平方公里的湖泊。有资料显示，新疆有大约74万公顷的水域面积，而这些水域中，能够养鱼的就有34万多公顷。

在新疆众多的湖泊与河流中，不仅有人工养殖的青、草、鲢、鳙四大家鱼，更有疆内独有的50多种野生鱼类。换句话说，很多鱼在外地根本无缘一见，就更别说能吃到了。

不过有趣的是，如果要说起新疆知名度最高的鱼，却并不是因为其美

食的属性，这便是喀纳斯湖里的哲罗鲑。作为国内最深的内陆高山湖泊，喀纳斯湖不仅带火了阿勒泰的旅游，更使得学名哲罗鲑的大红鱼一夜成名。

哲罗鲑虽然也是一种味美无比的珍贵鱼种，但走红却是因为其所谓“湖怪”的身份。

多年来，喀纳斯的湖怪一直被传得沸沸扬扬，虽然对于湖怪究竟是什么一直都有争议，但目前在大家伙勉勉强强的共识中，最终其被认定为身长十几米甚至上百米的哲罗鲑。据说它可以将湖边喝水的牛、马、羊之类拽入水中当大餐。虽然到底有没有上百米的哲罗鲑仍是众说纷纭、莫衷一是，但在人们的口口相传中，喀纳斯湖里的哲罗鲑差不多已经快进化到能幻化成龙的地步。

不管喀纳斯湖里的所谓“湖怪”到底是不是哲罗鲑，但喀纳斯湖里的确是有着包括哲罗鲑在内的北极茴鱼（花膀子）、江鳕（狗头鱼）、细鳞鲑（小红鱼）等至少七种野生冷水鱼，而且差不多都是“珍稀”的品种——我的意思是味道上佳的品种。

而和喀纳斯湖刚好相反，新疆另一个著名的湖泊——赛里木湖，却是自古以来都没有原生鱼。

赛里木湖的成名要比喀纳斯湖早得多，这当然是因为赛里木湖位于从乌鲁木齐到伊犁的国道旁，伊犁与乌鲁木齐又长期是新疆北部的两大中心，因此车马频繁，过来过去的都能看到。不像喀纳斯湖，一直藏于深山，直到20世纪90年代进去一趟都十分不易且非常危险。

当年全真教掌门丘处机就曾途经赛里木湖。那时候丘掌门应成吉思汗之召，带着弟子一路向西前往阿富汗的兴都库什山去见一代天骄，赛里木湖就被其弟子认真地记录在了《长春真人西游记》里。620年后，林则徐被发配伊犁也路过了这个湖，同样也写在了他的《荷戈纪程》里。

但不管有多少名人路过赛里木湖，无一例外都没有记载过湖里有鱼。而且林则徐还专门记了一句赛里木湖“无鱼鲔之利”，也就是说湖里没有鱼。反倒是不止一人，包括林则徐都记载过赛里木湖里有水怪，说样子像一只

青羊。

这样看来，所谓“喀纳斯湖有水怪”的说法，还真是咱们悠久的传统。

赛里木湖之所以没有鱼，倒不是让什么水怪给吃光了，而是因为赛里木湖是一个封闭的高山盆地水系，通俗地说就是被群山环绕而封闭的高山湖泊，没有外来的水流入，湖水也没有流出，补充全靠冰川融化、雨雪加持，消耗则只靠蒸发。因此鱼也没有办法从山底爬进来。但赛里木湖自古无鱼并不代表现在也没有鱼，从20世纪60年代起，当地便一直尝试着在湖里养鱼，据说前前后后投放过30多种鱼苗，直到20世纪末21世纪初，才终于养殖成功高白鲑这种来自俄罗斯的冷水鱼。高白鲑是一种以肉质细腻、脂高肉嫩而著称的名贵鱼种，大概一方面是因为高白鲑的肉质绝佳，一方面是因为其出水即死，因而高白鲑最为爆款的吃法就是捞出来在湖边直接切片，做成刺身。

喀纳斯湖与赛里木湖虽然有名，但却并非新疆最大的湖。新疆最大的湖是位于南疆的博斯腾湖，同时也是国内十大内陆淡水湖之一。

博斯腾湖一直以来都是新疆重要的渔业基地，只不过历史上一直生活在湖里的，都是塔里木盆地特有的几种鱼。如今随着不断引入，博斯腾湖已有32个鱼类品种，因而如今的人们去博斯腾湖游玩，通常都少不了一顿全鱼宴。

毫无疑问，博斯腾湖不仅是新疆最大的湖，也是南疆地区最为著名的湖。当然你如果要抬杠南疆乃至整个新疆最著名的湖是罗布泊，那我也没意见，只不过今天的罗布泊早已不再是湖，鱼是没有的了，鱼的化石估计还能找到。

罗布泊虽然现在早已干涸，但是以前世世代代生活在罗布泊周边的罗布人却是主要以吃鱼为生。从20世纪初西方探险家的各种游记里，我们随处可以看到当年对罗布人生活的记载，包括罗布人的捕鱼与吃鱼。

今天虽然将罗布人归入维吾尔族，但显然以前的罗布人与维吾尔族人的生活方式完全不同，不种地也不放羊，主要食物就是鱼，所谓“以鱼为粮”。罗布泊水域最为著名的鱼就是俗称“大头鱼”的扁吻鱼，因为体形硕大，生性

凶猛，又称为“虎鱼”。直到20世纪50年代，人们还能在罗布泊见到体长近两米、体形圆滚滚的大头鱼，据说这种鱼肉质鲜美，不过如今的人们显然已难以有品尝的机会，由于生态环境的变化，这种鱼早已成为了濒危物种。大头鱼的主要食物则是俗称“尖嘴鱼”的塔里木裂腹鱼，这两种鱼都是塔里木河流域的独有品种，也都是当年罗布人的主要食物。除此之外，在塔里木河流域还有着塔里木弓鱼等独有品种。

塔里木河流域包括了九大水系144条河，塔里木河虽然是一条内陆河，但2300多公里的长度却超过了很多跨国河流，是我国最长的内陆河。这主要是因为新疆太大，就算一条大河波浪宽，但一不留神就会完结在流往大海的途中，甚至连新疆都流不出去。事实上，全国11条内流河中，新疆的就占了10条。

在整个塔里木河流域，鱼都是人们重要的食物之一，而最广为人知的吃鱼方式，就是简单直接的红柳烤鱼。将一条条鱼洗净剖开，穿在红柳枝条上，围着炭火烘烤。鱼肉比畜禽肉都易熟，虽然有着千滚豆腐万滚鱼的说法，但烤起来比肉时间要短得多，略微一烤便外焦里嫩，鲜香四溢。

塔里木河固然庞大，但新疆水量最大的河，还是位于北疆的伊犁河。

伊犁河全长1236公里，我国境内河长442公里。伊犁河中原生的鱼类加上曾经从苏联引入的那些品种，如今的伊犁河流域已经有着包括裸腹鲟(鲟鳇鱼)、东方欧鳊、伊犁弓鱼(伊犁裂腹鱼)、银色弓鱼(小白条)、新疆裸重唇鱼(黄瓜鱼)、斑重唇鱼(棒子鱼)、西鲤等近40多种鱼类品种。

裸腹鲟这种鱼，原产地是在黑海、里海一带，主要分布在中亚和西亚地区，在国内则只有伊犁河有，伊犁当地人将其称为“青黄鱼”。裸腹鲟为大型食肉类鱼，因其体型往往在一到两米之间，外形很有点类似鲨鱼，故而被一些人误当作鲨鱼。比如清代的《西域闻见录》中就记载伊犁河:“多白鱼、鲨鱼、水獭。”这完全是张冠李戴了。

裸腹鲟肉质丰腴多脂，肥嫩鲜美，其鱼子也是上等的美味。在20世纪50年代，从伊犁河中捕捞到一至两米长的裸腹鲟并非什么难事，当地人往往用板车拉着巨大的裸腹鲟切开了卖。但由于人们的过度捕捞和其他因

素，裸腹鲟如今已被列入《世界自然保护联盟濒危物种红色名录》，属于极危物种。

北疆也有一条大河，就是额尔齐斯河，一般人们都习惯于称其为中国唯一流向北冰洋的河流。喀纳斯湖事实上就属于额尔齐斯河水系。额尔齐斯河基本是由东向西横贯了整个阿勒泰地区，沿途不断汇入支流。像喀纳斯湖湖水最终流出成为喀纳斯河，喀纳斯河又流入布尔津河，布尔津河再流入额尔齐斯河，最终浩浩荡荡一路向西北而去，汇入鄂毕河后流入了北冰洋。

额尔齐斯河的野生鱼类资源丰富，有着西伯利亚鲟、细鳞鲑（小红鱼）、哲罗鲑（大红鱼）、白斑狗鱼（乔尔泰）、河鲈（五道黑）、圆腹雅罗鱼、贝加尔雅罗鱼等20余种鱼类品种。

曾几何时，钓鱼是阿勒泰人最热爱的活动之一，整个额尔齐斯河流域，随处可见狂热的钓鱼爱好者。我曾经在位于阿勒泰地区布尔津县的五彩滩，便见到钓鱼爱好者们沿着河岸一字排开，一个挨着一个一眼望不到头的都是鱼竿。

很多人可能会将新疆的五彩城(湾)和五彩滩两个景点搞混,实际上两地相隔着大约700公里。两地的地貌虽然均为彩丘地貌,但一个高大,一个低矮,一个位于荒原之中,另一个则位于大河之畔。只不过我觉得五彩滩边钓鱼的场景比起那里的地貌来更为壮观。

阿勒泰地区另一个鱼类的主要产区是位于福海县的乌伦古湖。事实上福海县的县名就是来自乌伦古湖的别称,乌伦古湖湖体分两部分,北为布伦托海,又称“大海子”,南为吉力湖。乌伦古湖是我国十大淡水湖之一,分布着20多个鱼类品种。

虽然博斯腾湖每年也搞冬捕活动,但乌伦古湖每年春节前后的冬捕节更为人所熟知,冬捕节上的羊肉与鱼同炖的鱼羊汤,大体上是先在锅中放500公斤羊肉炖煮3个小时,再加入500公斤鱼一同炖煮,用实际行动解读汉字“鲜”的由来。

但我觉得,古人造“鲜”字固然是组合了鱼、羊二字,但并不一定代表只有羊与鱼同炖才行,大概率的可能,应该是造字者认为鱼和羊这两种食材都颇为鲜美,因而以鱼和羊代指一切的鲜味。

当然以鱼和羊同炖也未尝不可,算不上黑暗料理,但以我的经验,鱼与羊同炖,往往是鱼肉的鲜美尽附于羊肉之上,而鱼肉则食之无味,至少也是乏善可陈。

在新疆,除了原有的野生鱼类之外,更有着自20世纪五六十年代以来,不断引进的鱼类品种。不过这其中有一种鱼却略显特殊,既不是古已有之,也不是几十年前引入,而是在清光绪二年(1876年)左宗棠收复新疆的时候,无心栽柳而来的,且主要生活在新疆的东大门哈密,这便是著名的哈密黄鳝。

《新疆志稿》记载:“哈密夙不产鱼,湘军以木桶盛鳝数百担,荷出关,抵哈密、弃之淖尔,岁久益滋,土人以为蛇,皆不食。”也就是说,哈密一直都不产鱼,而当年进军新疆的湘军士兵们,便用木桶装了几百担鲜活的黄鳝作为补给,一直挑到了哈密,并放养在哈密的水泊之中,久而久之,这些黄鳝不断繁衍,而当地人却认为这是蛇而不吃。

按理说新疆的气候环境并不适合黄鳝生存,但大约是湘军挑来的部分黄鳝有着较强的适应力,也或许有着更强大的基因,因此在哈密扎下了根。

但不管怎样,今天的新疆已经有100多种鱼类以及虾蟹等水产,新疆的一些特有鱼类品种,比如乔尔泰,更是新疆人宴请客人,尤其是宴请外地客人的待客担当。

乔尔泰的学名是白斑狗鱼,听这名字就知道是一种食肉鱼。乔尔泰生性凶猛,主要生活在额尔齐斯河流域。乔尔泰虽然肉质厚实而紧密,但做不好往往会有土腥味,这也是为什么绝大多数餐馆都将其用来红烧或者烧烤的原因。

对新疆人来说,更有存在感的鱼,则是五道黑。

五道黑被新疆人送上餐桌要比乔尔泰早得多,只不过这种鱼对于养鱼的人来说,大概是爱恨交织。一方面五道黑肉质紧密结实,刺少味鲜;另一方面五道黑性情凶猛,不仅会吃其他鱼的幼鱼,即使是同种类幼鱼也照吃不误,这就往往会给同一水域中的其他鱼种造成威胁。

五道黑的得名,来自身上五道黑色的环形条纹,当然不一定是五道,也有七道的。

五道黑是一种鲈鱼,学名赤鲈,又叫河鲈,广泛分布于欧洲及亚洲北部。但在中国,以前则只生活在阿勒泰的额尔齐斯河流域与乌伦古河流域,如今则被很多水域所引入,比如位于南疆的博斯腾湖。

五道黑最为常见的做法也是红烧或者烧烤,肉紧味香,一般对其评价是类似黄花鱼,又胜似黄花鱼,但我个人认为五道黑总体上的感觉更靠近武昌鱼。我觉得不管是什么鱼,只要是冷水食肉鱼,就大都错不了。冷水,说明鱼生长缓慢,肉质紧密;而食肉的鱼,则肯定比食草的鱼味道要鲜香出许多。

不过在阿勒泰,当地人更为推崇的,则是另一种冷水食肉鱼:北极茴鱼。当地人称其为“花膀子”或者“花翅子”,这主要是因为其鱼鳍上有着色彩鲜艳的斑点。

北极茴鱼在我国也是只生活在额尔齐斯河流域,肉多刺少,口感细腻,

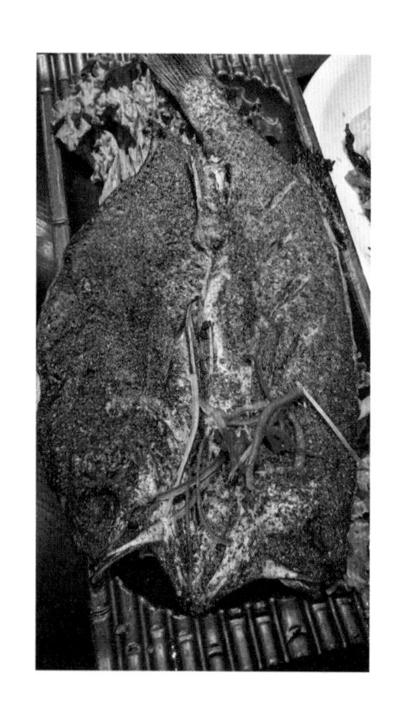

味道鲜美,为珍稀的冷水食肉鱼。事实上在整个阿勒泰地区,对于一个钓鱼的人来说,能否钓上花膀子,差不多已经成了衡量水平和运气的唯一指标。但大约也是因为人们对这种鱼情有独钟,加之水库和水利设施的不断兴修,改变了其生活环境,北极茴鱼的数量已十分稀少。出于生态保护的考虑,阿勒泰地区已经严格限制捕捞、垂钓包括北极茴鱼在内的野生鱼类。

总体上来说,新疆人吃鱼,除了高白鲑那样直接吃生鱼,或者北极茴鱼那样红烧、清炖均可之外,更多的还是喜欢辛辣的重口味,有点接近于川菜中的金椒鱼、沸腾鱼、麻辣鱼的风格,只不过更偏重于酸辣。典型的如大盘鱼,属于大盘鸡的鱼肉版,大盘鱼通常用草鱼、鲤鱼,也有用五道黑的,大概就属于奢华一点的版本了。

曾经有一年秋季,我带着徒步队伍进行从喀纳斯到禾木的穿越,穿越完成后,大家决定到阿勒泰的北屯市去吃鱼。同行的队伍中有一对来自厦门的夫妇,第一次在北屯见到与辣椒同炖的大块鱼肉,迟迟不敢下箸。我问他们为什么,对方答:"在我们那里,只有变质的鱼才会放这么重的调料压味。"

我笑,对二人说:"入乡随俗,先尝尝再说。"

结果一尝之后,这对厦门夫妇顿时刹不住车,和大家伙儿一样手持着馒头,就着鱼吃得狼吞虎咽、风卷残云。那天上来的几大盘鲤鱼、草鱼、五道黑什么的最终被大家一扫而空,连炖鱼的汤汁都被大家蘸着馒头吃了个干干净净。

这对厦门的夫妇最后对我感叹:"没想到鱼这样做也这么好吃,这真是我们吃鱼吃得最香的一次。"

我觉得之所以如此,大约一方面是只有这样粗犷奔放的吃法,方能配得上新疆如此雄奇壮丽的山水风物,所谓“一方水土养一方人”,一方水土自然也决定了吃的方式;另一方面,大家伙儿在深山老林里,冒着风雪、啃着干粮转悠了好几天,不是闹着玩的,等到终于走出来能吃一顿热乎的新鲜鱼,那还不用上半条命的力气?

★延伸阅读:乌鲁木齐距离海洋到底有多远

其实说乌鲁木齐是世界上距离海洋最远的城市,表述并不严谨。相对严谨一些的表述是:乌鲁木齐是世界上离海洋最远的百万人口以上的内陆城市,或者说是世界上离海洋最远的大城市。否则的话距离乌鲁木齐只有30多公里的昌吉市,甚至距离乌鲁木齐180公里左右的吐鲁番市等,也都可以说是距离海洋最远的城市。

从地图上看,乌鲁木齐西距大西洋约6900公里,北离北冰洋约3400公里,东至太平洋约2500公里,南去印度洋约2200公里。而更精确一点的测量结果是:乌鲁木齐北离北冰洋,直线距离2974公里;东距我国渤海海河入海口,直线距离2559公里;南去印度洋孟加拉湾最近处,直线距离2398公里;东南至印度洋阿拉伯海最近处,直线距离2810公里;即使是距离西边最近的内海里海,直线距离也达到了2752公里。

而在地图上,也的确没有一个超过百万人口以上的城市,至少是没有一个比乌鲁木齐人口多的城市,各个方向都距离海洋如此之远。

吃肉就要啃骨头

啃骨头这事儿，我一直不怎么在行。

作为中国人，即使在饮食上有着南甜北咸这样的天壤之别，可以为粽子和豆腐脑的正宗到底是该甜还是该咸争得不亦乐乎、势不两立，但在啃骨头这一点上，却不分地域，立刻拥有了高度的一致与热情。

大约正因为如此，许多国家的人往往会将啃骨头作为中国菜一个怪异的标签。在他们看来，中国人爱啃骨头完全是一种奇怪的风俗：好端端的吃肉就是吃肉，骨头有什么好啃的呢？

西方国家的人们，大都有着追根问底的传统，用中国话说就是大都比较轴。因此对于中国人为什么热爱啃骨头，便忍不住要进行各种分析。虽然说法众多，但大致归纳了一下，无外乎这么几条：一是说中国人之所以爱啃骨头，是因为不经常吃肉，通常都是要到重要场合才吃，所以吃一次肉不容易，自然是连骨头都舍不得放弃了；二是认为中国人不富裕，而带骨头的肉便宜，看起来一次炖了三斤肉，其实两斤都是骨头；还有的老外则认为，中国人爱啃骨头是因为千百年来一直都是农耕文明，肉类稀缺，也就是自古以来就不怎么能吃得上肉，所以养成了吃肉啃骨头的习惯。

这些说法，其实是一种观点，综合起来就是中国人吃不起肉，所以好不容易吃点肉，就不会放过骨头，甚至包括鸡爪、鸭脖这样的下脚料，也被视作珍馐。

老外对啃骨头的分析如此负面，我们强大的吃货群众自然是坐不住的，

因而对是否爱啃骨头有着自己的分析。

我们自己分析的原因主要有这么几点：一种观点认为，老外之所以不啃骨头是因为他们的餐具不适合吃带骨头的肉；另一种观点则认为，中国美食有着独特的烹饪方式，而骨头就是其中之一，通过中式的烹饪，骨头就有了独特的香味，啃起来也就有了独特的乐趣；还有一种看法则简单粗暴得多——啃骨头，是因为有骨髓啊。

但实际上，这些理由也根本没说出个所以然来，所说的原因，严格地说都只是已经表现出来的结果，而不是原因。

比如，餐具这条，明显就经不起推敲。因为我们知道，所有工具的产生都是为生活服务的，更明白点说，都是为了自己怎么用着顺手而造出来的，西餐的餐具自然是为了符合老外的用餐习惯而设计出来的，人家本身就不啃骨头的话，凭什么要设计能啃骨头的餐具？而且中餐的筷子又怎么能证明适合啃骨头？再说老外有很多种，不用西餐刀叉直接上手抓的，也有的是，为什么都没中国人这么热爱啃骨头？

至于由于烹饪方式独特而造就了中国人爱啃骨头也是因果倒置，显然，我们是因为要啃骨头才琢磨出怎么烹饪骨头，让骨头更有味，而不是相反。骨髓说更不靠谱，如果啃骨头是为了吃骨髓，那又为什么不拿着骨头直接奔骨髓去，反而要津津有味、以精雕细琢的精神去啃呢？

除去以上那些不怎么靠谱的观点，有一种观点倒是颇具中华特色，即：中国人之所以爱啃骨头，是因为大口地吃肉太没成就感。而啃骨头则是一项复杂精巧的工作，每一小口肉都是对自己辛苦啃食的嘉奖与肯定，因而便更让人珍惜，吃到嘴里也更加美味。

这就有点林语堂的风格了。

在林语堂专门写给欧美人读的《生活的艺术》一书中，还真就讲到了被中国人当作美食的骨头。对于西方人抛弃骨头，林语堂说："这不免使我可惜为什么羊骨、猪骨、牛骨都随手丢弃，而不拿来熬一锅美味的汤，这岂不是虚耗有价值的食物吗？"

综合中外两方面对中国人爱啃骨头的看法，显然西方人是站在社会、历

史的宏观角度上来看的，而中国人则是针对具体细节来看的，基本不在一个频道上。

那么西方人的分析有没有道理呢？其实细想一下，也有问题。

比如说中国人吃肉少，历史上大多情况下的确如此。中国人主要从事农耕，肉类蛋白比较稀缺，宋代宰头牛都得蹲班房，所谓的“乾隆盛世”，吃肉也是一件奢侈的事儿。但问题在于，以前的普通百姓还顿顿以玉米面、高粱米这些杂粮为主食呢，但是只要条件允许，立刻顿顿大米、白面了，虽然现在也偶尔吃杂粮，也只不过是为了健康或者调剂口味。这说明，一旦条件允许，人的选择都是会立刻向好的。那么问题来了，为什么在吃肉并不算奢侈的今天，还有那么多人热爱啃骨头而欲罢不能呢？

而如果我们把这个问题放在新疆来看，那么老外对中国人爱啃骨头的分析，就更难以成立。新疆人显然是肉食系，以大口吃肉为人生的意义之一，从烤全羊、架子肉到手抓肉、熏马肉等，一天到晚无肉不欢，并且无论是什么民族，都一样对啃骨头充满着热情。

而在新疆的啃骨头系列中，最为普遍和具代表性的，首推手抓肉，或者叫清炖羊肉。

清炖羊肉是新疆人对羊肉最经常的一种主流吃法，因为需要用手抓着大块羊肉来吃，所以也被称为“手抓肉”。

顺便说一下，有些人将新疆的手抓肉称之为“手把肉”或者“手扒肉”，但实际上从来也没有新疆人这么叫过，内蒙古等地似乎有这样的叫法。在新疆，如果你对着一盆清炖羊肉叫手把肉，是一件很奇怪的事儿，固然没什么不对，但却像将烤肉称为烤羊肉串一样，一听便知不是本地人。

清炖羊肉，都是带着骨头炖出来的，通常肉块会很大，往往需要用小刀来削肉，但不管怎么削、削还是不削，最终都是要啃骨头的。而能否将骨头上的肉啃干净，则是吃清炖羊肉的基本素养，是衡量吃肉水平的关键指标之一。

哈萨克族人认为，啃骨头啃不干净的男孩是找不到漂亮老婆的，而骨头

啃得越干净，以后找的老婆就越漂亮，这与汉族人饮食中，告诫孩子吃饭吃不干净，脸上会长麻子一样，都属于长期形成的饮食禁忌。

正因为如此，新疆人才会有这么一句话：哈萨克族人啃完的骨头，狗看到了都会哭。

而吃清炖羊肉还有一个秘诀，那就是在吃肉的过程中，不能一上来便吃纯肉块儿，而是要吃带骨的肉，否则两块纯肉就顶住了肠胃，再也吃不下去了，而吃带骨头的肉，则能一边嚼一边啃，一直吃到最后。

从这个角度讲，在新疆，对待啃骨头的看法和西方人完全相反，不是肉少要啃骨头，反而是肉多才要啃骨头。

一只羊的身上，有着肋骨、腿骨、脊椎骨等各种不同的骨头，这些都好说，真正需要一些功力的，大约啃羊脖子要算一个。

在新疆很多民族都有妇女坐月子炖羊脖子的习惯，至于为什么坐月子要吃羊脖子而不是其他，据说是羊脖子有健脾益气的功效，是为大补，且有着催乳的功效。

对于大补这事儿，我一直不怎么当真，但是对于羊脖子肉质鲜美、不腻不柴的这种说法，我倒是接受。羊脖子上的肉之所以好吃，通常的理论依据是羊在活着的时候，脖子是一直在动的，无论是吃草、喝水还是抬头看路或者仰视星空，活动量巨大，因而肉质细嫩，是所谓的“活肉”，肉质自然要比普通的“死肉”好很多。

对于羊脖子，很多年来我都没有什么感觉，主要就是懒得啃，直到有一年冬天跑到天山里为一次徒步活动探路。当时同行的一位老兄带了一截炖熟的羊脖子，顺手塞给了我。再后来，我们一行三人分别走了三个不同的方

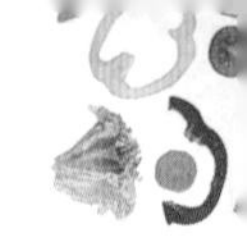

向察看地形，当时的我独自站在冬日的天山之中，头顶阳光明媚，四周冷杉环绕，阒寂无声，一时无聊，便想起了羊脖子来。于是直接站在雪地中，从背包里掏出了羊脖子开始抱着啃，结果一啃而不可收拾，由外及里，连撕带扯，越啃越有滋味，以至于整个世界在那一刻都变成了模糊的背景，所有的焦点都集中在了那个羊脖子上，完全啃到了入化的境界。

后来我在昌吉，也吃过不同做法的羊脖子。记得昌吉有一家店，羊脖子这道菜在当地赫赫有名，做法是将羊脖子上的肉一片片削下来，整齐地摆放在盘中，洋葱、辣椒面、孜然面分列肉旁，不仅看起来颇为精细，吃起来也更为便利，味道虽也一样不错，但却总是觉得少了一些滋味。

而这少了一些的滋味，无疑就是啃所带来的滋味。

大约就是那一次在冬日天山中的啃羊脖子体验，让我隐隐约约对啃骨头有了不同的认识。

而羊身上另一个以啃为主的部位，是羊蹄。

早期正宗的羊蹄吃法，就是盐水煮出，不加其他作料，后来则以胡辣羊蹄最为普遍，一般来说只要是做新疆菜的饭馆，都会有这道菜。夜市上，也往往能见到大盆的羊蹄，整齐码放着，点缀着红彤彤的辣皮子。

羊蹄的烹制颇为烦琐，比如要用火燎毛、用刀剔除一些不适宜吃的部分等。但无论是用盐水煮出的羊蹄还是胡辣羊蹄，一个好羊蹄的标准首先是入味，其次是肉质的软糯滑烂，能够在啃的过程中，稀里呼噜将蹄子上的肉送入口中。

很多人不知道的是，除了吃羊肉需要各种啃之外，吃马肠子也

需要啃。

一般人印象中,肠类食品应该都不会带骨头。实际上,马肠子除了塞满肉块这样的纯肉肠,更有塞进整条肋骨的。

带肋骨的马肠子是将一整根马肋条连肉带油塞入肠衣,这样的马肠子,虽然相当一部分的分量都给了骨头,但在马肠子中,却似乎吃起来更有存在感,更能显出吃马肉的段位。当抱着一根尺余长的马肋骨啃的时候,那就是一种无声的宣言:只有老子才是真正吃马肠子的顶级食客。

除此之外,在新疆常见的吃大盘鸡、椒麻鸡、牛骨头之类都是要带着骨头去啃,至于啃鸡爪、啃鸭脖,则与全国人民一样,都是作为一种零食,用新疆话说是“拌嘴”的东西。这个“拌嘴”不是吵架的意思,而是指给口腔一点事儿干,活动活动,搅拌搅拌。

综合来看,中国人之所以爱啃骨头,固然有着历史上肉类匮乏的客观原因,也有着带骨肉更有滋味的原因。记得曾有篇文章说,靠近骨头的肉往往会含有更多汁水,所以会更为美味。如果这个理论是真的话,那么大约说明中国人有着更强大的味蕾。

这也就是说,中国人很多时候吃肉并不仅仅只是如老外那般去吃饱肚子,而是享受味觉。

所以对于啃骨头在认识上的分歧,从一开始,大家的出发点就有了差别。

虽然至今我仍然对鸡爪、鸭脖提不起兴趣,啃大块的骨头也总是马马虎虎。但是我坚信的一点是,如果有一天在新疆吃肉都不再有骨头,那无疑将会少了一项乐趣,或者说,是吃货们的一个重大损失。

首先我们能够确定的是,无论是中餐的筷子,还是西餐的刀叉,都是手的延伸。当然,在今天,世界上的很多地区依然没有这种延伸,也就是说还在用手直接进食,即使在新疆,抓饭在出发点上也是一样的。

无论是中餐的筷子还是西餐的刀叉,或是直接用手,都说不上什么优劣高低之分,只有习惯的不同。而大家之所以有不同的习惯,则取决于对食材的理解和烹制方式的不同。

但显而易见,与刀叉相比,筷子具有成本低、效率高的优势。在地球上的绝大多数地方,木棍基本都随手可得,只需折下两个差不多长短粗细的木棍,就可以随心所欲地使用。其实就算没有树木,从动物身上取下的骨骼,一样也可成为筷子,且看起来档次更高。

大约也正是因为筷子的易得与简单,会让人有不如刀叉高贵、优雅的感觉。但这实际上完全不成立,且不说刀叉的原型与高贵、优雅毫不沾边,即使最为高档的刀叉,也不过是银质的罢了,而筷子不仅可以银质,更可以金质、玉质、象牙质等等,在比奢华这方面,反正咱们老祖宗从没输过谁。

不过筷子也有着自身的劣势,遇到大块的食物,就难以进行分割,还得以刀具来辅助,这也就是中国菜都是在烹制前就要切好的原因。否则上来一整只烤鸭,用筷子除了能在鸭子上戳几个洞外,就再也难以有所建树。这反过来催化了中国厨师的刀工艺术,正如烤鸭店里对烤鸭的片切技术,反而成为一项厨艺特技。

西方人最初并不明白其中的文化差异,因而早期在美国开餐馆的华人,为此遭到了质疑。当年的美国人认为,中餐中的肉类都切得那么碎,一定是上顿饭别人吃剩而剔出的碎肉。

当年的美国人,显然是以西餐的烹制方式,推导出了错误的答案。在西餐中,大多情况下,肉类都是大块的,典型的如牛排,都是由食客自行分切。

毫无疑问，西方人使用刀叉的历史远远比不上筷子的历史。大约在13世纪以前，欧洲人还是用手来进食，并且有着一定的规矩，比如以用手指头的多寡来区分身份：有教养的贵族只能用大拇指、食指和中指三个手指进食，而粗俗的平民才会五指齐下。直到16世纪，这个规矩仍为欧洲人所奉行。但不知道的是，如果一个平民坚持用三指而不是五指进食，会不会被罚款或者坐牢。

而叉子，正式成为餐具的历史并不长，一般认为其最早出现于11世纪的意大利。不过，当时的神职人员却坚持认为，用手进食才能显示对上帝的虔诚，因为食物是上帝赐予的，不用手指接触食物，是对上帝的傲慢和侮辱。正因为如此，叉子在欧洲成为一种大家都认可的餐具，还要再等五六百年。

至于餐刀的历史，也非常短，虽然自史前时期，刀具就是人类最为倚重的工具，欧洲人也一直在进食中使用刀子，但当时的刀子却都是尖头的。今天圆头的餐刀，要等到17世纪的法国路易十三时期，也就是中国的明朝万历年间才会出现。当时的贵族们在用完餐后，直接拿起切肉的尖刀剔牙——想象一下那个场景，一群衣着华丽的贵族政要们，一人手持一把尖刀在嘴里左掏右挖，的确是壮观而狰狞——这引起了一位主教的反感，因此率先将餐刀一律改为圆头并最终得到了人们的认可。

相比之下，筷子的历史从文献上就可以追溯到三千多年前的商代，韩非子说，所谓“纣为象箸”，也就是商纣王使用象牙筷子，虽然本意上是批判纣王的奢靡，但无意间让我们知道那时候的人们就已经广泛使用筷子了。而如果以江苏高邮龙虬庄遗址所出土的骨质筷子为起点的话，那么筷子的历史更是长达五六千年。

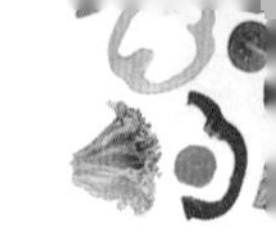

羊杂碎：人间烟火的味道

羊杂碎这玩意儿，洗不干净不行，洗太干净了也不行。

从理论上讲，每一份优秀的羊杂碎，都是在把握一种无味儿与有味儿的微妙平衡。

在正常情况下，杂碎如果收拾得不干净，就会有内脏本身腥、膻、臭等异味，但是如果收拾得太过干净，又会因此而索然无味，失去了吃杂碎的感觉——这大约正是杂碎的妙处所在。

但这一点只是理论上的，现实要复杂得多，对一个顶级羊杂碎爱好者来说，往往可能需要杂碎本身的味道更浓烈一些，或者说口味要更重一点。这种情况，类似于折耳根的资深食客之于折耳根，臭豆腐的资深食客之于臭豆腐。

杂碎，更多的地方则称之为“下水”，均指动物的内脏。也有一种说法是：在新疆，只有猪的内脏被称为“下水”，牛羊的则被统称为杂碎。这一点倒也基本符合，至少很多新疆人口语中的确是这么叫的。

在新疆，狭义的羊杂碎只是羊的内脏，而广义上的羊杂碎则还会包含羊头和羊蹄这些部件，总之只要不是整块的肉，边边角角的，都属于杂碎的范畴，简称为羊杂。

在我们的一般印象中，老外好像是不怎么吃杂碎的，所以常能听到老外不吃动物内脏的说法。其实老外也有很多种，就算特指所谓“欧美白种人”的话，也是吃内脏的，比如鹅肝、牛肚之类，只不过西方人没有像中国人这般

全方位地热爱杂碎,基本上动物的每一个部分都得以充分地开发。归根到底,这大约还是因为中国人历史上普遍蛋白质摄入不足,因此在利用杂碎方面,展示了强大的智慧。

具体到羊杂碎,全国很多地方都有着自己的吃法。只不过按照中国人的传统饮食观念,疆外的不少地方,无论是羊肉还是羊杂,基本都是讲究秋冬季节吃,而这一点在新疆,则根本不成立,无论是羊肉还是羊杂,不仅一年四季地吃,而且吃法相对多样。

大体上来说,新疆的羊杂碎吃法无外乎烧烤、汤食、爆炒和干拌这四种。虽然全国各地不管怎么吃羊杂碎也大都不外乎这四种方式,但新疆人对此的概念却略有不同。

比如新疆的羊杂类烧烤,无论是羊的肝、肠、心、腰、脾、喉管等等,新疆人在心理上都觉得这些都是烤肉,习惯上并不大会与“杂碎”二字关联,因而将所有用于烧烤的羊杂碎都纳入烤肉,也就是烤羊肉的范畴。所以新疆人如果说去吃烤肉,有时候大概率就是去吃这些烤的杂碎,纯正的肉,反而成为点缀。

这其中吃起来最为过瘾的,一是烤腰子,二是烤肠子。

腰子这玩意儿我们都知道,无论古今中外都被人们奉为大补,尤其是深得男性群体的狂热追捧。大概也正因如此,烤腰子在维吾尔族传统文化中,被冠以了“烤肉之皇”的名号。

有些人总觉得烤羊腰子会有膻、骚的味道,实际上一串合格的烤羊腰子不仅毫无膻、骚之味,而且鲜香嫩滑,其滋味是吃肉所领

略不到的。烤羊腰子的基本要领是剖开穿串，烧烤的过程中用扦子不断地扎透羊腰，烤制的时间也要略长于肉串。

而烤肠子，则肥腴味厚，用“肥肠”来形容羊肠子也一样适用。烤出来的羊肠子，肥腴的感觉与肉串上的羊油截然不同，滋味更加香浓，肠壁上的脂肪会在入口的一刹那布满味蕾和整个口腔。有些烤肠子则会裹上些玉米面，一方面用以吸附油脂，一方面则会增添玉米的清香。

而汤食则以羊杂碎汤为代表，一般以羊肝、羊肺、羊肚为主，与整个西北地区没有太大差别。真正能让新疆人，尤其是北疆人和羊杂碎第一时间关联起来的，是米肠子和面肺子，吃法主要有两种：爆炒或者干拌。

所谓米肠子，是在羊肠子里灌入用切碎的羊肝、羊心、羊肠油、胡萝卜等食材拌好的大米，再调以胡椒粉、孜然、盐，煮熟。

而面肺子，则是将羊肺用清水反复灌洗，直到将肺子洗到发白。然后将羊的小肚套在肺的气管上，往里面灌入和好的面浆，灌满之后扎紧气管煮熟，煮好的面肺子色泽微黄或者呈象牙白色。

米肠子和面肺子最大众的吃法就是煮熟之后，米肠子切段，面肺子切块，配以醋、辣椒、蒜末、香菜等凉拌。

如果爆炒来吃的话，则是将米肠子、面肺子与辣椒、洋葱等一同爆炒，有时候也会加入羊肚等，重油猛火，滋味浓厚。而爆炒中最知名的是爆炒黑白肺。所谓黑白肺，就是直接将煮熟后呈黑色的羊肺和灌入了面浆蒸熟后呈白色的面肺子爆炒在一起，颜色上黑白分明，口感上黑肺子柔韧、白肺子绵软。

羊肚则往往会单独用来爆炒，大部分的做法都是爆炒肚丝——羊肚切丝，氽水，大量的干红辣椒用水泡软，然后一通旺火爆炒，放入葱、姜、蒜、花椒等，辣椒与羊肚基本对半或者辣椒更多，香辣入味。

不过爆炒羊肚中还有一派则反对将肚子切丝，而是要切成菱形的肚片。这一派认为，如果一般分量的爆炒羊肚，肚子可以切丝，但如果是大盘爆炒羊肚的话，就不宜切丝，而是切片，这样方显得更为美观和大气。

在新疆的大盘系列中，仅次于大盘鸡的，就是这种炒出来的大盘羊肚。

羊杂碎中除了爆炒黑白肺、爆炒羊肚之外，还有爆炒羊腰、爆炒羊心之类，但都不大常见。而羊肝在新疆的主要吃法除了煮熟后凉拌之外，很少见炒的。以前卖手抓肉的摊子，或用两片羊肝夹一片羊尾巴油，让顾客免费品尝，主要是为了招揽生意。

羊肝煮熟了沙而柴，羊油则肥而腻，夹在一起，恰好互补，自然是味道鲜香，层次交融。

但在各类炒羊杂碎中，也有着另类。

比如我在吐鲁番吃到的大盘板筋炒啬皮。

啬皮，也就是羊的脾脏，新疆人念作"sēi皮"，"sei"读一声。在新疆方言里，"sei"这个音出现频率还颇高，比如新疆人把"虱子"就叫作"sei子"，把"谁"也念作"sei"，但是普通话里却没有"sei"这个音的字，所以约定俗成，"sei皮"就往往被写作"啬皮"。

新疆人对"大盘"有一种执着的热爱，比如最具知名度的大盘鸡便是其中之一。而板筋，则是牛板筋，通常都是切片后烧烤或者煮熟了凉拌，这两样东西我都再熟悉不过，但是，将板筋和啬皮一同炒出来是个什么效果，在我去吐鲁番吃板筋炒啬皮之前，还真没尝试过。

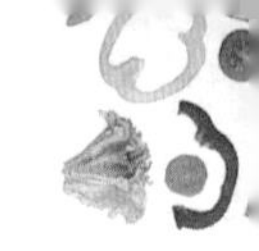

其实我去的那家名为“十里飘香”的店，并没有“大盘板筋炒啬皮”这道菜，而只有“爆炒牛板筋”这道菜。

那家小店的房屋一共三间，餐厅分列两边，中间是厨房，因而坐在两边屋子的食客都能清楚地看到店老板在中间的厨房中，挥动着炒勺，烟火四冒，如火如荼地爆炒着各种菜肴。我第一次去的时候，虽然已经过了晚饭时间，但是饭馆里依然是人声鼎沸，基本每张桌子上都挤满了和我一样的糙老爷们儿，围坐在一起大口灌着白酒，大声诉着衷肠，一个个红光满面、中气十足，不时地还会有某一桌的食客扭过头来，大声招呼着掌勺的店老板也过来喝一杯。在昏暗的灯光下，小饭馆的市井气息从每一个角落里渗出，充满着热烈。

后来我才知道，这家店对一般的顾客，所炒的板筋里并没有啬皮，只有对熟客，店老板才会特意加入啬皮，而且全看心情。

我原本想和店老板聊聊，不过最终也没聊成，主要原因是店老板一直没什么空闲，前来吃饭的人基本上都是他的熟客，不停地将炒菜间隙的店老板叫过去，咋咋呼呼地一起喝酒聊天，因而店老板就像是一个救火队员般来来回回地在厨房和各个桌子间穿梭。

直到我第二次去这家店的时候，才算是正儿八经地和店老板坐在一起聊了聊。第二次去的时候，俨然我也已经成了熟客模样，大声地叫着店老板，过来喝一杯。

店老板叫赛德明，长着一张棱角分明的脸，看起来健壮而干练。和我们同去的伙计告诉我，其实最初到老赛这里吃饭，完全与菜的味道无关。

以前赛德明的店是开在另外的一个犄角旮旯，在夏天的时候，赛德明店里的桌子和灶都摆在室外，所谓灶，也就是支着几块砖。而赛德明往往是身穿背心，脖子上挂着一条白毛巾，端着炒勺，不苟言笑，手法干脆利落、节奏分明，如一个内力深厚的武林高手般，翻转腾挪、心无旁骛，看起来冷酷无比，行云流水之间，一道道菜在炒勺中一气呵成。

更牛的是，周边小卖部、烟酒店什么的伙计们，都会自发地给他打着下手，屁颠屁颠地跑来跑去。而赛德明则对这些伙计们呼来喝去，完全是龙头

大哥的形象。而这其实主要是因为赛德明的店开在哪儿，就能带火旁边烟酒店的销售。

赛德明炒啬皮纯属偶然，是有一天他的两个乌鲁木齐的朋友过来找他，要吃他的炒板筋，而他恰好手头有两个啬皮，顺手就给炒了进去。没想到一吃还不错，乌鲁木齐的两个朋友大为赞赏，从此以后，只要是有朋友熟客什么的，赛德明都会加入啬皮与板筋同炒。

而啬皮这玩意儿，即使在新疆，也属于小众食材，换句话说就是有很多人吃不惯。因此正常情况下，赛德明并不会额外加入啬皮，而且这玩意儿收拾起来麻烦，所以他并不会常备这种食材。这就使得在赛德明这里能否吃上炒啬皮，全靠运气，碰上有了就有，没有的时候也没工夫专门给你加；而且即使是有，心情好的时候会给你多加几片，心情不好的时候说不定一片也没有，除非你提前打电话预定，说清楚就是要过去吃一顿啬皮。

赛德明的炒板筋完全是新疆人的风格，切片的板筋和大量的葱段、辣皮子爆炒在一起，汤汁浓重，酸辣鲜甜的味道浓烈地交织在一起，很是开胃。板筋的口感恰到好处，咀嚼起来既有咬劲也十分软烂，并且入味充足；其中的啬皮则呈深褐色，一块块看起来像是豆腐干。

啬皮的表皮坚韧，而里面蜂窝状的纤维组织十分粗糙，有一种独有的味道，略微苦腥，这也便是很多人不喜欢吃的原因，而嗜好啬皮者，却对这种味道和口感欲罢不能。

这么一道菜，色深味重，透出的是个性鲜明的市井气质，率性而奔放。当你面对着一大盘热气腾腾的板筋炒啬皮时，一切的嘈杂与喧哗顿时变得顺理成章，浑然一体。

除了这样的小众吃法外，对于一个新疆人来说，吃羊杂碎吃得过瘾，还是要煮出来拌着吃。

以前在新疆的大街小巷里，常常能见到大锅大锅的面肺子与米肠子，现吃现切，食客可以选择多一些面肺子还是米肠子，选好之后现切现拌。有些也会加入羊肚或面筋等，各地略有不同。

卖羊杂碎的摊在二三十年前要比现在多得多，一般就是骑个三轮板车，在街边找个地方就卖。现在则几乎难见到这样的杂碎摊，通常只能在夜市或者美食街之类的地方找见，这倒不仅仅是咱们近几十年来城市管理做得到位，另一个重要的原因，是现在的人们生活水平提高，不再需要靠杂碎解馋，同时又担心杂碎胆固醇太高不健康，于是吃杂碎的人群大幅度缩小。

在羊杂碎制作过程中，清洗工作非常重要。比如洗肚子，严格的方法是要灌个四五遍水，再翻过来洗、烫，否则里面的味道会染到外面。洗小肠的时候则千万不能洗烂，一头灌水一头出。而面肺子最重要的，是面浆的浓稀和调料的配比。

一般来说，做米肠子都是用大肠，而小肠则是灌入玉米面或者高粱面。收拾好食材，灌完了肺子与肠子后，将所有杂碎放入大锅，再加入胡萝卜、洋葱与盐一同炖煮，有些人还会将羊头、羊蹄也一同放进去，再兑入老汤，小火慢炖而成。

新疆各地的羊杂碎做法都不尽相同，比如维吾尔族人做杂碎不用老汤。南疆地区也较少见到面肺子和米肠子，在新疆的不少地方，煮羊肉也都是要放入羊头、羊蹄一起煮，使煮出来的羊肉味道有着更丰富的层次和后味。

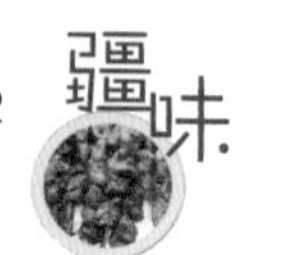

曾经在和田地区的于田县，吃过维吾尔族人的羊杂碎，并没有米肠子、面肺子这些东西，所有的杂碎煮熟后一律切块，看起来黑乎乎的没什么卖相，但吃到口里，却是满口的鲜美，那是一种原始而浓烈的鲜美，只有简单的调味，却鲜味十足。或者说正是因为调味的简单，才最大限度激发出了羊杂碎本身的鲜美。

煮出来干拌的羊杂碎，在新疆最正宗的吃法就是在路边摊现切现吃。这玩意儿有趣的一点就在于，在路边吃和买回去在家吃感觉上有很大的不同，反正是只要买回了家，怎么吃都感觉没有在摊子上好吃。

我觉得之所以如此，或许吃的就是刚从大锅里捞出来的那个热乎劲儿，唯有这样，羊杂碎才更加有味。但后来的一次经历，却让我觉得似乎也并不尽然。

那一次我和几个伙计在路边的三轮车摊子上买了些羊杂碎，当时正是晚高峰下班时间，道路上人来人往，不时也有来往的行人过来买羊杂碎。我们就站在三轮车旁你一口我一口地吃，果然觉得那些羊杂碎吃起来更加的美味，更准确地说，有着一种不同的体验。我觉得大概只有在街市的巷道中，和周围熙熙攘攘的市井融成了一体，随意率性，那些羊杂碎才会充满了人间的烟火气，从而味道变得愈发浓烈而鲜明。

★延伸阅读：新疆的方言

将啬皮的“啬”，念作“sēi”，是非常典型的新疆口音，或者说新疆汉语方言。

对很多不大了解新疆的外地群众来说，往往会将新疆汉语方言与维吾尔族口音相等同，这其实是大错特错了。

狭义的新疆方言，其实就是兰银官话。所谓官话，可以简单理解为从前的普通话，中国的官话在清代后共形成了八个分支，分别为：东北官话、北京官话、冀鲁官话、胶辽官话、西南官话、兰银官话、中原官话和江淮官话。

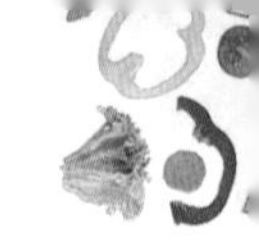

而兰银官话的兰银，是指兰州、银川一带。大体上是以陕甘方言为基础的普通话。这也就是为什么新疆的汉语方言与甘肃一带非常接近的原因。在新疆，兰银官话主要分布于北疆地区。据《中国语言地图》统计，使用地区有乌鲁木齐市、昌吉市、阜康市、阿勒泰市、哈密市、巴里坤哈萨克自治县、博乐市、塔城市等，共20个市县。

兰银官话最突出的一个特点就是平舌音与翘舌音不分和前后鼻音不分，所谓平舌音与翘舌音不分，就是Z、C、S和Zh、Ch、Sh不分；前后鼻音不分，就是Yin和Ying不分。所以新疆人说“纸”，发的音是“紫”；说“啥”，发的音是“撒”；说“是”，发的音是“四”；等等。

除此之外，新疆的汉语方言中还有中原官话和北京官话的分布，中原官话主要分布于南疆及伊犁地区。有库尔勒市、焉耆回族自治县、阿克苏市、阿克陶县、喀什市、和田市、伊宁市、吐鲁番市等，共45个市县，以中原官话中的陕西关中口音为主。而北京官话，则主要分布在北疆的石河子市、克拉玛依市、布尔津县、托里县、和布克赛尔蒙古自治县、温泉县及南疆的博湖县、阿图什市等，共18个市县。

皮牙子:新疆人的解腻利器

说起新疆人的饮食,很多人的第一印象就是大块吃肉、大碗喝酒的粗犷、豪侠状态。这种印象来自自古以来农耕地区对周边游牧地区的历史记忆,并一再在今天的各种传媒渠道中得以印证和加强。

毫无疑问的是,新疆人,无论是什么民族,都会常常有意无意强调和夸大这一点,口径统一、自豪四溢。在新疆人对本土饮食的集体表述中,新疆饮食绝不以雅致、精细以及烹饪手法的繁杂取胜,而是讲求原汁原味、粗暴热烈,以食物的量和优质的肉类等食材来争雄,从而彰显不同凡响的豪放气质。

当然,如果深究一下,我们就会发现,或许并不是新疆人的豪放造就了如此硬核的饮食,而是硬核的饮食造就了新疆人豪放的气质。新疆饮食之所以如此硬核,则是受这块地域的气候、地理环境以及历史等诸多方面的因素影响。

但不管怎么样,人类作为一个物种,再怎么说也是杂食性动物。新疆人,甭管是什么民族,并非长了铁打的肠子、虎豹的胃。在新疆这样暴烈的饮食风格之下,别的不说,仅高血脂、脂肪肝这样的疾病就会高频率出现。

正因为如此,在新疆人的饮食中,有一点就显得尤为重要,那就是“刮油”。

和标准普通话不同的是,在新疆,“刮”字一定要念三声,而不是一声的,唯如此,才能体现出新疆人的味道。

我一直觉得，之所以这个字要念成三声，很大可能是这样读出来，语气上更为用力，从而显得这一行为更为费劲和坚定，并有了几分壮士断腕的悲壮气氛——这也可以理解，毕竟身上的肉、肚子里的油，可都是自己一口一口、辛辛苦苦吃出来的。

而反之，如若将“刮”用一声读出来的话，则过于平淡而轻松，完全丧失了“刮”的艰辛和惨烈。

记得曾经看过一些科普文章，说是人这种动物在饮食方面，大自然就是按照吃素来设计的，主要证据是：人类的消化系统和食草动物相同，和食肉动物相异。比如人类的肠子弯弯曲曲很长，就和食草动物一样，而食肉动物的肠子则都很短，这是因为肉类不宜在肠子中停留过久，否则残渣会在肠子内产生毒素等。

而后来，我看到有文章更进一步说，西方人之所以以肉食为主，是因为欧美人种的肠子比东亚人种的要短，云云。

虽然牛羊猪驴马的肠子我是见过的，但老虎豹子这样的食肉动物的肠子我却没有见过，是不是很短，无从得知和比较。至于说欧美人比东亚人肠子要短，那不仅是我，我觉得这个世界上的绝大多数人都没有亲眼看到和比较过。

我所知道的就一点，无论是欧美人还是东亚人，从物种上讲都是一个物种，难道不都是远古智人的后代吗？怎么就演化成了食草和食肉两个物种，相当于了牛羊与虎豹的差别？是不是照这个思路演化下去，欧美人就会演化出满口的獠牙利齿，而我们，则会演化出反刍的功能？

但不管怎样，关于人类肠子更接近于食草动物这个论点，倒是很合乎素食主义者以及佛教徒的需求，因此我们往往会见到某些素食主义者和佛教徒以此规劝人们吃素。

事实上，究竟人类被造物主设计的是吃荤还是吃素？眼睛比肠子更有说服力。

人类的眼睛和食肉动物以及杂食动物一样，平行生长在面部的前端，而不是如食草动物般分别长在脸的两侧，就已经说明了这一点。

食草动物的眼睛之所以长在脸的两侧，是为了拥有更广阔的视野，基本达到360°无死角，也就是说不用回头就能看到身后的一切，从而能够最大限度地发现危险。

而食肉动物的眼睛之所以长在面部的前端，就是为了能够立体成像，从而准确地判断物体的方位和距离，方便捕捉食物，尤其是运动中的食物。不信你遮住一只眼睛套个笔套或者穿个针眼试试。

显然，一棵草不会自己奔跑，但是一只兔子却会。

虽然绝大多数肉食主义者并不清楚眼睛生长位置的原因，但这也毫不妨碍他们对于人类适合吃素食的观点嗤之以鼻。肉食主义者通常来说都是现实主义者，对于肉食主义者来说，即使肠子有长有短，也压根影响不了吃肉的心情。这一点在新疆人的身上，表现得更为突出，大鱼大肉吃多了，咱们不是还会刮油吗？

正因为如此，在新疆人的菜谱上，就高频率地出现了几种刮油食材。这其中最具代表性，也最广为人知的，便是新疆人称之为“皮牙子”（皮芽子、皮芽孜）的洋葱（葱头、圆葱）。

曾经在网上看到一些疆外的伙计们说：“看新疆美食的介绍，怎么到处都少不了这个皮牙子啊？”

这还真没说错。

皮牙子在新疆虽然算不上最夺人眼球的食材，但却是出现频率最高、最有存在感的食材。

皮牙子本身是一种用于调配味道的香辛类蔬菜，在美食的君臣搭配中，属臣。但即使如此，皮牙子在新疆的美食中，也属于权倾朝野的

重臣。

在新疆，皮牙子的身影华丽地出现在诸多美食之中：清炖羊肉中要有、马肉纳仁中要有、烤包子里要有、薄皮包子里也要有，至于爆炒羊肚、牛肚、黑白肺、过油肉、胡辣羊蹄等菜中也都必须要有，即使是在馕坑肉、架子肉等烧烤中，也要配一盘子切片的皮牙子搭着吃才算正宗。就连馕上，也要有切碎的皮牙子，否则，一个连皮牙子都没有的馕，怎么能算是一个态度端正、认真努力的好馕呢？

从表面上看，皮牙子的作用主要在于增香、提味。而由于皮牙子的辛香爽口，其深一层的作用则在于对肥腻食物的消油、解腻，以达到口味上的均衡，使人在大嚼甘腴的整个过程中有所停顿与缓解，从而不断使饱和的味觉清零，以唤醒味觉，再度出发。

但如果再往里深究的话，那么皮牙子最深层的作用则是为了追求均衡，化解油脂，三个层次层层递进，最终达到抵消肥腻，也就是刮油的目的。

饮食中解腻的搭配，实际上在很多地方都有标配版，比如陕西的羊肉泡馍，都要配上一碟糖蒜，目的与新疆人吃肉配皮牙子一模一样，也是发挥着提味、解腻、消脂这三个层次的功效。稀里呼噜地扒拉一阵泡馍后，再吃一口糖蒜，立刻便使得这碗泡馍有了跌宕起伏的层次感。

而与新疆人吃羊肉必配皮牙子的吃法更为接近的则是青海，唯一的区别是将皮牙子换成了大蒜。我曾经在西宁便见到当地人一边等着羊肉炖熟，一边围在一起剥蒜，剥好的一大碗蒜白白胖胖的，看起来分外诱人。所谓“吃肉不吃蒜，味道减一半”在这里得到了深刻的体现。

相对于西北地区葱蒜在解腻方面的运用，更多地区则是使用其腌菜，比如我们都熟悉的四川泡菜、东北酸菜。

如果放眼世界，就算大家的肠子真的是有长有短，但也毫无例外都有着对解腻的相同追求。

细究一下就能发现，在西方，越是口味重的国家，腌菜类就越著名。比如狂热吃肉和香肠的德国人，酸菜就非常出名；而口味更重、食物更油腻的俄罗斯，更是以搭配酸黄瓜、腌西红柿等而著称。事实上，在整个欧洲，泡菜

基本上都是不可或缺的解腻担当。

而在今天多数中国人的认知中，皮牙子却早已不仅仅局限于调味、解腻这么简单，消除高血压、高血脂、软化血管、抗衰老、增强免疫力，甚至抗癌防癌等，都已经成为人们赋予皮牙子的新任务。反正中国人总体上都属于食疗食补派，对于食物的阴阳调和、温凉寒热、五行八卦、二十八宿等都谙熟于胸，融会贯通于生活的方方面面。

也正因为如此，在新疆人心目中，皮牙子不仅仅是解解油腻这么简单，而是力压群雄，成为排名第一的健康食材，秒杀一切。尤其在吃肉的时候，如果没有了皮牙子，都不好意思说自己是新疆人。

而“皮牙子是个好东西”这句话，则时不时便会从新疆人的嘴里脱口而出，整齐划一得就像是全体新疆人集体彩排过一样，饱含了对皮牙子的深厚感情。

曾经有一位老兄，体肥身硕，血脂超标。有段时间我们天天在一起工作，每到吃饭，他老兄都必要一盘切片的生皮牙子，而且一再叮嘱服务员不要放任何调料。

问起缘由，这位老兄说，他所认识的一位更胖的老兄，就是顿顿这么吃，硬是把高血脂给吃没了，神奇而有效。这位老兄在说这段话的时候，目光里充满了虔诚。

后来有一次，我到表弟家吃饭，发现他家根本就不买大葱，炒菜全部使用皮牙子，对此，表弟和表弟妹说：“皮牙子是个好东西啊，大葱怎能与它相比？”所以，用皮牙子来代替大葱，不仅能调味，还有软化血管、降压降脂的功效。

皮牙子能代替大葱，而大葱不能代替皮牙子，倒颇有点古人“茶可以代酒，而酒不能代茶”的风范。虽然说欧美人往往在炝锅的时候，用的是皮牙子，但对我来说，用皮牙子炝锅炒出来的菜，总觉得味道上差了点什么。而且我实在是很难肯定，大葱是不是就一定比不上皮牙子。我只是知道，大葱在维吾尔语中，也被叫作“葱皮牙子”或“果勒皮牙子”。

将皮牙子干煸成深褐色，皮牙子就会散发出略带甜味的独有香气，正

因为如此，干煸皮牙子也是新疆人的一味调料或者配菜，比如一些维吾尔族人在做汤面时，就会将这种干煸后的皮牙子放入以增加香味。而如果在烤箱中烤肉，在肉下垫一层切开的皮牙子，不仅一样会达到焦香的效果，而且因为肉类油脂的渗入，往往比肉本身还要美味。有一位老兄就曾说起，他当年常去乌鲁木齐市的某家烤肉店吃烤肉，每次都要求店老板将这种垫肉的皮牙子给自己铲上一大盘，大快朵颐。只不过，后来这家店大约是为了节省成本，烤肉下面不再垫放皮牙子，这位老兄也因此丧失了再光顾这家店的欲望。从这个角度说，这位老兄与其说是去这家店吃肉，还不如说就是去吃垫在肉下的皮牙子。新疆人对皮牙子事实上已经不仅仅是感情深厚了，而是基本到了走火入魔的程度。比如红酒泡皮牙子这种结合，据说能够降血压降血脂，因此在新疆很是风靡，只不过以前只是存在于私下的家庭炮制之中，而后来，我终于见到了一款新疆本土的红酒，名字就叫皮牙子红酒，酒标上也赫然印着一个完整的皮牙子和半个切开的皮牙子。虽然酒中没有皮牙子的固形物，但是一入口，顿时便感受到浓烈而亲切的皮牙子味，直透肺腑，绝对不会让人怀疑这款皮牙子红酒的真材实料。

以往，一个人如果对着一桌子肉，推辞自己因为血脂高之类无法享用的时候，新疆人会说："么四，吃航几个皮牙子，撒麻达都么有了(没事，吃上几片皮牙子，啥问题都没有了)。"而如今，如果你面对一个新疆人说自己喝不了酒，那么新疆人会拿出一瓶皮牙子酒放到你面前："么四，喝这个酒，一点麻达都么有。"

反正在新疆，只要有了皮牙子保驾，就可以放心大胆地在大口吃肉的道路上狂奔，无往而不利，所向而披靡。

★延伸阅读:世界的洋葱

要说离不开洋葱,那么显然西方人更胜一筹。在西餐中,洋葱的身影随处可见,比较常见的是用切碎的洋葱煸炒炝锅,或者凉拌成沙拉、做汤、油炸甚至是作为菜品的装饰,等等。

现代的考古证明,洋葱起源于五千多年前的两河流域,那时候的美索不达米亚人,便将洋葱当作神圣的蔬菜,能种植在圣殿周围的蔬菜,只有洋葱。

古埃及时期的人们同样将洋葱奉为圣品,在绘画、雕塑中屡屡与法老共同出现。事实上木乃伊的制作就离不开洋葱,不仅缠绕尸体的绷带要用洋葱汁浸泡,还要在木乃伊的多个部位放置腌制过的洋葱。

而洋葱在古埃及甚至曾被当作货币,用于支付奴隶们建造金字塔的报酬。古埃及人认为洋葱能够快速恢复体力,这个传统一直延续到了古希腊竞技赛场上和古罗马斗兽场内,当时的人们不仅大吃洋葱,甚至还以洋葱涂抹全身进行按摩,希冀以此来增强力量。

中世纪的欧洲,洋葱成了医生们包治百病的良药。在欧洲黑死病(鼠疫)爆发之后,虽然当时的人并不知道疫情产生的原因,但有人还是将切开的洋葱挂满房间,甚至用切碎的洋葱和草药涂抹全身,以此来躲避黑死病的降临。

用洋葱来治疗疾病的传统即使在近代也一样存在。在美国南北战争中,军队就使用洋葱治疗士兵们的枪伤。后来成为美国第十八任总统的北军将领格兰特,便曾在开战前向华盛顿总部发去电报,声称“没有洋葱,我就不会让军队前进半步”,而这个问题终于在华盛顿方面火速运来了三大车洋葱后而圆满解决。

风

FENG WEI

味

不可替代的食物:馕

馕,或者按照新疆汉族人的叫法“馕饼子”,逐渐为全国人民群众所了解也是近二三十年的事。但至少在唐代,馕肯定就已经成为当地民众的一种日常食物了。因为在吐鲁番市,曾在墓葬中出土过两千年前的馕,和现在的馕一模一样。两千年前还是西汉时期,而唐代从唐高祖李渊太原起兵算起,到今天还不到一千四百年。

我有个小伙伴,曾经考导游资格证,考试内容中就有这个两千年前的馕,小伙伴对我说,老师告诉他们,介绍到馕的时候,一定要提一下这个两千年前的馕。

不过后来新疆的媒体又不断地报道:新疆的东疆、南疆地区纷纷出土了两千五百年前的馕,甚至三千年前的馕,等等,但对于此似乎一直都有争议。

我倒是从未去博物馆参观过这些个陈年老馕,因为我更感兴趣的是胡饼和馕是什么关系的问题。

一般认为,胡饼就是馕在传入中原地区之后的叫法。纵观汉唐,关于胡饼的记载随处可见。东汉刘熙在他的《释名》一书中记载:“胡饼作之大漫冱也,亦言以胡麻著上也。”就基本可以确定“胡饼”为馕。所谓“冱”有闭塞之意,“漫冱”则有着整体闭塞的意思,新疆人一看就懂,这不就是描述的“馕边子”吗? 一个标准的馕,就是中间薄,而外围一圈厚,所以新疆人会将发福的腹部称为“馕边子”。

但一直以来,我还是有些怀疑,一些史书上所说的“胡饼”已不再完全是今天意义上的馕。道理也很简单,无论什么食物,只要在别处流行得久了,

就必定会向着当地的饮食习惯靠拢，因而发生改变。更可能的是，胡饼在中原等地区经过几百年的流行，已经逐渐成为其他的品种，比如芝麻烧饼这样的，已经很难看出原来的馕的模样。

这也就解释了为什么从汉唐时期就吃的馕，到了近代竟然除了新疆没有几个别的省份的人认识。不仅民国时期到新疆的学者们没见过，甚至改革开放前的其他省份的人也大都没见过馕这种食物。

至于有人认为玄奘西行取经带着胡饼，因而将胡饼传到了新疆，成为后来的馕，则更是无稽之谈了。这一方面是因为新疆两千年前的馕和今天的别无二致；另一方面，从新疆往西的大片区域，千百年来生活在这里的人们都吃着馕，馕是中亚、西亚一带的主要日常食品。

曾经看到一篇当年上海知青的回忆文章，就提到当时知青们来新疆，上汽车前，就先是一人给发了一个馕，结果许多上海知青们第一次根本吃不惯，很多人吃了一口就扔下了车，害得后面车上的干部们不停地下车捡馕。

常能听到一些外地人说自己不喜欢吃馕。除去食材制约的因素，我觉得一个重要的原因，大约是没有吃过刚刚烤出来的馕。当一个馕从馕坑中烤熟拿出的那一刻，所呈现的是最为诱人的状态，如果说一个馕也有“一生”的话，那么无疑这一刻是馕的“一生”中最为光彩照人、充满活力的时刻。刚刚烤制出来的馕不仅口感酥软，而且在温度的作用下散发着浓郁的麦香，有着沁人心脾的力量。

所以对一个标准的新疆人来说，往往是买了一个刚出馕坑的热馕打算带回家，但就是忍不住这种诱惑，边走边撕着吃，等到了家门口才发现手中的热馕早已在不知不觉中被消灭殆尽——这种事儿，在新疆人的日常生活中，稀松平常。

当然，馕最大的特点之一就是耐存储，因而对于新疆人来说，大多数情况下所吃的，还是放凉了的馕。然而馕的神奇之处就在这里，无论是在水中泡还是在火上烤，一个干硬的馕立刻便会向酥软的状态恢复，虽然不会恢复得跟刚出炉一样，但是恢复个六七成还是大抵可以的，这就像是一个馕在沉睡中被叫醒，重新充满了活力。这也正是新疆人离不开馕的重要原因，基本

上，我还没有见到不喜欢馕的新疆人，至少没有见到过抵触的。

馕是用馕坑进行烤制，制作馕有馕戳子、馕托、馕钩等专门的工具。馕坑，是用土坯垒成，倒扣如水缸状的烤炉，高1米左右。传统砌馕坑的土坯，用羊毛和泥土做成，当然偶尔也有砖砌的馕坑或者方形的馕坑，馕坑底部放有炭火，馕就是一个个贴在馕坑壁上烤熟的。馕戳子，也叫馕针，形状宛如一个大号的印章，而这个印章上则按照同心圆排列着几圈铁针，用于在馕上扎出小孔，馕上那些一圈圈花纹便是用馕戳子扎出来的。这一方面起着美观的作用，但更重要的是让馕在烤制过程中透气，不至于胀裂。馕托，是用木头制作，再蒙上一层布，用于将生馕坯反贴在上面，然后托着将其贴到馕坑壁上烤熟。至于馕钩，则是待馕烤熟后将其钩出。

新疆人将烤馕称为“打馕”，通常来说，打馕的动作行云流水、一气呵成，打馕的伙计会动作麻利地将生馕坯贴在馕托上，然后凑近馕坑，一探身，一伸手，一个馕就稳稳地贴在了馕坑中。

曾有外地朋友看到打馕的视频，颇为担心人在往馕坑里贴馕的时候会不会栽到馕坑里去。其实对一个打馕熟练的人来说，要的就是这种节奏，栽是栽不下去的。

事实上，新疆的烤包子也是通过馕坑来烤制的。不仅如此，真正的馕坑肉也是用铁架子挂上大块的连骨羊肉，放入馕坑中焖烤，要的也是馕坑中封闭在内的热量，当然也可以用馕坑烤鸡、烤土豆等一切可烤之物。

在以前商品经济不发达的时候，新疆之外的省份基本没有维吾尔族餐馆，因而去外地的维吾尔族人吃饭就很成问题，解决方法就是背一大袋馕。如果你记得曾经和田有个库尔班大叔要骑着毛驴上北京看望毛主席的故

事，那么你就应该注意到，当时他骑着的毛驴上就是驮了一大袋馕。当然他最后是坐飞机去的，也不用再背馕。但更多的普通维吾尔族人以往如果要出远门还是要背馕的。

正因为馕在新疆的地位，所以和羊肉所面临的情况一样，新疆人通常都会坚持认为，只有自己所在地烤出来的馕才是最好的。加入这场“只有我们这里的馕最好”的大混战，包括但不限于和田地区、喀什地区、巴音郭楞蒙古自治州的尉犁、阿克苏地区的库车、吐鲁番市的托克逊等地方。

事实上馕的种类非常多，从材质上区分，有加糖的、加牛奶鸡蛋的、加肉的，从形状上说有大得像车轮的，也有小得像核桃的，有薄的，有厚的，等等，当然每个也都有相应的名字，不过我一一写出来估计大家也记不住这些维吾尔语名字，对于新疆的汉族人来说，一般将最常吃的馕区分为三种：干馕、油馕和窝窝馕。所谓“干馕”也被叫作“皮条馕”，是最为常见的，也是最为大众化的一种馕。而油馕只不过是在干馕上刷了清油再烤，这种馕如今似乎更针对外地人的口味，往往作为礼品，但本地人则较少吃。我本人也不大喜欢油馕，其口感太松垮，而且没有干馕特殊的香味，整个都被清油的味道遮盖了。至于窝窝馕，和窝囊没关系，只是较厚，尺寸也略小，馕的正中有一个孔，看起来像是一个窝，因而得名。

除了上述几种馕外，常见的还有大过面盆的库车馕、小如饼干的托喀西馕以及和披萨异曲同工的肉馕等。

库车馕薄且大，通常直径约60厘米，刚烤出时就如面饼一般柔软，而放凉后，则轻触即碎，十分酥脆。我吃过尉犁的小如饼干的托喀西馕，这种馕非常耐储存，基本一点水分都没有。曾经有一次我进深山探路，因为遇到雪豹，所以比预期晚出来了一天，食物耗尽，最后就是靠着一把冰糖和几个这种尉犁小馕走出来的。至于肉馕，乌鲁木齐就有不少店铺做得很不错，有大有小，基本上就是一种披萨。事实上，新疆一直就有带馅的馕，而且不仅仅带的是肉馅，这其中最著名的，应该是源自和田的玫瑰花酱馕，就是一个玫瑰花酱馅饼，完全使馕成为一道甜点。不过现在随着商品经济的发展，各种带馅或不带馅的馕争奇斗艳，我就吃过藿香酱馅的馕，与玫瑰花酱馕类似，

也是甜的，只不过带了一种草药的味道，其实藿香酱一直以来在南疆都会被抹在馕上吃。除此之外，还有四川麻辣口味的辣皮子馕以及巴旦木馕、荞麦馕、奶油馕、鹰嘴豆馕、红枣馕等。

以前，维吾尔族人除了会用高粱面、苞谷面做馕之外，还会用沙枣做馕。不过到了今天，高粱面馕和苞谷面馕都成为都市人保健养生的新宠，偶尔会买几个换换胃口。至于沙枣馕，我却一直未曾吃过。想必沙枣这玩意儿虽然香气浓郁，入口甘甜，但却颗粒粗糙，几无水分，口感犹如嚼沙，做成馕大概很难下咽吧。

很多新疆人都对馕有着自己的记忆，而我对馕最为深刻的一次感受则发生在吐鲁番的托克逊县。

托克逊的馕，或者准确地说是托克逊县克尔碱镇的馕，大都状如一个厚实的面饼，色泽浅褐，看起来相貌朴实，敦厚内敛。

有一年，我曾前往克尔碱镇的田光地村，认认真真吃了一顿那里的馕。

其实直到现在我也搞不清这个村到底是叫"田光地"还是"天光地"，因为我看到的路牌标示和地图上，似乎这两种写法都在用。这个村子隐藏在天山南麓的沟谷之中，从克尔碱镇往村里走，几十公里的道路都是在山谷间蜿蜒，荒无人烟，沿途倒是常能看到"三线建设"时期留下的建筑。然后便忽然会在眼前跳出来这么一个村庄，水流湍急，绿树成荫，农田和房屋整齐地排列着，完全是一个世外桃源的意境。而让我印象最为深刻的，则是这个村子的水全部来自村北的山泉，而且与众不同的是，这股山泉是从山前一片干涸的戈壁之中汩汩而出，清澈甘甜。这些水来自天山的冰川，融化后渗入地下，在这里又露出了地面。这就是说，制作田光地馕使用的就是这股山泉。

田光地是一个维吾尔族聚居村，据说最初的时候，有

一户维吾尔族人发现了这里的山泉，于此开荒种地，并逐渐形成了村落。

那次我去田光地，时至中午，于是便在村子里的学校用餐。在这个小小的村落中，这个只有十来个学生的学校十分醒目，我与同行的伙计们围坐在一间屋子的炕上，当地村民端上来的就是一堆馕和馓子，外加一大盆奶茶，再无其他。

那是一顿别致的午餐，简约而朴素。然而就着奶茶，却让我真正体验了一次馕的味道。在奶茶的搭配下，馕变得香软，咀嚼之中麦香里透出淡淡的酸味，而奶茶也在馕的作用下变得滋味醇厚，让人欲罢不能。于是我发现，这么多年来，我似乎都没有认真品尝过一个馕的味道，这样一顿简约而朴素的午餐，让人在一刹那会产生远离人世喧嚣诱惑的念头，正是因为这样的简约和朴素，才能让我静下心来尝出那些在平日里被忽视的味道。那顿饭，几乎让我马上就要达到了悟道的境界，只不过，这个状态只是持续到了晚饭，便在大盘的托克逊蒸黑羊肉中烟消云散了。

大约对外地人来说，不管馕再怎么特别，看起来就是饼子。

但饼也好，面包也罢，对维吾尔等民族来说，馕是不能浪费的。在新疆很多地方只要稍微注意一下就会发现，一些窗台之类的高处，往往会见到一些残碎的馕块，有些一看就是放了很长时间，或者沾上了泥土。这是做什么用的呢？其实，这来自维吾尔族人的一个传统，看到地上有馕——当然也包

括馒头之类的，总之只要是粮食——都要捡起来放在高处。

有一次，我的女儿顽皮，将几块这样的馕给弄到了地上，我立刻勒令她捡起来。女儿说："都这么脏了，还捡起来干啥？"

我说："你知道维吾尔族人为什么要这么做吗？因为即使再脏的馕，对于饥饿的人也是能救命的，就算最后喂了鸟也不算浪费。更重要的是，粮食，绝不能在地上被践踏。"

★延伸阅读：新疆的沙枣

沙枣别名银柳、刺柳、香柳、桂香柳等，胡颓子科，胡颓子属，是在新疆广泛分布的一种古老树种。在我国西北地区、华北和东北的部分地区，国外的俄罗斯、伊朗、哈萨克斯坦及部分欧洲国家和地区也有分布。

新疆的沙枣共有沙枣、东方沙枣和尖果沙枣三种。

尖果沙枣果实较小，因而也被称作"小沙枣"，国内仅新疆境内分布，维吾尔语称其为"喀喀吉克德"，意为乌鸦沙枣，因其果小肉薄，只有乌鸦取食而得名。

东方沙枣相较尖果沙枣则果大肉厚，形状椭圆，果实呈栗红色或黄色，在新疆主要分布于南疆的墨玉、和田等地。所谓的沙枣馕，即以东方沙枣为原料，因此也被称为"馕沙枣"。

无论何种沙枣，虽然成熟后的果实都十分甘甜，但却几无水分，入口绵、沙、涩，从这个角度上讲，其名沙枣，倒也名副其实。

沙枣的另一显著特点是花开极香，香气浓郁而甜美，花朵呈淡黄色或银白色。

沙枣树具有耐旱、耐高温、耐盐碱和耐瘠薄的特点，因而被视作坚毅的象征，常被人工种植，用于防风固沙。

在今天的新疆，沙枣已成为一种保健食品被销往全国，一般认为，沙枣具有健脾胃、安神、镇静、止泻涩肠的功用，主治脾胃虚弱、消化不良，对治疗腹泻颇有功效。

一个馕的古典主义、浪漫主义、女权主义及后现代主义的吃法

对于一个新疆人来说，几十年前的影视作品里几乎是见不到馕这种东西的，所以当年86版《西游记》，在火焰山"三调芭蕉扇"那一集里，土地公公孝敬师徒四人的斋饭，便是一叠馕，这很是让新疆人感到亲切和振奋。不像今天，馕的身影在影视作品中出现得要频繁得多。

按照汉文化的思路来看，馕无疑就是一种饼，但若按照西方的思维来看，馕的本质上，是一种面包。所以我们会发现，从20世纪初直到21世纪初的西方人，在新疆遇到馕的时候，都会说这是当地的面包，这一度让我怀疑西方人是不是没有"饼"的概念，而是将一切面团制作的食物都当作面包。

之所以大家在馕的认识上有这个差别，我觉得主要有两个原因。第一个原因是，我们最常见的馕都是饼状，所以在很多时候干脆就将馕称为"馕饼子"，但事实上馕的形状五花八门，比如窝窝馕，感官上就更像是一个中国人概念中的面包。第二个原因是，馕在波斯语中的意思就是面包。无论是波斯人，还是欧洲人，固然不是将所有面点类食物都叫作面包，但无疑面包的概念范围要大，不像咱们中国人，馒头是馒头，包子是包子，花卷是花卷，发糕是发糕，分得细致入微。

但对新疆人来说，馕就是馕，无论是薄如煎饼，大如锅盖，还是厚如板砖，小如硬币，都是馕。在新疆人的餐饮中，馕毫无疑问是主力和一切食物的根基。到维吾尔、哈萨克等民族人家做客，先端上来的，就是一盘切开的馕，如果没有馕，就像是菜里没有盐一样，没有了根本。

在新疆，馕有着多样的吃法，大致归类一下，常见的有以下几种流派：

一是古典主义流派的传统吃法。

盐水蘸馕，大约是馕最为古典的一种吃法，散发着厚重和沉稳的气质。而在新疆一些民族的婚礼中，更是要给一对新人吃蘸了盐水的馕，这个环节的象征意义更为明显，馕和盐，是饮食的根本，从而也就代表着人生的根本，一辈子都不能离开。

据说以往新疆的一些基层民政部门，在调解维吾尔族夫妻离婚的时候，二话不说，先拿来一个馕，蘸上盐水，分给闹离婚的二人吃。这时候吃这个蘸了盐水的馕，当事人的心情是不是百感交集、峰回路转，外人不得而知，不过想来，回忆起结婚时的场景是一定的，至少能让一些气头上的小夫妻冷静下来，从而也为降低离婚率做了点贡献。

而汉文化的婚礼中，似乎就没有类似盐水蘸馕的这个环节，因而也就没有了这样一个追忆似水流年、感悟人生无常的方式，总不能再拿一个苹果悬在二人中间去咬。

与之相类似，早期馕的各种吃法中，大都坚守着古典主义传统，除了直接撕下一块往嘴里塞的低配版吃法，以及泡茯茶、奶茶的简约版吃法外，最常见的，也是最受欢迎的，则是在烤肉的时候“加工”一个馕。

烤肉，在新疆特指的就是烤羊肉串以及烤包含羊心、肝、肚、肠、脾、腰子、筋等部件的总称。而“加工”一个馕，也不是要把一个馕加工成一个披萨或者一顶帽子，而是在烤肉的时候，在肉串上覆盖着馕，一方面加热馕，一方面使馕吸取肉中渗出的部分油脂，其后如烤肉般依葫芦画瓢，给馕撒上辣椒面、孜然，一个加工好的馕，便大功告成。

新疆的烤肉摊子上基本上都会有馕，一般情况下，顾客会在高喊“来二十串烤肉”之后，再荡气回肠地来一句：“老板，再加工个馕。”

这样加工出来的馕，既吸取了肉的鲜香，又具有原本的麦香，二者在炭火的烘烤下融为一体，浑然天成。同时馕上吸附的油脂又使得馕在酥软中，具有了油润的滋味，而且因为调料的缘故，吃起来层次分明。此时可以单吃馕，也可以佐以烤肉。当然，正常情况下，“加工”馕佐以烤肉，吃起来味觉上

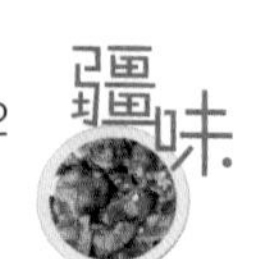

就更为丰富，烤肉的细嫩配着馕的柔韧，相得益彰，可以说，一次缺少了“加工馕”的烤肉，是不完整和不彻底的。

有些人为了让更多的油脂渗入馕中，还会将烤好的羊肉串放在馕中间，然后将馕对折，用力挤压，这样羊肉串的油脂就会被挤出渗入馕中。但是我倒是不喜欢这种做法，因为这样挤压过的羊肉串，会失去太多的油脂，吃起来口感会受到影响，并且看起来也像失去了光泽的美玉。

不过要说明的是，配烤肉的“加工馕”，第一不能是油馕，而是新疆人俗称的“干馕”或“皮条馕”。油馕由于在烤制过程中加了很多清油的缘故，虽然光亮金黄，卖相喜人，但过于酥软，且吸收烤肉的油脂有限，因而并不适合。第二则必须是薄饼状的馕，也就是最常见的那种形状。窝窝馕那样的，就根本没有上述的效果。

与烤肉配馕相似的，是用烤全羊配馕，道理差不多，只不过烤全羊没法对馕进行这种简易的“加工”。

除了烤肉配馕，馕包肉也是一种具有浓烈古典主义气质的美食。

所谓“馕包肉”，简单地说，就是馕配以红烧羊肉或者清炖羊肉，通常在

炖着一大锅羊肉的上面，盖上一圈馕，让馕吸足炖肉的香气，同时变得柔软。吃起来时将羊肉盛在馕上，一口大块羊肉，一口吸满了汤汁的馕，更具有正餐的模样。

在以前大家都在过穷日子的时候，烤肉配馕或者馕包肉固然美味，但太过奢侈，因而更多和馕的搭配，不是肉，而是水果。好在新疆本身就是瓜果之乡，这一点得天独厚，不过细想一下，也许很可能是因为新疆盛产水果是因，馕配水果的吃法才是果。

新疆的水果虽然众多，但好像最常就着馕吃的，应该是葡萄、杏子和西瓜、甜瓜。这四样水果都有两个共同的特征：一是在新疆栽种得都比较普遍；二是都属于口感绵软、汁水充盈的类别。很多时候，新疆人端着一个馕，上面放一把杏子或者一串葡萄，就是一顿甜蜜而简约的饭，馕上的盐分与水果的糖分搭配在一起，会有一种特有的鲜味。西瓜与甜瓜也一样，半个瓜配上一个或半个馕，往往是越吃味道越好，有着清甜、鲜香的味道。甜瓜，一般来说，大都指人们所说的哈密瓜，只不过在新疆，哈密瓜只是甜瓜的一种罢了，在维吾尔语里以前也没有“哈密瓜”这个词，一律都是被称为“甜瓜”。

鲜果能够搭配馕，干果也一样。

新疆的干果种类也多，不过名头最为响亮，产量也最为庞大的，还是葡萄干。但是用馕搭配什么葡萄干也有讲究。

新疆的葡萄有好几百种，仅吐鲁番一地据说就有五百多种葡萄，除去酿酒专用的之外，常吃的葡萄也不下几十种，葡萄干的种类自然也就随之五花八门。大家最熟悉的，则是无核白制成的黄绿色的葡萄干，但如果配馕的话，这种主流葡萄干却并非最佳之选。

葡萄干配馕的心得是：一定要用红葡萄干，味道才能达到最佳。按照新疆人的说法：配一把红葡萄干，最后再加一把核桃仁，那滋味，攒劲得很。

对于这一点，我觉得之所以馕要配红葡萄干，大约是红葡萄干相对于绿葡萄干，果香味更为浓郁和厚重；而配核桃仁则比较好理解，需要的是核桃油脂的芳香。

二是浪漫主义流派吃法。

馕在新疆养育了一代又一代人，这些古典主义的吃法也代代相传。到了当代，馕的各种吃法，在传统的基础上花样翻新，最终在餐饮文化中得以发扬光大，在浪漫主义以及后现代主义的道路上一路狂奔。

馕的浪漫主义吃法，也可以将其称为“新古典主义”，主要特点是承接古典主义的吃法，推陈出新，承上启下，其中最具影响力的，首推大盘鸡。

最初的大盘鸡，并没有馕什么事儿，主食就是在将鸡肉和土豆吃得差不多时盖上的皮带面，拌着吃。

随着大盘鸡的迅速蹿红，各式各样的大盘鸡也就应运而生，最终，在大盘鸡下面垫馕的吃法从多种吃法中脱颖而出，与拌面大盘鸡、干煸大盘鸡一道，三雄并立。大盘鸡下面之所以垫馕，道理很简单，就是用馕吸足大盘鸡的汤汁。因为拌面本身就需要汤汁，因而垫馕的吃法只不过是把本应拌面的汤汁，转移到了馕中。

无论是馕、面包还是馒头，特点都是能够大量地吸收汤汁，因此吸足了大盘鸡汤汁的馕顿时华丽变身，大盘鸡的鲜、香、麻、辣，依附于充满嚼劲的馕上，将大盘鸡的精华之味融于一身。相比之下，在吸取各种配料滋味这一点上，馕肯定是比鸡肉更有优势，更易入味，理所当然便成为新疆人的最爱。

正因为馕既能吸味，又具有口感，因而馕在新疆差不多快成了一道食材，往往见于一些炒菜之中，比如用馕来炒烤肉。而更常见的一种，则是用馕来炒卷心菜，亦即莲花白或包包菜。用馕来炒卷心菜，重点在于卷心菜要炒得脆，而馕则有着韧性，这样吃起来，形成互补。而用馕炒肉——基本是羊肉，偶有牛

肉——则刚好相反，馕要先用油炸过，这样炒出来，馕的口感酥软，用以搭配和衬托肉的细嫩。

毫无疑问，当馕成为一种食材之后，便显示出了百变的特性，可韧可酥，可君可臣，既能吸收其他食材之味，又能保持自身独有的麦香，完全是食材界的典范。

而随着麻辣香锅在新疆的落地生根，馕自然而然便成为其中的主力食材之一。麻辣香锅本身就是各种食材的随性搭配，对新疆人来说，各种食材的搭配中，怎么能没有馕呢？

三是后现代主义吃法。

美食的发展就是一部融会的历史，而馕的吃法，毫无疑问也会在这种融会中滚滚向前。炒米粉与馕的搭配，大约是最为典型的。

而所谓“新疆炒米粉”，本身也是融会的产物。

炒米粉在全国有着多种流派，新疆炒米粉，米粉有筷子粗细，口感讲究的是筋道弹牙，风格则走的是酱香辛辣路线。换句话说，一份炒米粉中凸显的是豆瓣酱与辣椒的味道，一入口腔就是“暴走”的感觉。没有吃过的同学可以自行脑补一下豆瓣酱加辣椒，然后爆炒肉片与芹菜是什么味道，就能大致勾勒出新疆炒米粉的本质特征。因此，新疆炒米粉无论从外观还是本质，都属于厚重浓烈的系列。

简单地说，新疆炒米粉就是用新疆炒面的方式来爆炒米粉，有着浓稠辛香的酱汁。

最初的新疆炒米粉也没有馕什么事儿，但新疆炒米粉在二三十年的成长过程中，逐渐微调，馕在这个过程中被部分炒米粉店引进，逐渐成为新疆炒米粉的一个组成部分，这还是因为新疆炒

米粉有着丰富的酱汁。

然而有酱汁的美食千千万万，为什么只有新疆炒米粉会青睐于馕，组成了崭新组合呢？

如果进一步分析，我们就会发现，主要的原因大概在于，新疆炒米粉的酱汁为了能够使筷子般粗细的米粉入味，再加上新疆人的喜好，味道很重，往往吃完了米粉和配菜，碗底还会有一层酱汁，弃之可惜，食之又咸辣油腻，而馕恰好能够完美地解决这一点，将馕浸泡入米粉中，酱汁便会被大量吸收，这个道理与大盘鸡垫馕一样。而馕韧性的口感，与米粉Q弹的口感更是形成了最为极端的对比，让人在唇齿间有着截然不同又相得益彰的感觉。

在这一点上，馕的吃法其实与吃新疆黄面（凉面）时，将馕浸入汤汁中的古典主义吃法相同，只不过调配黄面的汤汁是酸辣的而已。从这个角度说，新疆炒米粉配馕是在继承了古典主义与浪漫主义吃法基础上的一次迈进。

如果说无论是大盘鸡垫馕、黄面配馕、馕包肉或者炒米粉配馕，都是利用馕来吸收主料的汤汁、酱汁，从而提升味觉、丰富口感的话，披萨馕则是开创了另一条后现代主义的道路。

披萨馕，跟字面意思一样，就是用馕来制作披萨，当然，它还有一个接地气的名字——“打卤馕”。

事实上，相声演员岳云鹏曾在相声里正儿八经地将披萨戏谑为“打卤馕”，本质上是没有错的，反而是在不经意间道出了馕的本质。

所谓“披萨”，不过就是将馅儿放在面包上烘烤，而我们已经知道，馕，其实本身就是一种面包，因而用馕来制作披萨，也算是回归本质。

新疆最早用馕来制作披萨的，应该是一家本土的快餐连锁店。在仿照“金拱门”“开封菜”一样销售汉堡、可乐、炸鸡腿的同时，推出了这款本土披萨，依稀记得好像是分为“西域烈焰”“楼兰盛装”两款，区别也就是一个辣一个不辣。这个时间，远远早于春节相声里的“打卤馕”。

其实在传统的馕家族里，在馕上放肉一同烘烤的品种古已有之，维吾尔语称之为“阔西馕”和“阔西格吉达馕”，汉语则干脆直接称之为“肉馕”，基本就是简配版的披萨，只不过没有起司那样的玩意儿罢了。而现今的披萨馕，则在配料上完全朝披萨看齐，馕本身也更为酥软。

披萨馕可以说是峰回路转，折回到了源头上寻找灵感。而火锅涮馕，则完全就是另辟蹊径，以猝不及防的方式将火锅与馕进行了混搭。

在新疆的一些火锅店、串串店里，被切成锐角三角形的馕，俨然就是一道涮菜。其实仔细想想，馕既然能够用来吸收汤汁，可以用来炒菜，那为什么不能涮火锅呢？而用火锅涮过的馕，在尽收火锅五味之后，依然能够保持厚重和韧性的嚼劲，再蘸上蘸料，不仅一下甩了面筋、油条这样的好几道街，更是一举而集合了“吸汁馕”“炒菜馕”“加工馕”于一身，成为绝妙的组合。

四是馕的女权主义吃法。

没错，馕在美食融合的道路上一路狂奔，越来越多地演化出针对女性的吃法，展现出了强烈的性别属性。比如切成条块状后油炸的吃法。本质上，这种炸至金黄酥脆，再撒上大量辣椒面、孜然等调料的吃法，已经完全使得馕成为一种零食，且深得女性喜欢，比炒米粉中加入馕这种吃法指向女性消费群体的目标更为明确。我的意思是，我几乎没有见过一个男性专门去吃这种已变身为零食的馕，事实上正是因为大量年轻女性对这种吃法的热爱，催生了这种吃法的普及。至少在今天乌鲁木齐的大街小巷，每一间馕店里，几乎都有这种油炸的“零食馕”。

但馕在根据女性食客喜好变异的道路上，依然没有停止的迹象。比如还有一种馕的吃法是用刷满辣椒酱的馕夹着烤面筋来吃。

烤面筋是西北地区近年来常见的一种小吃，将如火腿肠般的面筋螺旋切开，但整体相连，放在炭火上烧烤，撒上

大量的辣椒面、孜然，但显然很多人依然觉得这样吃不过瘾，因此再将一个馕刷满辣椒酱，将同样辛辣的烤面筋夹入其中吃。在这种吃法中，已经完全看不出馕的本色，感觉完全是一片红红的辣酱饼夹裹着一个红红的辣酱肠。而这种吃法的主力军，正是新疆的年轻女性——当然，我并不完全排除也一样有男性或者非年轻女性钟情于这种吃法。

馕的吃法，在百花齐放的道路上一往无前，时至今日，看起来仍然没有丝毫要停下来的意思。总而言之，只要你在新疆，就总会有一款馕适合你。

★延伸阅读：新疆的小麦

一般认为小麦原产于北非或者西亚一带，大约在一万年前，人类就驯化了小麦，使其成为人类最早种植的粮食作物。而最早发现中国小麦的遗址，则是在新疆的孔雀河流域。考古人员在楼兰的小河墓地中就发现了四千年前的碳化小麦。相比之下，我国出土的小麦最早年代为三千多年前的商中期或晚期。而小麦的普及种植，则应该是在汉代以后。

新疆属干旱半干旱荒漠绿洲灌溉农业生态区，光热资源十分丰富，全年的日照时间高达3000个小时以上，非常适宜种植从强筋到中弱筋各类优质小麦；同时新疆的小麦一年只种一季，有着超长的生长周期，新疆夏季干旱炎热，昼夜温差大，6月降水稀少，有利于小麦生长灌浆。由于新疆的小麦生长期长，灌浆充足，结成的籽粒饱满，小麦蛋白质含量高达15%，湿面筋的含量接近40%，因而在口感上也更为筋道和醇香。目前，新疆是世界上少有的优质小麦产区，也是我国西北重要的小麦产区。

在新疆人的认知中，只有新疆小麦所磨出的面粉，才能做出地道的馕和拌面。正因为如此，很多在外地的新疆人，往往会想方设法从新疆托运整袋的面粉用以制作面食。而新疆的馕，正是因为依托了新疆的优质小麦，才会有独具特色的香甜和口感。

拌面:新疆人的胃口

如果要说新疆最为日常,也是最具代表性的饭,毫无疑问是拌面,或者,也可以叫作“拉条子”。

从北疆到南疆,新疆的大街小巷,最多的馆子就是拌面馆子,对于一个新疆人来说,没有什么东西能够代替拌面。新疆人的胃,差不多就是拌面的胃。如果一个新疆人离开了新疆——哪怕只是七八十来天,对新疆无比的思念,其实在相当程度上就是对拌面的思念。这也就是为什么很多新疆人只要从外地回来,十有八九就会先来一份扎扎实实的拌面的原因。

只有当一盘正宗的拌面下肚,一个新疆人才会元神归位,和新疆的一切同步。

然而就是这个有着不可撼动地位的拌面,在新疆的历史却并不长。

从清代中期关于新疆饮食的各种记述中,均不见拌面的踪迹;清末民初之后,拌面始见于各类来疆文人的著述之中,但也远远比不上对馕和抓饭的记载多。

拌面也叫“拉条子”,实际上就是圆形的拉面,较通常的兰州牛肉面要粗,和陕西的棍棍面粗细差不多。在形质上,有着来自陕甘地区的明显传承。

拌面在维吾尔语中被称为“郎曼”,也被译写为“拉合曼”“兰格曼”等,但不管怎么“曼”,都是“拉面”二字的转音,从中也透露出拌面的渊源。

拌面中最为著名的是过油肉拌面,而过油肉则源自山西,是山西最著名

的传统菜肴之一。只不过新疆的过油肉虽然源自山西，但在主料上，则将山西所用的猪肉改为了羊肉或牛肉。另外过油肉在山西就是一道菜，而在新疆，却主要是被用来拌面。

一般认为，过油肉之所以一路向西来到新疆，改头换面落地生根，是因为清末民初晋商在新疆的活动，带来了过油肉。也有人认为过油肉拌面在新疆发轫于1916年，山西大厨在新疆奇台县开设的饭庄“同义园”，这家饭庄，在1960年改为公私合营的奇台饭店。

但不管哪一种说法，认为过油肉在新疆最初出现在奇台这一点上，都是一致的。

位于新疆昌吉回族自治州东部的奇台，当年位于商道要冲，因而在整个清代，都是新疆的贸易重镇和商品集散地，被誉为“旱码头”“金奇台”“廛市之盛为边塞第一”。只是在1920年后商道变迁，方才逐渐凋敝。因此过油肉最早在奇台开枝散叶，倒也在情理之中。事实上直至今天，奇台的过油肉拌面依然是当地美食的招牌，被认为是最正宗的过油肉拌面。

不过拌面发展到今天，在新疆各地早已流派繁多，经过不断地融合改造，新疆拌面最终形成了自己的风格。新疆各地有着各自知名的拌面，除了奇台的过油肉拌面之外，还有着吐鲁番的托克逊拌面、伊犁的碎肉拌面、南疆的菜盖面等等，各具气质与风格，既豪爽大气，又沉稳内敛。

拌面通常有很多种菜可以选择，基本上什么时令蔬菜都能和羊肉同炒来拌面，不过最为常见的一般是辣椒、芹菜、蒜薹、小白菜、韭菜之类，统统和

羊肉一起爆炒，而价格最高的，则是过油肉——无非是这道拌面菜是以肉为主，滋味更为厚重——基本上在每个拌面馆子的菜单上，过油肉拌面都会被列在首位。当然如果你恰好吃素，也有炒土豆丝和西红柿炒鸡蛋这两种选择。不过要注意的是，在新疆，一般炒土豆丝都会是酸辣土豆丝，要放醋和少许辣椒，而西红柿炒鸡蛋，也必定会放入青辣椒，所以新疆人如果要点一个西红柿炒鸡蛋拌面，往往都会简称："来一个西辣蛋。"没错，西红柿、辣椒和鸡蛋，全疆如此，没有例外。

不过要说到辣，更为硬核一些的则是辣皮子拌面。所谓"辣皮子"，是新疆人对干辣椒的叫法，因此辣皮子拌面就是干辣椒拌面，将鲜红的干辣椒切碎，与肉片、洋葱等过油爆炒后即成，是嗜辣者的至爱。

拌面除了拌菜之外也可以单另加蛋，在拌面上盖一个煎鸡蛋，被称为"盖帽"，通常属于略显奢侈的吃法，因此有些馆子的所谓"豪华拌面"，就是直接给你"盖个帽"。

而只要是两个人以上吃拌面的话，也主要分为两种流派：一种就是完全在面中拌自己所点的菜；更多见的一种则是大家点不同的菜，然后将每种菜都拌入一部分。曾经我带着一位北京的朋友去乌鲁木齐的米东区吃拌面，朋友见我将每种菜都拌入一点，不由疑虑，大呼："这不是串味了吗？"旁边的一位伙计听后哈哈大笑，说："拌面就是要这么吃。"

按照这种吃法，自然共餐的人越多，菜品就会越丰富，你也完全可以选择多拌某个自己钟爱的菜或者不拌自己不喜欢的菜。

一般情况下，当一个新疆人点了一份拌面之后，一般都会一面在后堂炒

菜的喧嚣碰撞声，以及肉与菜混合的油烟弥漫中等待，一面则喝着茯茶、剥着就面的大蒜。有些人还喜欢将剥好的蒜瓣扔在茶碗里，美其名曰这样的茶更好喝，其实这最初只不过是觉得桌子不干净，没地方放蒜而想出的办法罢了。

拌面往往就在这样一种炽热而嘈杂的氛围中上桌，面条爽滑而筋道，拌面的菜则油重味厚，满满当当的一小碗菜在汤汁油水中，必须要达到溢出的视觉效果才算正宗。将菜倒在面上拌开，让每一根面条都吸上油汁，香浓四溢中，耳边充满着一片稀里呼噜的吃面声，痛快淋漓，虎虎生风。如果一盘面下肚还觉得意犹未尽，完全可以再豪气干云地冲老板来一句："加一个面。"

当然，所谓"加一个面"，不会是真的再加一份面的量，一般也就是一盘面的三分之一到二分之一，不过这没关系，在新疆，除了个别所谓的"高档拌面馆"之外，都能随意加面。

在新疆众多流派的拌面中，由于托克逊毗邻乌鲁木齐，因而托克逊拌面在乌鲁木齐的存在感要远胜于其他拌面，走在乌鲁木齐的街头巷尾，到处都能看见以托克逊命名的拌面馆子。不过对此奇台人显然打心底里不服，据说只要是以托克逊命名的拌面馆子在奇台根本开不下去，反过来也一样，在整个吐鲁番也绝不可能见到以奇台命名的拌面馆。

托克逊拌面之所以能够"称霸"乌鲁木齐，除了与乌鲁木齐相邻之外，更重要的原因是，托克逊恰好位于从乌鲁木齐前往南疆的交通要道之上，这一点，倒和曾经的奇台类似。

自古至今，托克逊都是乌鲁木齐通往南疆的驿站。当年左宗棠大军平定阿古柏之乱，拿下了托克逊后，就等于洞开了前往南疆的大门；而阿古柏的队伍也因为托克逊的丢失而军心涣散，乱作一团，很快便土崩瓦解。

在以前道路建设和商品经济都不发达的时候，从乌鲁木齐出发去南疆，通常都是在中午饭点的时候抵达托克逊，托克逊沿着312国道两侧的饭馆，由此依托道路而兴盛。对于当年跑长途的人来说，路途中用餐讲究的是油

水足、分量大，因而形成了托克逊拌面油重、量大、味厚的特点。直到今天，在托克逊路边的一些拌面馆，仍然保留了这个传统。曾经我和几个朋友在托克逊吃拌面，其中一位吃完面后，将面汤倒入碗中气定神闲地喝下——那基本上是半碗的油汤，令在场的人们钦佩不已。

曾经有那么几年，我基本上每年都会前往或者路过托克逊，而每一次在托克逊，毫无例外地都会吃那里的拌面——其实我倒并不是一个坚定的“拌面党”，但一般来说，即使一个新疆人不是“拌面党”，那么他的身边也一定都会围绕着几个狂热的拌面爱好者。因此我每次去托克逊或者路过那里时，同行的人大都会众志成城，下定决心要在托克逊吃一顿拌面。有时候从南疆往乌鲁木齐赶，哪怕错过了饭点，大家伙儿也会以不屈不挠的毅力强忍饥饿、满怀憧憬地硬撑到托克逊，就是为了吃这个县城的一盘拌面。

至少对于一个乌鲁木齐人来说，“托克逊”三个字就等于拌面，如果将拌面这一元素抽出，对很多乌鲁木齐人来说，托克逊几乎就只剩下了一个空泛的地名。

而事实上，今天的托克逊，因为拌面，也已经成为一座不折不扣的“拌面之城”。

小小的托克逊县城如今仅大小拌面馆就有400多家，直接从事拌面行业的人员就达到1500人以上，要知道，托克逊县城才只有2万多人口，光经营拌面生意的从业人数就占到了县城人口的6.8%，也就是说，十四五个人里面就有一个直接经营拌面生意的，这还不包括更多提供食材的人在内。

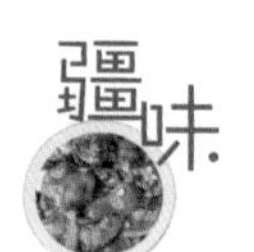

而且托克逊每年10月都会举办拌面节，各种拌面一争高下。因此说托克逊是一座“拌面之城”毫不夸张。

相比之下，奇台虽然早已失去了往日商品集散地的地位，但是对一个乌鲁木齐人来说，只要到了奇台，也是一样要吃一顿当地正宗的过油肉拌面。多年前和几位朋友去奇台，因为时间的关系，很多拌面馆子都没开张，但是大家在必须要吃一顿奇台过油肉拌面的信念支持下，几乎转遍了整个奇台县城，终于找到一家，一人来了一盘滋味浓郁的过油肉拌面，肉片鲜嫩入味，的确是名不虚传。

伊犁的碎肉拌面，最初在伊犁河畔的一家馆子吃过，但大约那家馆子外地人去得太多，味道并不怎么样，后来在伊犁和乌鲁木齐再次吃过，感觉就好了很多。碎肉拌面的特点就是将牛肉或羊肉切成丁与蔬菜同炒，吃起来各种食材更加入味。

“菜盖面”则是南疆很多地区对拌面的叫法，与拌面的面、菜分开上桌，菜有多种选择不同，菜盖面是直接将炒好的菜浇在面上，菜只有一种。而且南疆与北疆不同的是，一些地方的菜盖面是分大、中、小不同分量的，如果说你要的是一份普通分量的，那么就是大份，必须要有一个好胃口才能装得下。

其实乌鲁木齐作为新疆的首府与经济文化中心，各种拌面馆子林立，不乏出色的拌面，而有些出色的拌面馆子则往往隐藏在不起眼的角落，只有资深“拌面党”才会知道。我曾经就被人带着去过一个隐蔽的拌面馆，那地方差不多都已经是乌鲁木齐的郊区，而且连正儿八经的路都没有，位于一片破破烂烂的平房之间，远远地，就能见到土路两侧停满了各色私家车。进去一

看，几间低矮昏暗的平房内挤满了食客，很多人还没有座位，就站在饭桌旁等，一个个直勾勾地盯着将要吃完的食客——这种感觉，大约只有在几十年前商品经济不发达的时候才有。而那家馆子虽然也卖各种菜的拌面，但只有过油肉做得最为出色，其他菜的拌面完全就是个陪衬。事实上食客们也都是冲着他家的过油肉拌面来的。

闹市区里也一样有出名的拌面馆子，我曾经在乌鲁木齐四平路上就吃过一家的皮带面拌面，也是一样站满了等位子的人。他家的拌面不仅价格较其他拌面馆子的高出三分之一，而且拌面菜只有一种，因为这家店根本来不及做其他菜的拌面。我吃过一次，味道还是不错的，但却再也不想去光顾。我觉得吃饭是一种享受生活的过程，而在这样的馆子里吃饭，不仅要排队等待，半天也上不来饭菜，而且当你吃面的时候，一旁等位子的人虎视眈眈，感觉欠了人家很多钱，吃慢一点都不好意思，实在是影响胃口。

乌鲁木齐也有一夜爆红的拌面馆子，当时顶级的拌面280元一份。原本这家店生意平平，后来经过媒体报道，迅速蹿红，食客们纷至沓来。我吃过一次他家50元的过油肉拌面，虽然总体上味道、肉质、菜量也都不错，但感觉也并不比其他过油肉拌面出色的馆子惊艳多少。

我曾被别人请吃过大约是128元一份的羊腿肉拌面，据说所用的肉均来自羊腿，而这种做法是昌吉某地首创，在当地红得不得了，后来这家店花高薪挖来了昌吉的大厨，如法炮制。

当这份拌面上来后我一看，面基本上就是被埋在一大堆肉片中，吃起来除了肉多就是肉多，也没有什么特别，对我来说体验反而不怎么样。

位于乌鲁木齐和昌吉之间的米东区，原本是昌吉回族自治州的米泉县，后来划归乌鲁木齐市。一般来说，米东人大都对乌鲁木齐其他区县的拌面颇不以为意，认为米东区的拌面轻松甩乌鲁木齐其他区县几条街。事实上，米东区的拌面在整体水准上也的确高于乌鲁木齐其他区县，不乏出色的拌面馆子，因此我每次去米东区，可能的情况下都会吃当地的拌面。

一般来说，做拌面以回族人最为擅长，这也是米东区之所以有底气的原

因。但凡事都有例外,维吾尔族人也一样有引人注目的拌面馆子。

比如乌鲁木齐就有所谓“手搓拌面”,以领馆巷的维吾尔族拌面馆子所做的最为著名。

所谓“手搓拌面”,顾名思义不是拉面,而是用手将面剂子搓成长条后下锅而成,据说正宗的手搓拌面要搓六次。而因为是手搓,所以手搓拌面较其他拉面更硬、更瓷实,而且和面的时候盐也放得略多,面的口感较咸。

而这家手搓拌面的菜则是典型的南疆风味,或者说是维吾尔族风味的,菜中所炒的是小块带骨的羊肉而非肉片。虽然这家拌面馆食客如云,但我吃了一次,觉得在味道上也并不突出,应该就是手搓出来的拌面更具噱头吧。

曾经看到一个统计说,整个新疆大约有1600家各类拌面馆子,每天消费80万份拌面。按照一份拌面用100克面剂子推算,每天吃掉的拌面是80吨。这个数字来源于新疆两个专业机构的一份专题调研报告,不过我觉得这样的统计其实遗漏很大。因为很多热爱吃拌面的家庭显然不是拌面馆,因而也就不在这个统计之中,事实上的数字应该会更大。

无论这个统计数字是否准确,新疆人对拌面的热爱至少已在这一统计中表现得淋漓尽致。即使不见得所有新疆人都爱吃拌面,但作为一种典型的新疆味道,拌面的地位无可动摇。

★延伸阅读:奇台

历史上奇台曾隶属于迪化(即今乌鲁木齐市)府、迪化专区、乌鲁木齐专区,今天则是昌吉回族自治州的一个县,位于昌吉东部、天山北麓、准噶尔盆地南缘,东北部与蒙古国交界,距乌鲁木齐207公里。

对于奇台名称的来历,一般认为是“七台”的讹音,因为清乾隆年间在乌鲁木齐北路(迪化以东至木垒)设置台站,奇台为第七个。但在少数民族语言中,则将今天的奇台称为古城(Guqung),这是因为奇台虽然在清乾隆四十一年(1776年)设县,但在清光绪十五年(1889年),县治从靖远城迁往了今天的古城子,因而在少数民族语言中,依然将今天的奇台县城称为古城。而以前的靖远城,如今则被称为老奇台镇。

在整个清代,奇台(古城子)一直为新疆的贸易重镇和商品集散地,是到归化(今呼和浩特)、科布多(今属蒙古国)、哈密等地的交通要道,因此便有了“五路要冲之奇台”之说。津晋商人纷纷在此开栈设号,一时间商贾云集,各省会馆和同乡会达50多个,因此才有了“旱码头”“金奇台”“廛市之盛为边塞第一”的称誉,是为新疆商务的中枢。加之奇台为粮食种植大县,新疆东部“粮仓”,小麦尤为著名,因而奇台也成为新疆的美食集散地之一。今天在新疆最为普遍的拌面、过油肉等,最初都是发轫于奇台,进而遍布全疆。奇台的美食也成为新疆东部的典型代表。

一份有灵魂的韭菜拌面

虽然在新疆拌面有很多种，但我和王金华在吐鲁番第一次聊起美食的时候，就聊起了韭菜拌面。

那一天，金华坐在椅子上滔滔不绝地给我说起韭菜拌面的做法，当然，重点不是说怎么拉面，而是韭菜的炒法。

“吐鲁番的韭菜拌面，我一个都没看上。”金华说。

后来的几天，我一直跟着金华在吐鲁番寻找那些关于美食的老手艺和老味道，在这个过程中，也就不止一次地听到金华和别人交流韭菜拌面中韭菜的炒法。基本上，只要是和任何一个人聊起美食，金华都会毫无例外地要说说韭菜拌面，而且只要是一说起来韭菜拌面，金华立刻就会变得神采奕奕，眼神中洋溢着的，是坚定的自信以及对全体人类的殷切期望。

“很多人炒韭菜，喜欢放青椒、红椒。”金华说，“韭菜最怕什么？就是怕青椒、红椒，一放进去就压住了韭菜的味儿。”——通常来说，金华聊韭菜拌面的开篇，都是这样。

对于我来说，平常吃拌面的时候，其实是很少点韭菜拌面的，一般情况下，我这样的豪放派吃货都是点过油肉或者辣子肉拌面，所以对韭菜拌面并无什么特别的心得。唯有一次，曾在吐鲁番的托克逊县吃过一次韭菜拌面还有点印象。那一次是和一个户外队伍去那里的天山红河谷徒步，大家点了好几种菜来拌面，当然，菜上来后，我的注意力基本还是都在过油肉、辣子肉上，但是那份韭菜却炒得碧绿诱人，油光泛亮，所以便又忍不住在自己的

面里拌了点韭菜。一吃，韭香浓郁，鲜嫩可口，颇为不错——这大概是在我的吃货生涯中，对韭菜拌面屈指可数的一个记忆了，那份拌面的韭菜，倒也的确没有辱没托克逊拌面的盛名。

王金华是吐鲁番市的一位公职人员，不过他的另一层身份则是资深的美食鉴赏家、评论家和实践者，曾经担任过吐鲁番餐饮协会的副会长还是副秘书长之类的，也担任过托克逊拌面节的评委，是一个在美食方面坚定的理想主义者。

对于拌面，金华认为托克逊要远远好于高昌区，在高昌区，我唯一听过金华肯定过的是位于艾丁湖乡的一家拌面。但即使如此，那一天我和金华去这家拌面馆吃拌面时，金华还是对上来的韭菜拌面表示了内心小小的不满，问上菜的妹子："你们的大厨子换了吗？"

"在吐鲁番，有些人不管炒什么菜，都超爱放西红柿。"金华对我说，"而且炒韭菜还爱添水，韭菜一加水就完了。"

"为什么？"我问。

金华说："韭菜加了水就是臭的，你看为什么吃韭菜包子，在别人闻起来都是臭的，就是这个原因。一些人做拌面，炒的菜都是水煮菜，尤其是韭菜，加水煮出来，要颜色没颜色，要口感没口感。"

后来，我在高昌区柏孜克里克路上的某家拌面馆验证了金华所说的话，上来的韭菜拌面中的韭菜，完全是一盘黑乎乎、软塌塌的玩意儿，韭菜自身的味道几乎全无，吃起来像是在吃一盘草，甚至像是一盘用调料炒过的碎纸絮。

金华告诉我，他一直都在给很多人，包括拌面馆子，不厌其烦地讲述怎么才能炒出一盘合格的韭菜。

"但就是没人听。"每每讲到这里，金华都是哀其不幸、怒其不争的愤然，神色里透露出深深的悲凉。甚至有时候，如果在一家比较熟悉的馆子里，金华见到一份糟糕的韭菜拌面时，会立即把厨子从后堂叫出来，严肃认真地把厨子训斥一通："你是怎么炒的韭菜？讲了多少次都学不会?!"

不过这还算是温和的，据金华讲，他曾在某个乡镇管理食堂时，看到炒

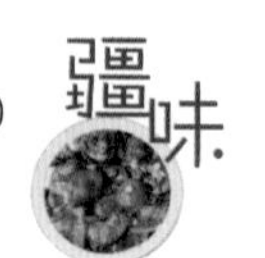

菜的小伙子在其多次谆谆教诲之后，仍然不思进取，把一盘韭菜炒得一塌糊涂，顿时气不打一处来，拿起炒勺就往小伙子头上敲：“就你这样还拜师学艺了多少年？一个炒韭菜都让你炒成这样？！”

对金华来说，一份韭菜拌面中的韭菜炒得不堪入目和入口，是根本难以忍受的。这不仅仅是对一份食材的辜负，更是对人类几十万年以来进化的辜负。

当然，在金华生命里的也并非都是这样教不会，或者懒得学炒出一份好韭菜的人。比如金华的大舅哥据说就曾在金华这里得到了真传。金华的大舅哥在哈密也是开拌面馆子的，自然也是曾做过韭菜拌面无数，但是有一天到金华家做客，刚吃了第一口金华的韭菜拌面，就诧异地发出了一个声音：“嗯？”之后一声不吭，风卷残云地将金华的韭菜拌面装进肚后，问：“你这个韭菜拌面是怎么做的？”

“现在我的大舅哥在哈密做韭菜拌面，用的就是我的方法。”金华说。

那么，金华是如何去炒一份优秀的韭菜拌面菜呢？

“要做韭菜拌面，第一炒菜不能放新鲜的青辣椒、红辣椒，更不能放其他乱七八糟的蔬菜，要放只能放干的红辣椒，也就是新疆人所说的辣皮子。第二就是不能添水。”金华说，“干红辣椒要先用温水泡软，一方面是为了下咽的时候顺畅，另一方面是能为拌面更好地添加红色素。锅里放油烧热后，先炒肉，要把肉炒得干一点，然后放入泡软、切好的干红辣椒，将辣椒的红色素炒出后，放入韭菜——但是，”金华强调说，“放韭菜也有学问，韭菜白，也就是韭菜秆儿和韭菜叶儿不能同时入锅，在切韭菜的时候，你就要将二者分开，入锅的时候，先放韭菜白，之后放盐、花椒粉，略炒之后再放韭菜叶儿，而

韭菜叶儿千万不能多炒，拨拉几下就要赶紧出锅。”

“其实这是一个很简单的道理。”金华说，“韭菜秆儿肯定是要比叶子熟得慢一点，一起入锅的话，不是秆儿熟了叶子炒过了，就是叶子熟了秆儿还没熟——这一点，稍微想想就能明白，可好多人就是不用心。而且韭菜最忌讳炒过，稍微炒一下就行，在锅里绝对不能耽误。”

关于菜在锅里不能炒得太熟这一点，事实上我不止听到一个人说过：“有些菜在锅里你看着没熟，但端上桌子的时候，就熟了。”

对于韭菜拌面菜中放西红柿，金华也有自己的见解：“如果非要放西红柿不可的话，也行，那么要先选熟透的西红柿，切成丁，在炒肉程序之后、放干红辣椒之前放入，炒碎、炒化。”

不过时至今日，虽然我一次又一次地听金华说起韭菜拌面，却从未吃到过他的韭菜拌面，反倒是品尝了他所做的其他菜。其实对金华来说，还有着更多的美食心得，都要远远比韭菜拌面重要得多。而金华之所以常常说起韭菜拌面，我觉得，他只不过是选取了这么一个绝大多数新疆人都熟悉、都能理解的拌面菜，来阐述自己的美食理念罢了。从这个意义上讲，韭菜拌面只不过是金华自己对美食理解中的一个符号。

无论怎样，我觉得仅凭韭菜拌面如何炒制这一点，就能得出结论：对于美食，金华毫无疑问是一个执着的人、一个纯粹的人，一个有着坚定理想和信念的人。天下之大，唯有美食与美酒不可辜负。

炒菜，必须要用心、用脑，才有可能成就一种好的味道，这一点，其实也就是金华在讲述韭菜拌面制作时所表达的核心内涵。即使是一道再不起眼儿，绝大多数人再熟悉不过的家常菜，当你用心去做，用脑去想，所呈现的，就一定会是可口而舒心的滋味。

换句话说，每一道菜都应该具有自己的灵魂，而菜的灵魂，来自每一个烹制者。这也就是为什么很多人，用同样的食材和调料去做同一道菜，而呈现出不同味道的真正原因。

好吧，我们可以从韭菜拌面开始，来一份属于自己的、有灵魂的韭菜拌面。

★延伸阅读:托克逊的拌面节

托克逊的拌面节自2013年开始,除了因为新冠疫情停办外,每年都在秋季举行。拌面节期间举办各类推广当地各种农产品的活动,还有一个重点环节其实就是比拼:一方面是当地各个拌面馆的比拼,另一方面是参加拌面节的食客的比拼。

在拌面节举办前,当地的各家拌面馆都会挖空心思出奇招,以博得喝彩。等到了拌面节上,参赛的各个拌面馆的摊位一字排开,和面、炒菜、下面一片欢腾景象,每家的摊位前都摆放着自己制作的拌面,颇为诱人。有的拌面馆会制作出巨型拌面,比如2016年的拌面节上就出现了一盘用了17公斤面粉、6公斤托克逊的黑羊肉和若干蔬菜所做的拌面,拌面上面还加了一个大号的鸡蛋饼,宛如馕的大小。有的拌面馆会在色彩上做文章,将红、橙、黄、绿、白五种颜色的面和在一起,做成五彩拌面。绿色的面是用菠菜汁和面,黄色的面是用胡萝卜汁和面,橙色的面是用南瓜汁和面,而红色的,则是用火龙果汁和面。除此之外,还有彩色的丁丁拌面和揪片子拌面,也就是将拉面切丁和揪成面片,做成各类形状的拌面。

托克逊拌面节上也有规定项目的比赛,各家做出传统的拌面进行评选——如果你去托克逊,看到某家拌面馆里挂着某某年度十佳拌面的牌子,就是在这个时候选出来的。

拌面节上食客间的比拼则是各种吃拌面争霸赛,当然不是比谁吃得多,而是比谁吃得快,通常是按照性别、年龄分为几组,大家风卷残云吃成一片,目前最快纪录的保持者是一位青年组的食客,用时39秒就吃完了两份共400克的拌面。

同时拌面节上也有很多大众娱乐环节,比如蔬菜采摘、民族歌舞、斗鸡表演等。

新疆汤饭:唤醒味觉的面

我的表弟刘国军给我端上来一盆他做的汤饭时,我还以为他给我端错了——通常一个标准的汤饭,是由面和汤组成,再配以切成片或丁的羊肉和切成丁的土豆、胡萝卜什么的,而他端上来的则分明是在一公斤的清炖带骨羊肉汤里下的面。

我瞪着他那一盆清炖羊肉面,问他:“你这个汤饭牛,羊排汤饭吗?”

刘国军说:“我想了好长时间,最后觉得就叫它‘豪华汤饭’。”

说实话,“豪华”这两个字,滥俗,不过倒也接地气,至少就新疆而言,只要新疆人一听到吃的某某饭名字里有“豪华”二字,立刻就能反应过来:肉多。

反正新疆人就是喜欢吃肉,肉多的就是豪华,这似乎也没毛病。比如我曾经吃过一份上百块钱的豪华拌面,端上来后基本是在肉片堆里找面,至于味道,没吃出什么特别来——与其这样我还不如直接花相同的价钱,去吃三四十串烤肉。

不过具体到汤饭,所谓豪华版的我也见过。通常饭馆里卖的所谓的“豪华汤饭”,只不过是肉片多些罢了,还没见过刘国军做的这么夸张的。

关于“新疆汤饭”的这个名称,其实在整个新疆饮食中都是一个比较怪异的特例,因为严格地说,汤饭,应该被称作“汤面”,在新疆,只有汤饭这一种面食会被称作“饭”。换句话说,其他的面或者饭,则都分得很明白,比如抓饭就是米做的,而拌面、炒面、黄面、牛肉面也不会被称作拌饭、炒饭、黄

饭、牛肉饭。

关于饭和面的区分，好像是南方人分得最清楚。吃饭，只是指吃米饭，而吃面是不能被称作吃饭的，只能是吃面。但是在以面食为主的北方，则无论吃米或是吃面，都一概笼统地称作吃饭。新疆人，更是一直称汤面为汤饭。

为什么新疆人硬要执着地将一碗汤面称作饭呢？

后来我琢磨这个事儿，很可能和古时候的汤饼有关。按照中华民族的古老传统，每当自己家孩子满月了，就要请亲朋好友来吃一顿，吃的就是汤面，但是却称作汤饼，因而这顿饭也就叫作了汤饼宴。所以我一直觉得汤饭这个名字，大约与“汤饼”这个古老的叫法有着直接的传承联系。

新疆汤饭和拌面、抓饭一样，也是一种非常大众化的主食。根据汤饭中面的形状和配菜的不同，细细分起来的话有好几十种。但其中最著名、最大众的，则无非两种，就是俗称的“揪片子”和“炮仗子”。

揪片子，顾名思义就是用手揪出来的——将和好的面捏至带状，再一片片揪到锅里——有点类似面片，但却不是如面片那样用擀面杖擀好后切的。擀好再切的，那是另一种汤饭，新疆人称作面旗子。这也好理解，用刀切出来的面片整齐划一，正如旗帜一样，而用手揪出来的则不可能那般整齐，自然就是片儿了。炮仗子，则是将棍状的面条，也就是把拉条子切成一截一截下到锅里，因为外形像是鞭炮，所以称作炮仗子，也可称为二节子。不过到了今天，很多新疆人却搞不懂炮仗子是什么意思，所以你在新疆街头的饭馆里经常可以见到对炮仗子五花八门的写法，比如“泡涨子”“泡丈子”等等，不知道的人还以为是把什么东西泡涨了才吃。

其实在这一点上全国都差不多，比如把炸酱面写成“杂酱面”，将宫保鸡丁写成“宫爆鸡丁”之类——丁宝桢当年肯定没料到，一百多年后，他老人家发明的菜莫名其妙就被人给“爆”了。

汤饭虽然和拌面、抓饭均为新疆的大众主食，但是名气却远没有它们两个大。比如你经常能听到新疆人说，离开新疆了一段时间，最想的就是扎扎实实地来一盘拌面，但是你肯定很少听到有谁说要痛痛快快地来一碗汤饭

的。而抓饭,在新疆相比拌面则要更隆重一点。走在大街上,碰上熟人问今天中午吃的啥,如果是回答“抓饭”二字,显然比回答拌面、炒面什么的中气更足一点儿。事实上,抓饭在维吾尔族民间,一直都是在婚丧嫁娶、亲朋欢聚的宴请中端坐压轴的主食。换句话说,至少在以前,抓饭只有在隆重的场合才吃。

相比之下,汤饭就低调得多,这大约是汤饭不如拌面或抓饭那样有正餐的感觉,大都是用于晚餐,暗合“忙时吃干,闲时吃稀”的农耕民族饮食传统。而在更多的时候,汤饭还肩负着一个重要的作用:醒酒。

一般来说,头天喝了顿大酒,第二天都要吃点汤汤水水的才舒服,比如牛肉面、馄饨之类。然而汤饭虽然在这一点上与牛肉面、馄饨之类功效近似,但更突出的一点是,在喝酒的当时就能用来醒酒。所以在新疆人的酒席上,一般吃喝到最后,都会讲究上一盆汤饭,只有这一盆汤饭上来后,一次酒宴才算是宣告收尾,被大鱼大肉和酒精占据的胃才会在一碗汤饭中舒展开来,从而使得一碗汤饭从肠胃直达人的精神世界,让人神清气爽、气定神闲。

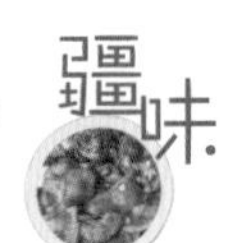

这个原因,很大一部分是因为汤饭本身最突出的一个味道是酸。酸,主要来自番茄,当然还有醋。

在新疆的有些地方,一套标准的酒席流程是这样的:首先是端上来一大盘手抓羊肉,配以两瓶酒,重点是吃肉,酒只是用来佐餐;等大家肉吃好了,再上各种炒菜,这回不是两瓶酒了,是一个桌子摞上一箱,这才是正式喝酒;等大家喝到了位,汤饭再最后隆重登场,大家从盆里一碗碗地捞,稀里呼噜地下肚,酒宴就算结束。整个过程衔接紧密、起伏有致,最终的汤饭,就是一个漂亮而有力的“豹尾”。

我的一位老哥曾经在吉木萨尔就遇到过这样的一次酒宴,他对我讲述起这一流程时是眉飞色舞,说:“人家吉木萨尔人说了,这叫先用肉打好底子,底子打好了喝酒,喝完了再来碗汤饭,汤饭在酒上一盖,把酒全都封在胃里面,一点麻达都没有。”

这样喝酒是不是怎么喝都没事,一点麻达都没有?我不知道,只知道这种流程给他留下了深刻的印象,因为他后来跟我津津乐道了好几回,讲了一遍又一遍。看来至少他老兄当时是一点麻达都没有,那些汤饭不仅在他的胃里封住了酒,更在他脑子里固定住了记忆。

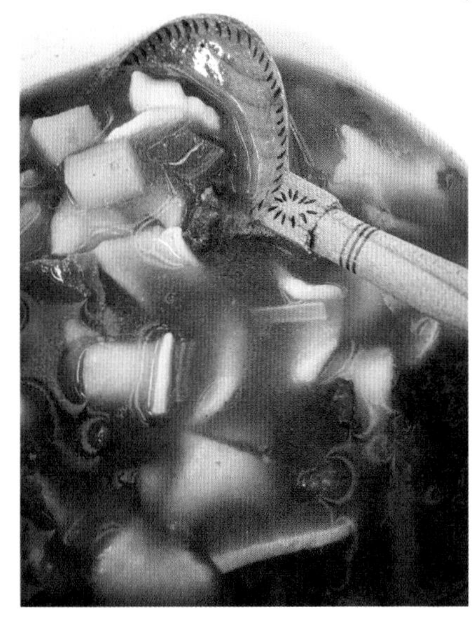

汤饭的主要配菜是土豆、胡萝卜之类,有的也会放恰玛古(芜菁)或者豆腐、黄花菜等等。块茎蔬菜和豆腐都切丁或者小片,同时还要放切成小块或小片的羊肉以及绿叶菜,当然,还有番茄,有新鲜的放新鲜的,没新鲜的则放番茄酱甚至晾晒的番茄干,调料除了盐之外一般还会放醋、胡椒等。这样就决定了汤饭的基调,羊肉的鲜香、番茄与醋的微酸以及其他蔬菜的清爽,配以爽滑的揪面片或者炮

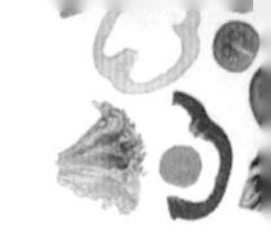

仗子，让新疆人吃得有滋有味，稳稳地排在新疆饭食榜单的前列。而如若一个新疆人做的一手好汤饭，则更是显摆的资本。而且更为有意思的是，在新疆你很少会听到有人说自己拌面做得好，但是却往往能听到有人说，自己做的汤饭绝对一流。从这一点看，似乎汤饭才是新疆人厨艺的“试金石”和终极竞技项目。

其实我对汤饭一直都不怎么热爱，唯一热爱的时候可能就是喝完酒，这源于一次和伙伴们的酒局。当时大家喝完后开始在包厢里唱歌，人多话筒少，所以大家抢话筒抢成一片，连最后上来的汤饭也顾不上吃。我本身对这样的酒后瞎唱没什么兴趣，于是就吃了一碗汤饭，准确地说，是只盛了一碗汤喝。结果喝下去后忽然就有了几分神清气爽的感觉，便索性端过一大盆汤饭独自开吃，一盆汤饭竟然就这么被我吃了个精光，于是又点了一盆汤饭，嘱咐少放面，多放汤，接着再吃。

一般来说，乌鲁木齐凡炒菜类的饭馆，最后所上的汤饭，基本都是面少汤多，或者说基本就是一盆汤里只有几片面，否则如刘国军的豪华汤饭那般，面足肉多，当时的我无论如何也是吃不下的。

反面的例子是一次在鄯善县，也是与当地的伙计们喝完了一场大酒，然后去吃当地著名的汤饭，结果一盆汤饭上来后，里面的汤瞬间就被大家喝干，只留下小半盆白花花的面片，于是大家不停地让店家加汤。记得那次加了四五次汤，到最后，依然是剩下了那些面片。

而刘国军所做的豪华汤饭，则在后来我每次去沙湾时都会吃到。

刘国军基本一直都生活在以大盘鸡而著称的沙湾，而且有着做饭的天赋，酷爱按照自己的路数研究改良新疆饭菜。我觉得他这一点和我倒是很接近，因为我虽然在做饭上没什么天赋，但是在吃饭上还是很有天赋的。

刘国军二十多岁的时候在乌鲁木齐先后开过拌面馆子、大盘鸡馆子和骨头汤馆子，基本上什么新疆饭都做，身材也是日复一日地横向发展。在乌鲁木齐混了好几年，赚没赚钱我不知道，但是却赚了个老婆，之后带着老婆又跑回了沙湾，继续开饭馆，卖着包括大盘鸡在内的新疆饭菜；而他的豪华

汤饭，便是他在沙湾开饭馆后捯饬出来的，除此之外还捯饬出来了椒蒿香辣草鱼等一系列菜肴。

但是我觉得他开饭馆似乎也开得颇为随性，并不一天到晚守着馆子，主要的经营模式是老顾客打电话预约。有一次我和几个伙计从塔城往乌鲁木齐回来的途中路过沙湾，因此我便给大家吹了一路他的豪华汤饭并许诺带大家去吃，结果到了沙湾城边上给他打电话，人家却带着老婆跑到伊犁赏花踏青去了。

从这一点看，刘国军就很有点艺术家的范儿，懂得适时地享受生活，而不是拘泥于养家糊口这一个人生主题，对生活的本质认识透彻。其实，一个真正的好大厨首先就应该是个艺术家，只有懂得热爱和享受生活，才会具有想象力和创造力。更重要的是，一个好大厨做出来的饭菜，需要的是更多人的品尝、欣赏和肯定，没人欣赏，就体现不出一个大厨的价值。这一点，和艺术家的精神需求完全一致。

后来我去沙湾的时候，专门全程观摩了一下刘国军这个豪华汤饭的做法——其实程序都差不多，不同就不同在那些大块的羊肉上。这里面有个关键要解决的问题是：汤饭毕竟不是直接在清炖羊肉汤里下点面，你还得是汤饭的味儿，而不能在放了一堆羊肉后成了羊肉汤的味儿。

刘国军对自己汤饭里的那些肉，基本要求是不腻不柴、不老不膻，既要有羊肉的鲜香，还不能压过汤饭本身的味道。至于那些肉，必须要事先经过处理，也就是腌制后才下的锅，这样吃起来还是纯正的汤饭，却又突出了大块羊肉的鲜美。大快朵颐，啃肉、吃面、喝汤，君臣相辅，层次分明；解馋、饱

腹、酸爽三位一体，浑然天成。一口汤饭下肚，滋味鲜香浓郁，而酸辣的小小刺激使人从口腔到肠胃都被唤醒，进而让人的精神也为之一振，舒展惬意。

见我在琢磨他的这个豪华汤饭，刘国军告诉我，附近也有饭馆想模仿他做的这种汤饭，但是却一直达不到他的这种效果。

说这话的时候，刘国军的脸上熠熠生辉。

★延伸阅读："面"和"饭"

南方人"面"和"饭"的概念是严格分开的，吃面就是吃面，而吃饭就是指吃米饭。这一点在整个北方则完全不同，吃米，固然是吃饭，但吃各种面食，则更是吃饭。

在史前文明时期，人们显然不大会有这样的区分与差别，原始人狩猎、采摘，无论是撕下来一个血淋淋的新鲜羊腿，还是抓一把枝头的浆果，塞到嘴里都算是吃饭。事实上远古人类吃草也可以算吃饭，《淮南子·修务训》所说："古者，民茹草饮水。"就说明了先民们也以草为饭，只不过，那时候还没有后来的农业技术，所谓的草，通过一代代地选育，在今天大都变为了菜，没变成蔬菜的草，只要能吃，都会被称为野菜。因此《说文解字》才会说菜是"草之可食者"。

"饭"这个概念真正出现并成熟，应该是人类进入粒食阶段，也就是食用谷物，包括属于禾谷类的各种稻米，属于麦类的黍、粟、大麦、小麦、燕麦、荞麦、高粱、玉米等，以及属于菽类的各类豆子。

早期的谷物无疑都是粒食的，比如面的本尊小麦，直至汉晋时期，仍然有粒食的麦饭——没错，因为是粒食，所以是"饭"。只不过那时候吃麦饭通常会被认为是清苦和粗陋，因此《后汉书·逸民传》中才会记载用麦饭待客"何其薄乎"，而《陈书·徐陵传》更记载了当时的一个孝子因母亲在病中没能吃上大米粥，而终生吃麦饭惩戒自己的故事。

"面"与"饭"的分野，大约就是在麦被研磨之后。相比于稻米，麦粒更

为皮厚且坚韧，即使是煮熟为饭，也依然吃起来费劲得多。随着碓、磨的发明，这一问题迎刃而解。因此以稻米为主食的南方人，便将依旧粒食的大米称为“饭”，而将不再粒食的小麦称为“面”。但这一点对以小麦为主食的北方人来说却并不敏感，或者不以为意，虽然在具体称呼上，面食也都被称作“面”，可依然认为吃面就是吃饭。

如此看来，新疆的汤面被称作“汤饭”有着古老的传统，只是在称呼上特立独行了一点。其实在陕甘等地区，一样有个别将面食称作“饭”的，比如有些地方的糊涂面，也会被叫成“糊涂饭”，只不过有时候糊涂饭也会指腊八粥。

与新疆汤饭在叫法上最为接近的，则应该是甘肃张掖的牛肉小饭。所谓的牛肉小饭，实际上是将和好的面切为颗粒状，可以认为是一种“仿粒食”，所以将面片、面条、炮仗子、杏皮子（猫耳朵）等汤面都称为“饭”的，大概也就新疆独一份吧。

牛排粉汤的滋味

时至今日，我已经忘了是在什么情况下，第一次品尝了张顺贺所做的粉汤，那时候，他还叫张志国。

印象中，最明晰的一次，是在昌吉天山中的某一个林场。当时我们各自带着放暑假的孩子野游，早早地在一处河岸的林边扎营，大家一边照看着孩子，一边开始筹备做饭——说是大家一起做饭，事实上基本都是给那天的主厨张志国打下手，而那一次张志国的主打美食，就是他的牛排粉汤。

西北地区的人都知道，粉汤，是回族人的一种家常饭菜，特征是用粉块、蔬菜和肉一起炖。至于里面的配菜，则可以五花八门，以胡萝卜、蒜苗、莲花白、西红柿等最常出现。在西北的其他地区，粉汤中的肉，似乎以肉片的形式居多，而在新疆，或许是受了哈萨克族、维吾尔族的影响，基本都是类似于清炖羊肉中的连骨肉块。

在品尝张志国粉汤的那一次野游，整个过程欢乐而祥和。孩子们在歪脖子的粗大榆树间爬高上低，在野花与野果树间窜来窜去，玩得不亦乐乎。而女人们则大都负责在小河边洗刷餐具和洗菜，队伍中的一帮男人们则一个个借口搞摄影创作或者看孩子，不是端着个单反相机四处乱转，便是找一个阴凉的草地躺着偷懒。只有张志国一直在默默地做着他的粉汤，独自坐在岸边的一块草地上，有条不紊地切菜、剁肉。

如果从外表看，很难将张志国与"下厨"这样的字眼联系在一起。简单地说，一眼看去，张志国的总体形象，更像是一个来自黑帮片中的恶棍或者

打手。

我和张志国第一次见面是在一家餐厅里，那次是我们凑了一群人，准备走一趟孟克德古道。

因为是第一次见面，张志国显得非常低调。但这个世界上，有些人再低调，还是能一眼就引起你的注意，像张志国这种人，锃亮的卤蛋脑袋、黝黑而沧桑的皮肤、细眯而聚光的眼睛，以及身体上暗藏的文身，使他即使在低调的状态下，看起来也是一个充满故事的人，散发着来自江湖的暗黑气质。

孟克德古道是一条景色壮美的徒步线路，全程需要在天山中徒步70公里，从217国道625公里处穿越到伊犁的尼勒克。虽说这条线路在新疆户外徒步难度等级中属于中等，但走起来还是要耗费一定的体力，我的意思是说，对有些人来讲，穿越这条古道，还是非常痛苦的一件事儿，比如那一次我们穿越孟克德，队伍中就有人走到了欲哭无泪的状态。但那一次的张志国，背包中却背了差不多可以做一整桌宴席的食材，在第一天扎营的营地，很短的时间内便在地席上摆出了一顿丰盛晚餐。

这样的场景，在后来户外徒步的峥嵘岁月中一再出现，即使是在沙漠里，在张志国的操作下也会呈现出四凉八热、七荤八素之类的壮观场面。

在户外，大家一般都会叫张志国的网名：龙辉，虽然他的这个网名没有什么特色，但他的本名则更为平凡而大众，具有鲜明的时代特征和痕迹。

后来我渐渐知道，张志国其实并没有专门学过什么厨艺，一切全凭自己的钻研。而钻研的主要动力，则来自他的前妻。

曾经，张志国为了妻子，苦练厨艺，而他妻子的家人则定期来他家中聚餐，坚持不懈地对张志国的厨艺进行点评和鞭策。后来张志国甚至专门为此按照酒店的标准，在家中购置了全套的餐具和餐桌。但即使如此，张志国的妻子最终还是离开了这个家，扔下了张志国和他们的女儿。这个故事告诉我们，“要想拴住一个男人，就要先拴住他的胃”这条定律，并不适用于女人。

人们常说：娶一个老婆就等于上了一所大学，娶一个严厉的老婆则等于

是上了名牌大学。而在张志国这里，无疑是上了一次厨师职业学校。但不管怎样，一手好厨艺，成为破裂的婚姻留给张志国的重要“遗产”之一，而在这份“遗产”中，显然也包括了张志国做的牛排粉汤。

“粉汤在回族人家里，人人会做。”张志国对我说，“每家的做法、配料、味道都不一样。”

但对我来说，一直以来都对粉汤并没有多大的兴趣，直到张志国的牛排粉汤出现，才改变了我对粉汤的印象。

也就是那一次在昌吉的天山之中，当张志国的粉汤做好之后，顿时就以惊艳的姿态，成为在场所有人关注的焦点：油绿的菠菜、橘色的胡萝卜、鲜红的番茄以及凝脂般的粉块，搭配着褐色的牛肉，在清爽的汤中，挑逗着人们最为原始的食欲，成功地通过视觉而唤醒了肠胃。当然，吸引人的，不仅是粉汤的外观，更能有效调动食欲的，是粉汤在整个营地荡漾的香味。这香味让那天的大人小孩、男男女女们，都停止了一切不亦乐乎的活动，端着碗聚集在了张志国的粉汤前，整整一大桶的粉汤顷刻间便被喝得见了底。

粉汤的味道当然还是西北口味的，酸香浓郁，只不过张志国做了一些改良。

在我以往的印象中，一直以为粉汤中的肉都是清炖的。张志国则对我的这个看法予以了纠正，牛肉采用红烧的方法，使肉更加入味，辣椒等其他作料用于炒制牛肉后，弃之不用，在增添味道层次的同时，保持了汤色的清爽。总的来说，我觉得那种味道是粗犷中带有着细腻。

粗犷的一面，刺激着人们狼一般的食肉欲望；而细腻的一面，则发挥出了清汤与蔬菜的鲜美。

张志国的牛排粉汤并不会有太多的辅料，对于那种放很多蔬菜的粉汤，张志国颇不以为然。在张志国看来，那些都是虚头巴脑的东西，乱七八糟，最实在的，还是肉。

但这并不是说，张志国的牛排粉汤只是一个除了肉还是肉的傻大粗笨的玩意儿，对于粉汤，张志国有着自己的理解和标准。

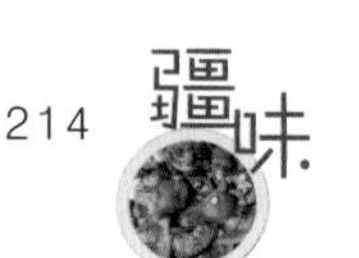

首先是选用好的粉块，当然，自己用豌豆粉制作出的粉块，才是最放心的。而对于蔬菜，标准情况下，则是只放菠菜——当然在没有菠菜的情况下也可以用其他绿叶菜替代——菠菜一定是在最后阶段再放入汤中，这样菠菜便不会因为久煮而失去颜色和口感。一般来说，虽然粉汤中的肉，使用牛羊肉均可，但至少在新疆，粉汤还是以羊肉为主流，偶有鸡肉。张志国之所以坚持使用连骨的牛肉，除了口味上的考虑之外，主要还是因为羊肉较之牛肉要肥腻许多。

"羊肉太肥，很多人嫌吃起来腻，而牛肉要瘦得多，并且经过红烧后，味道也更浓郁。"张志国说。

正如张志国所说，粉汤的做法千差万别。比如有的粉汤是粉块、蔬菜与羊肉分开煮，上桌前再将羊肉加入汤中，有些还会加入木耳、豆腐、粉条等。

张志国则是在吃过万千碗粉汤之后，就像是一个开悟的武学高手，最终博采众长、融会贯通，从而功力精进，开宗立派，确立了自己的粉汤风格。

但是张志国却从未有过开个粉汤馆之类的想法，在他不断折腾的生涯中，反倒是开过烧烤店，或者在农家乐里担任过大厨。甚至有一段时间，他一直念叨着要开一个丸子汤店，反正不管怎么折腾，就是没有想起过粉汤。

在张志国的观念里，始终认为粉汤只不过是回族人家中的一道再家常不过的饭食。

而我则坚持认为，张志国只要做好了这一道牛排粉汤，就可以一招鲜、吃遍天，完全不用花里胡哨地去折腾别的东西。

事实证明，无论张志国是开烧烤店还是去当大厨，最终都是由于种种原因，以失败而告终。比如他所开烧烤店的位置，竞争过于激烈不说，位置还不佳；去当大厨，最终却因为一帮小伙伴与邻桌发生冲突，直接导致双方混战，作为从小就被"为朋友两肋插刀"理念所灌输哺育的张志国来说，自然不能袖手旁观，毫不迟疑地加入混战，等等。

想来想去，或许只能说这么些年来，张志国之所以屡屡功败垂成，唯有用时乖命蹇来解释了。通俗地说，就是"点儿背"，总是有着各种意外，空废了一身好厨艺。

从那次打架事件之后，因为工作的关系，我与张志国的联系少了很多，一会儿听说他打算去吉尔吉斯斯坦当大厨，一会儿又听说他在一个什么洗涤行业里打工，心情郁闷。后来我决定拉着张志国去阿勒泰的山水风光之间散散心，但没承想的是，那一次的阿勒泰之旅，差不多成了一次张志国的牛排粉汤之旅。

我原本的计划，是打算与张志国直奔禾木，假装很文艺的样子发几天呆，但是一到阿勒泰市，便被那里的伙计们“截了胡”。阿勒泰的伙计们一见了我俩就说：“上禾木待那么些天干啥？先在阿勒泰市里住一天再说。”

在阿勒泰的那一天，一帮伙计们买来了酒肉菜蔬，在一处农家院里，自己动手炖肉、烤肉，对我们表示热烈的欢迎；而我因为满脑子都在想着牛排粉汤的事儿，便提议张志国给阿勒泰的伙计们显示一把他的粉汤手艺。

但是张志国那一次所做的粉汤，虽然获得了阿勒泰兄弟姐妹们的高度认可，但我却觉得有些缺憾，原因是当时大家伙儿觉得清炖羊肉的肉汤弃之可惜，便以羊肉汤代水制作粉汤。

一般来说，在新疆吃清炖手抓肉的话，本身肉汤就不会浪费。大家在啃完了羊肉之后，炖肉的清汤，将会在加入洋葱、胡萝卜、香菜等辅料之后端上。中国人讲究吃面原汤化原食，而在这里，道理也是一样，只有当一碗热腾腾的鲜浓肉汤下肚，才算是完成了一篇起承转合的好文章。

但那一天在阿勒泰，因为粉汤的缘故，便无再喝羊肉汤的必要，而羊肉汤又不能浪费，因此就用来做了粉汤。这样做出来的粉汤固然汲取了羊肉的鲜美，而且汤色异常鲜亮，但问题却出在过于油腻上。这样的汤或许对于干重体力活的人来说更为适合，但是对于我们这样一天到晚营养过剩的人来说，喝一碗便会让人戛然而止。

后来当我们终于到达禾木时，张志国又做了一次牛排粉汤。

其实那天在禾木做粉汤的张志国，状态不是很好，主要原因是我们从阿勒泰市一路喝到了哈巴河县，作为性情中人的张志国场场喝倒，等到了禾木，基本上已经从一个锃亮的卤蛋变成了蔫软的卤蛋。

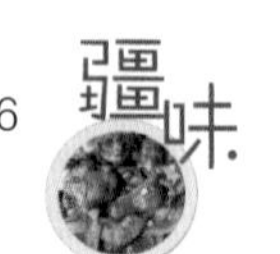

不过张志国这颗卤蛋即使处于蔫软的状态，仍然是一颗坚强的卤蛋，更准确地说，是一颗有着职业操守的卤蛋，只要一站在炉灶前，便立刻切换到了烹饪模式。那天我们在一家朋友开设的客栈中，整个后堂都交给了张志国，而由于没有了羊肉汤的乱入，张志国的牛排粉汤便立刻恢复了正常的状态，浓厚与鲜香达到了平衡，引得客栈内来自五湖四海的背包客们纷纷侧目，询问多少钱一碗。

从阿勒泰回来的路上，我躺在车的后座上，炽热的风从高速公路两侧呼啦啦地涌进车窗，我对张志国说："回去了，找找门面，试试看，还是开个粉汤店吧。"

不同的肚包肉

肚包肉无疑是一种原始而神奇的吃法。

很显然，如果你是一个原始人，没锅没灶的，抓了野牛野猪野山羊什么的，那么它的胃就是天然的容器。当然，点把火烧烤或者干脆直接抱着生啃，是最简单的方法。但我们要考虑到，就算是一个原始人，也有想换换口味的时候，就像今天的我们不能天天只吃烧烤而不吃炒菜一样。

而将肉切块塞到肚子里再烤熟，之所以是一种奇思妙想，是因为这不仅最大可能地做到了物尽其用，更重要的则是肚子和肉在烹制中，味道互相交会，肉汁也不会流失，无论从口味还是营养学方面来讲，都属于完美的操作。

新疆最为著名的肚包肉，大概就是和田地区的羊肚包肉了，这种埋在沙子里焖烤而成的肚包肉，因为近年来各种媒体的宣传而广为人知。但事实上，肚包肉这种吃法很多地方都有，比如广东省的潮汕地区就有猪肚包鸡肉什么的；广义上来讲，所谓的“香肚”，无论是南京的还是山东的，本质上也不过是一种肚包肉。即使是在新疆，南北疆的肚包肉也略有不同，南疆的维吾尔族人大抵是将羊肉切碎后只加入盐，而北疆的哈萨克族人则通常会往里撒更多的调料。

新疆最为常见的肚包肉做法是将肉剁成肉丁，加入羊肝、洋葱等各种辅料，塞入羊肚中煮着吃，一个个看起来宛如苹果大小。这种肚包肉近年来颇为风行，不仅常见于街边摊，也见于大大小小的饭馆。我曾在乌鲁木

齐一家著名的新疆菜馆里吃过这样的肚包肉，味道说不上有什么出众，倒是包裹着肉馅的肚子吃起来宛如在撕扯胶皮，除了需要一副好牙口外，再无其他。

很多年前，我的一位老伙计曾在和田的沙漠深处，也就是达里雅布依，吃过一次肚包肉。按照他的说法，最正宗的肚包肉，就是达里雅布依的。

达里雅布依，往往被人称为“沙漠第一村”，处于塔克拉玛干沙漠腹地，以前进去一趟很不容易，因此这个村庄就有点与世隔绝的感觉。很多的文章中都有对这里世外桃源化的描写，比如民风淳朴，家家户户不上锁，生活简单原始，“不知有汉，无论魏晋”之类，不过对于吃货来说，最关注的还是这里的人吃什么。因为地处沙漠之中，所以这里最著名的食物几乎都和沙子脱不了关系，比如最著名的“库买其”，就是将沙子烧得滚烫，埋入面饼后烤制出来的馕。而这里的肚包肉，也使用同样的方法来制作。

按照我那位老伙计的描述，埋在沙子里焖烤而成的肚包肉，肉质的鲜美甩了煮出来的肚包肉好几十条街。但这还不是重点，重点是这样焖烤出来的羊肉，肉汁全都被封存在肚子之中，切开之后，只能出一小碗肉汁，完全是浓缩的精华。主人则会将这一小碗肉汁端给席间的主宾。正常情况下，因为肉汁珍贵而稀少，主宾接到肉汁后，要用小勺将这碗肉汁分给席间众人，以达到雨露均沾的效果，颇具仪式感。

但那天我的那位伙计遇到的情况却不大正常，这个不正常是他自己造成的。因为他压根就不知道吃达里雅布依的肚包肉还有这么个程序，而不巧的是他又是那天的主宾，因此当主人将肉汁端给他时，他老兄还以为人人都有这么一碗，端起来就一饮而尽，留下一桌人大眼瞪小眼，面面相觑，但他却显然没有感觉到场面的尴尬，端着碗还打算要一碗。这再一次印证了，只要你自己不尴尬，尴尬的就是别人。

我问他那碗肉汁的味道如何，这位老兄说：“绝妙。”

其实在魏晋时期，就有类似的肚包肉。

北魏贾思勰所著的《齐民要术》中，就有道名为“胡炮肉”的菜——仅从

这个名字上，我们就能获得关于这道菜的渊源以及主要形态的大概信息。首先这里的“炮”字不念大炮、火炮、榴弹炮的pào，而应念作páo，意思就是焖烤。其次这个“胡”更不是胡整的意思，而是来自胡人的菜式，显然这道菜的名字就已经明白告诉我们，这是一道来自西域、焖烤而成的菜。

这道菜的具体做法是“肥白羊肉——生始周年者，杀，则生缕切如细叶，脂亦切。著浑豉、盐、擘葱白、姜、椒、荜茇、胡椒，令调适。洗净羊肚，翻之。以切肉脂内于肚中，以向满为限，缝合。作浪中坑，火烧使赤，却灰火。内肚著坑中，还以灰火覆之，于上更燃火，炊一石米顷，便熟。香美异常，非煮、炙之例”。

翻译过来就是选用周岁的肥羊，宰杀后切片，羊油也切片，加入豆豉、盐、葱白、生姜、花椒、荜拨、胡椒调味。羊肚洗净后翻转，灌入切碎的羊肉、羊油，灌满为止，缝好口。挖一个烧火的土坑，烧烫后取出灰火，将扎好的羊肚放入坑中，用灰土盖上，再在灰土上烧火，煮一顿饭的时间即熟。香美异常，与煮和烤的滋味截然不同。

今天我们看到的胡炮肉，除了放更多的调料、没有在沙漠焖烤之外，其余的完全一模一样。其实后来在北疆的天山里，我也见过用同样的方式来焖烤肚包肉，但天山里没有沙子，因此是直接将肚子埋到烧热的土里，这就和胡炮肉更为接近了。

肚包肉在新疆除了焖烤之外，也有着其他的吃法，比如生活在北疆的哈萨克族人，常见的方式是将肉切碎装入狩猎获得的猎物的肚子里，然后直接在火上烤熟后食用。

蒙古族人也一样有自己的肚包肉,但制作肚包肉,主要都是因为要过冬。而我真正吃到蒙古族风味的肚包肉,则是因为巴图尔。

我和巴图尔认识的时间并不算长,但是一见如故,很聊得来,重点是大家在饮食上的观点完全一致。我觉得,如果两个人首先在吃的方面能够保持高度一致,那么就具备了三观一致的可能性。

作为蒙古族人,巴图尔的记忆中充满了肚包肉的味道——我之所以说是记忆中,是因为他也没做过肚包肉,而自他父亲辞世之后,他似乎也再没吃过。不过好在肚包肉的制作过程并不复杂,所以巴图尔不仅记忆中有肚包肉的味道,也有他父亲制作肚包肉的流程。因此有一次在我和巴图尔喝干了三斤白兰地后,巴图尔决定,亲手做一次肚包肉。

做肚包肉,第一步当然是选羊肉,我和巴图尔从深秋等到初冬,在一个大雪纷飞的日子里钻进了一家维吾尔族人开的肉铺。巴图尔告诉我,他父亲生前就一直在这家店买肉。

面对着一排悬挂在货架上,已去除了头、蹄、内脏和羊尾油的整羊,巴图尔经过仔细比较选中了一只,然后让店主对整羊进行分割,当店主操刀开始分割羊肉的时候,我顿时明白了巴图尔的父亲选择这家店的真正原因。

当时这位店主手持利刃,气定神闲,有条不紊地顺着骨肉的纹理与关节进行分割,刀过之处,骨肉豁然而开,完全已成为一种艺术,达到了所谓"砉然响然,奏刀騞然,莫不中音"的境界。这使得这间肉铺出现了一幕我从未见过的奇特场景:众多的顾客纷纷围观,一个个大气不出地举着手机拍照摄像,似乎谁要是咳嗽一声,就会打乱店主分割羊肉的节奏。

巴图尔告诉我,按照老一代的规矩,在分割牛羊肉时,是严禁砍砸骨头的,讲究的是一只牛羊分割完毕,所有骨头都完好无缺,所有的部位都井井有条。

分完了肉,第二步是腌制,巴图尔主要用的是盐和大蒜。第三步则是装填,将肉简单腌制后,连肉带骨塞入羊肚中。但那次巴图尔在往肚子里塞肉的时候出了点状况,肚子的一块皮被撑破了,这主要是因为巴图尔出于口感

上的考虑，专门选择了一个较嫩的小羊肚子。不过好在被撑破的地方不大，巴图尔又找来针线缝合，然而缝合的效果并不理想，越缝反而破的地方越大，但最终，好歹马马虎虎糊弄住了，并不影响大局。

剩下最为重要的环节，就是冷藏，这也正是我们一定要从秋天等到冬天下雪的原因。

按照以前的方法，入冬做好肚包肉后，会选择一个雪堆，将肚包肉埋入，待开春前食用，这样雪藏了一冬的肚包肉将会有独特的滋味。但这个方法如今在乌鲁木齐却变得不可行，或者说奢侈。这倒不是说乌鲁木齐市里没雪或雪不大，也不是说埋到小区院子的雪堆中，肚包肉会被流浪狗刨出来叼走，而是因为雪的味道。

以前将肚包肉埋在乡村或者草原的雪堆里，那是独特的天然味道，现在埋在城市的雪堆里，也会有一种独特的味道，但那却是烟尘的味道。如果我们是一台锅炉或者发动机什么的，有可能会喜欢这种味道，但问题我们不是。毫无疑问，这一点和我们的空气质量有关，所以最终巴图尔将肚包肉直接扔到了自家车的后备箱里。

这样，那一个冬天里，我和巴图尔无论是见面还是打电话，都会提到那坨肚包肉，巴图尔说："放心，每天都看着呢，冻得结结实实。"

当然，这坨肚包肉最终在来年的春天到来之前，被我们填到了自己的肚子里。

那天巴图尔将羊肚切开，将肚子与肚子里的肉，做成了纳仁：加入大块的土豆与胡萝卜清炖，再将肉与配菜盛在煮好的皮带面与切碎的洋葱上。

在后备箱里冷藏了一冬的肚包肉，或许没有了草原上雪的味道，却一样鲜美而浓郁，蒜香味在肉香中若隐若现，融为一体，而肉质则达到了既紧实又易嚼的效果。唯一的问题是，因为大家都怕影响血压，因此在一开始腌制羊肉的时候，巴图尔就严格控制了盐的用量，这导致了我们这些被餐馆重口味菜肴喂出来的人，吃起来觉得略微偏淡。

显然，巴图尔做的这种肚包肉与和田的肚包肉，虽然里里外外用的都是

一模一样的食材,但却是完全不同的两种吃法,或者说,一开始,就是两种思路。和田的肚包肉,是就地取材的一种烹饪方式;而巴图尔所做的蒙古式肚包肉,则是一种过冬存储肉类的方式。

但无论哪种方式,大快朵颐都是一样的,或者说,即使今天的我们,与智人这样的原始人相距了几十万年,但对美食的追求却永远都没有改变。

★延伸阅读:达里雅布依

达里雅布依,意为河岸,因沿克里雅河而得名,隶属和田地区于田县,位于于田县北部,距离和田近300公里。

达里雅布依的成名在20世纪初,当时有人疯传在那里发现了野人,后来证明那不过是当地的村民;而一知半解的好事者又称这里与世隔绝,完全处在原始状态。事实上虽然这个村落位于塔克拉玛干沙漠深处,交通不便,与外界的接触很少,但并不代表其与世隔绝。目前最早对这里的记载出于瑞典探险家斯文·赫定,其在1896年曾造访此地。1953年达里雅布依就归属于田的二区加依乡,其先后更名为新声公社大河沿大队、喀群公社达里雅布依大队,隶属加依乡;1989年正式析置达里雅布依乡,下辖1个村委会、7个自然村。

达里雅布依乡人口仅1000余人,但面积却惊人地达到了15344平方公里,大约相当于两个半上海的面积。因为达里雅布依地处偏远,所以保留了很多原始的风貌,包括拥有着66.7万亩壮阔的胡杨林以及独特的"库买其"、沙焖肚包肉等。正因为如此,达里雅布依一直是户外爱好者热衷的目的地。

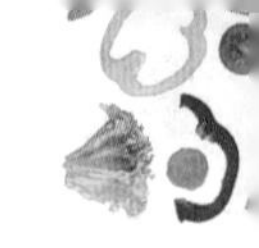

抓饭的流派

抓饭在新疆是和拌面比肩的两大主食之一，与拌面的不同之处在于，抓饭相对于拌面，场合要更加正式一些，准确地说，是要更隆重一点。在以前的维吾尔、乌孜别克等民族的民间活动中，往往都是在重大的节日、重要的宴请时才做抓饭，或者说必做抓饭。如果在节庆里或者婚宴上，不上一道抓饭的话，那就像是过春节的时候，北方没有饺子，南方很多地方没有年糕一样。

简单地说，抓饭就是将肉和配菜与米饭同煮，当然也有不放肉的纯素抓饭。

抓饭这种美食遍布于西亚和中亚地区，传说抓饭是很久以前有一位医生因为身体虚弱而琢磨出来的吃法，长久食用后得以身体强健。对这种传说我从来都不大相信，这个传说对我们而言有价值的大概只有一点，就是新疆各民族都认为抓饭，尤其是羊肉抓饭营养丰富。抓饭中的羊肉和洋葱、胡萝卜、葡萄干等辅料都有滋补作用，因而有“十全大补饭”之称。

有资料说，抓饭在整个中亚地区就有几十甚至上百种的不同做法和类别。我虽然没有统计过，但对这一点却毫不惊讶，就像饺子或者面条也有几十种或者数百种一样，但凡一种美食喜好者众多，覆盖范围广，就一定会有各式各样的变种，一地与一地都会按照当地人的喜好以及当地盛产的食材，搞出众多的组合搭配来。

反正在新疆，我知道的就有不下二十种的抓饭。比如按照肉类的不同，

除了最常见的羊肉抓饭之外，还有牛肉抓饭、马肉抓饭、兔肉抓饭、鸡肉抓饭、鸭肉抓饭、鹅肉抓饭等等；而根据肉的形态不同，则有风干肉抓饭、碎肉抓饭、羊排抓饭、腿把子（羊腿）抓饭等等；除此之外还有不放肉的素抓饭，以杏干、葡萄干为主的甜抓饭，用木瓜（榅桲）和羊肉同做的木瓜抓饭，以南瓜为主要配菜的南瓜抓饭，以恰玛古为主要配菜的恰玛古抓饭，等等，五花八门。比较特殊一点的是黑抓饭，也叫塔什干抓饭，做出来米的颜色为深褐色，不知道的人以为是用了酱油，实际上维吾尔、乌孜别克、哈萨克等民族的饭菜基本是不用酱油的，之所以米粒深褐，其实是因为先将洋葱煸至微焦而上色所致。

典型的抓饭中最重要的配菜就是胡萝卜，但即使如此，新疆各地抓饭中所用的胡萝卜也有差别。大致上北疆地区主要用黄萝卜，而南疆地区则偏重于用红萝卜，至于作为首府的乌鲁木齐，则是黄萝卜与红萝卜各半，这就像是一个组织的领导，必须要兼顾整体的平衡，不偏不倚。而抓饭在具体做法上，手法更是各异，比如有的是先腌制羊肉，有的是将羊肉过油，有的则是先炖一下羊肉，之后用肉汤来焖米，等等。

抓饭的做法，大致上是先用清油将胡萝卜、洋葱、羊肉等进行煸炒，之后加入水和大米，进行焖煮。传统的抓饭，有一个特点就是油重。在卖抓饭的馆子，往往能见到锅底有小半锅的清油，米粒就浸泡在清油之中，有时候甚至吃完了一碗抓饭，碗底也有小半碗的清油。据说在以前，维吾尔族人在做好抓饭后，如果还有客人前来，主人是不会再往锅里添米的——实际上也添不了——那么办法就是往抓饭上浇几勺熟油，浇油的多少取决于新增客人的多少，这样客人就会因为油重而容易饱腹。我虽然听过一些长辈讲过这个秘诀，但是依我的理解，抓饭的油大，归根结底还是跟饮食习惯有关，或者说，油多油少，在以前往往是判断饭菜好不好、扎实不扎实的一个标准。正因为抓饭在维吾尔族人的日常生活中，本身便具有一定隆重、正式的含义，因而油重也就显得顺理成章。

我们知道，抓饭的传统进餐方式是用手抓，因此在抓完油水如此充足的抓饭之后，双手自然也是沾满了油，不过这些沾在手上的油对维吾尔族老汉

们来说，通常也不会浪费。以往的维吾尔族老汉们，会在吃完抓饭之后，将沾满双手的油愉快地抹在自己的胡子上，顺便对自己的胡子进行保养，更重要的，如此方能表示自己心满意足吃到位了。

抓饭正因为是用手来抓着吃，才有了这样一个汉语名称。如果我们放眼世界的话，整个世界上关于如何取食进食，大体上分为三派，除了中国的筷子派和西方的刀叉派，就是直接上手的手抓派了。

但是吃抓饭用手抓，也不是乱抓一气，而是有着特有的规矩，忌讳满把去抓或者吃起来食物四处散落，尤其是大家在共抓一大盘抓饭的时候——这就如用筷子也不能在满盘子里乱夹一样——抓饭的抓法，是将五个手指聚成鸟喙状，将面前的米粒捏压成小团后送入口中。一般来说只要手指略一用力，便可将指端的米粒压在一起，再稍稍左右运动压实，之后将捏起的米团递入口中，另一只手则在下方托着防止米粒洒落。听起来似乎有点复杂，但只要稍加练习，即可达到行云流水的效果。

但这个世上凡事都有例外，满把抓的方式也有。

比如乌孜别克族人在请客人吃抓饭时，最后一个流程，主人会将剩余的抓饭分食给所有的人。如果剩余的抓饭较多，那么主人就会抓一大把亲手喂到客人口中，有时还会在抓的时候用力将手中的抓饭压得瓷瓷实实，这样的状况下，做客的人自然需要一个健壮的口腔与刚健的胃口才行。

不过到了现在，至少在饭馆都没有抓着吃抓饭的人了，而是一律都配着勺子，如果你坚持不用勺子而用手抓，也没人会反对。大约在一些维吾尔等

民族的家庭宴请中,偶尔会遇到用手抓着来吃的场面,但通常对于来做客的汉族人,大都会配上勺筷,抓着吃还是舀着吃悉听尊便。

当然也有人认为,抓饭就是要用手抓着吃才更能吃出味道,这个道理,大约和羊肉泡馍要用手把馍掰碎了吃才更加地道一样。但我觉得,抓着吃味道好不好其实很难验证,重要的是抓着吃更有吃抓饭的感觉,因而也便更具有仪式感。

最为常见的抓饭是羊肉抓饭,这一方面是因为在新疆,羊肉是最主要的肉食,另一方面则是因为羊肉有着相对更为丰富的油脂,说白了就是更肥,因而米粒可以吸入更为充足的羊油与清油,形成颗粒松散、光泽饱满的抓饭,达到弹牙不黏、米有肉香、肉有米香的效果。事实上,抓饭中的大米已经基本上改变了性质,从一种碳水转化为了荤物。或许也正因为如此,抓饭中的大米才一定是在新鲜出锅、热气腾腾的状态下最为完美,凉了的抓饭即使再加热,口感、滋味也完全不能与之相比。这大约也正是抓饭很难工业化生产,进行真空或者脱水后销售的原因之一。

但是反观抓饭中的羊肉,则似乎略有不同。

抓饭中的羊肉不仅不会因为油脂被米粒吸收而逊色,反倒会形成肥而不腻、细嫩鲜美的肉质,吃起来更加可口。简单地说,抓饭中羊肉较肥的部分因为大部分油脂被米粒吸走,吃起来根本感觉不到肥腻;而瘦的部分则会因为油脂的中和,软烂无渣,口感颇为接近于腊汁肉。因此抓饭中的羊肉,往往可以单独销售,专门来吃,被称为“抓饭肉”。而且抓饭肉除了不肥不柴之外,更因为与米饭同煮而成,兼具了米香、肉香与清香融会而浓郁的特点。如果说烧烤的羊肉是粗暴而激扬的畅快,清炖的羊肉是独霸味蕾的鲜美,那么抓饭肉给人的感觉就是厚重、内敛,但也因此而愈发浓郁悠长。

一般街面上抓饭馆子所卖的抓饭,其中的羊肉以羊排和腿把子两种为多。

羊排相对更肥些,腿把子则基本都是腱子肉,各有滋味,全看个人喜好。

在新疆的抓饭馆子,通常米可以随便加,肉,则要另外加钱,但可以随便

挑加哪一块。当然你也可以不要肉,吃素抓饭。

不过对于嗜好肥腴之味的新疆人来说,素抓饭还有一种经典的吃法,就是将两三个薄皮包子撕开,将肉馅浇在抓饭上拌着吃。薄皮包子的肉馅基本是瘦肉丁和肥油丁各半,再加上洋葱等配料,蒸熟后充满汤汁,浇在抓饭上,立马使抓饭的鲜香和层次提升一个等级,即使不需要羊肉,也一样能吃得心神荡漾,酣畅淋漓。

相对于羊肉抓饭,牛肉抓饭就没那么肥,但吃起来也一样过瘾,牛肉无疑在厚重方面更胜羊肉一筹,一样在吸足了米香的同时,肉质软烂鲜美。不过要说最瘦的,则是风干肉抓饭,分为羊肉风干肉、牛肉风干肉、马肉风干肉甚至火鸡风干肉等等。

风干肉这种食物,深受各个草原民族的偏爱,制作方法也是大同小异,无非是待秋季牲畜膘肥体壮之时,宰杀后用盐、蒜之类腌制后风干,备以度过漫长冬季。然而就是这么一种看起来制作手法原始简陋的食物,却因为在风干过程中吸收日月之精华、天地之灵气而滋味独特。因为油脂的部分挥发和另一部分的凝结,而使人根本感觉不到油腻,尽可放心地大快朵颐。挥发的油脂和收缩的精瘦肉凝结在一起,使其口感耐嚼,越嚼越香,而肉的香气也似乎浓缩凝结,浓郁鲜美。

我吃风干肉抓饭,记忆最深的一次是在徒步穿越博格达的途中。

当年我们徒步穿越这条

线路时，在下山返回的半山腰上，就吃了一顿风干肉抓饭。当时疲惫的我们身后是白雪覆盖、三峰并峙、状如笔架的博格达峰，四外是茂密而苍翠的云杉林海，一路延绵到山脚，那里就是著名的天山天池。虽是盛夏，烈日当空，但山风如水，寒意依旧逼人，我们一人一份风干肉抓饭，三三两两围坐在一户牧民的毡房前，狼吞虎咽地吃，在嚼着风干肉的同时，还可以顺便眺望一下远处苍茫辽阔的准噶尔盆地，遥想一下纵横天下的游牧铁骑——大约只有这样的场景，才更能吃出风干肉的滋味，手中的那盘风干肉抓饭，在那一刻和周边的世界融为一体。多年以后我再想起，那似乎更像是一场对新疆大地山川与历史文化的体验。

后来我曾在城市里吃过多次风干肉抓饭，包括多种风干肉组合在一起的抓饭，固然一样的肉质紧实、鲜香浓郁，一样的大快朵颐、唇齿留香，但却再也没有在天山上的那种意境。

但不管吃什么肉的抓饭，都必需搭配小菜，才算是吃得完整，否则就像吃北京炸酱面没有菜码儿、陕西羊肉泡馍没有糖蒜一样，残缺不全。

抓饭的小菜一般来讲非常简单，把握住两个基本点就行：一是小菜必定是凉拌菜，以凉拌胡萝卜丝、凉拌洋葱或者凉拌菠菜为多；二是凉拌时只放盐和醋，重点够酸就行。虽然有些抓饭馆子也会配袋装的榨菜、香辣萝卜干之类的，但却远没有凉拌的胡萝卜丝或者洋葱受欢迎，那种香辣口味的腌菜在搭配抓饭的时候，反而会影响抓饭本身的滋味。

抓饭的小菜之所以酸味突出，以醋主打，首先在于能够解腻，其次则能以更大的反差体现抓饭的鲜香，简洁而纯粹。

至于素抓饭，虽然在新疆一直都存在，但却不是主流。而维吾尔等民族在招待贵宾的时候，都必定会做一顿抓饭，即使是做一顿素抓饭，也必须得让贵宾吃上，才算是一次像样的宴请。正因为如此，如果在新疆做客，判断你是不是贵宾的最简单办法之一，就是看你在宴席上，是不是吃上了一份喷香浓郁、甘腴肥美的抓饭。

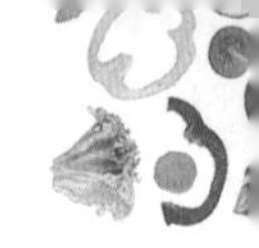

★延伸阅读：恰玛古

恰玛古，也被译写为“卡玛鼓”，正式的名字是芜菁，也被称为蔓菁、诸葛菜、圆菜头、圆根、盘菜，东北人则称之为卜留克等，中国各地都有种植。而“恰玛古”这个词在维吾尔语中，也有着大头菜的意思。

恰玛古是深受新疆人喜爱的一种蔬菜，最常见的食用方法是和羊肉同煮，因其外形和味道与白萝卜非常接近，常常会被不了解的人误以为是萝卜。现代人常常将芜菁与萝卜搞混，也并不奇怪，因为二者均为十字花科云薹族。其实早在先秦时期，芜菁就是一种中国人常吃的食物，《诗经·邶风·谷风》中所写“采葑采菲”中的“菲”指的是萝卜，而“葑”，则就是芜菁。这至少说明，先秦时期的人们就将芜菁与萝卜归为了一类。

恰玛古最初也是通过新疆，由西亚地区传入中原地区。维吾尔族人认为恰玛古益气消肿、清肝明目、滋阴补肾，具有保健作用，多吃可以延年益寿，功效堪比人参。

★延伸阅读：新疆的风干肉

风干肉是牧区非常重要和常见的食物。简单地说就是每年秋季，将新鲜的肉割成条状简单腌制后，悬挂起来，经过烟熏后自然晾干而成。风干后的肉，油脂挥发和渗入精瘦肉中，使肉的香味浓郁，肉质紧实而耐嚼，口味独特，越嚼越香。

与西藏的风干肉不同，新疆的风干肉并不用于生食，而是主要用于越冬。制作好的风干肉，可用于各种美食，除了直接炖煮而食之外，常见用于纳仁、抓饭等。新疆的风干肉中，最常见的肉类为马肉，其次为牛肉、羊肉甚至兔肉、火鸡肉等等。

新疆炒米粉:新疆美食新霸主

炒米粉成为新疆的网红级美食也就是近几年的事儿,这种在我看来并不怎么起眼的食物似乎只在一夜之间便成为一个传奇。但很长一段时间我都认为这是一种新疆之外的食物,就像是来自陕西的羊肉泡馍,或者来自云南的过桥米线,和新疆并无什么瓜葛。

当然,后来我终于知道,虽然全国各地都有着各式各样的炒米粉,但只要在炒米粉前面冠以“新疆”二字,那么这就是一道令无数人垂涎欲滴、肾上腺素激增,又令无数人闻风丧胆且如假包换的新疆特产。

不过即使如此,我最初对新疆炒米粉的属性判断,似乎也并没有本质上的错误。新疆炒米粉还真是一个外来的本土变异品种,其本身在新疆的历史并不长,和大盘鸡一样,也是近几十年来不断交融的产物,只不过比起大盘鸡来,渊源更为清晰而确定。

很多文章在追溯新疆炒米粉的光荣历史时,都会从1982年的流金岁月说起。那一年整个中国蒸蒸日上,激情与理想四射,经济特区成效斐然,日本偶像剧和动画片风靡全国;而整个世界也不消停,不仅在墨西哥发生了火山爆发,还在黎巴嫩爆发了第五次中东战争。不过对一个吃货而言,这一年最重要的是诞生了82年的拉菲,给后人留下了一个至今不灭的梗,而与82年的拉菲一同诞生的,便是能把人隐形眼镜辣出来的新疆炒米粉。

通过民间美食家的考证,新疆炒米粉诞生于乌鲁木齐市的新疆十月拖拉机厂,这里的两位贵州籍工人将自己家乡的炒米粉,使用新疆拌面、炒面

的手法，与新疆口味相结合，最终开创了新疆炒米粉的新纪元。虽然我并不知道这一说法的真伪，但炒米粉这种食物源自西南，至少不会错。因为新疆人以前并没有吃米粉的习惯，而米粉也好，辛辣也好，都有着显著的西南地区特征，至于作为炒米粉中主要配料的豆瓣酱，本身也源自西南。

新疆炒米粉的第一个特点是辣，几乎所有的文章在写到新疆炒米粉时，都会对其中的辣有着深刻的体验和表述。这种体验和表述无一例外都是先从视觉开始，然后进入口腔，最终第二天到肛肠结束，灼热奔放，贯穿始终，几乎让每一个尝试过的外地人，都彻底改变了对新疆口味的呆板印象。

不过新疆炒米粉虽然以辣而著称，但以我的观察，新疆炒米粉一开始似乎也并不是那么辣，而是有一个逐渐升级的过程。比如新疆炒米粉的辣度级别现在大约一共分为四档，从低到高分别为：微辣、中辣、爆辣和变态辣或者叫激情辣，似乎还有一个微微辣，辣度比微辣还低，当然你也可以对炒米粉馆子的老板说要微微微辣——总之一切全在语气的把握——而早在二十来年前，新疆的炒米粉馆子对辣度还没有这么细致的划分，更重要的是，根本没有什么变态辣，爆辣就已经到顶了。

新疆炒米粉的最大消费群体就是新疆的女士们，或者说按照新疆人的说法是“新疆丫头子们”。我的一位发小，和他老婆谈恋爱的时候，他老婆就酷爱吃炒米粉，每次约会吃饭都是要点一份爆辣的，之后再抓起桌上的辣酱罐，大勺地往米粉里加辣酱，令我这位发小瞠目结舌。按照“能吃辣便能当家”的说法，我的这位发小当时一定在想以后自己的私房钱该怎么藏才不会跪搓衣板。不过好在发小后来对我说，自从他老婆生了孩子后，似乎一夜之间就和吃辣绝了缘，再也不能吃辣。这事儿不仅他想不通，我也想不大明白，不知是不是将吃辣的基因与孩子都一同生出了体外。

但不管吃辣和生孩子之间有什么联系，这至少说明，在以前，新疆炒米粉并没有什么变态辣。否则我那位发小的老婆当年也不会还要往爆辣的炒米粉里继续加辣子。很显然，一茬茬的新疆丫头子们在吃辣的道路上前赴后继，一路升级打怪，将吃辣的阈值不断提高，终于在今天催生出了变态辣。

然而无论是微辣还是变态辣，都是一个大概的标准，或者说是约定俗

成、只可意会的辣度，全凭感觉。或许张三家的微辣在李四家就是中辣，而王五家的爆辣到了赵六家就成了变态辣，完全没有标准。因此一个外地人如果走进新疆的炒米粉馆子，就一定不能鲁莽草率，否则会很难预料自己的口腔将迎来怎样的暴击。

这样的事儿我虽然没有在新疆炒米粉馆子里遇到过，但是却在一家螺蛳粉的馆子里遇到过。当时我见人家桌子上放着两种辣酱罐，本着绝不吃亏的原则，便以我吃新疆炒米粉和重庆小面的经验，在本已放了辣子的粉里又各加了一大勺，结果一口下去，顿时辣到头疼，从太阳穴到天灵盖似乎都要裂开。不过好在我吃辣的功力毕竟还算深厚，当下调整呼吸，真气运行小周天，打通任督二脉，硬是将这碗粉嘞了下去，汗流满面地暗叹自己大意。

不少外地人头次吃新疆炒米粉，被辣到不能呼吸甚至功力尽失，大抵也是如此。

新疆炒米粉的第二个特点是酱汁浓稠，色深味厚。

如果说一份新疆炒米粉仅仅是靠一个辣而驰骋江湖，那我们还不如直接吃辣椒。新疆炒米粉的精髓是在火辣的基础上带出鲜咸，或者说，辣，只是吃新疆炒米粉的第一轮暴击，而随后袭来的，则是浓郁的酱香之味。

新疆炒米粉的酱汁主要来自豆瓣酱、面酱等，再加上辣椒、辣酱、番茄酱、酱油之类的调料，每家的酱汁用料不尽相同，各有特色，总之是要形成味道鲜咸、香辣的酱香味。新疆炒米粉的酱料之所以口味偏重，最主要的原因是新疆炒米粉中的米粉犹如新疆拉条子一般粗——也就是乌冬面或者筷子粗细——因而料不重就不易入味，事实上即使如此也很难入味，所以一份真正的新疆炒米粉，一定是在米粉上挂满了深褐色的酱汁，以弥补入味难的缺陷。这样一来，一份新疆炒米粉吃完了还会有小半碗酱汁，让人觉得你是点了一份酱，只不过附送了一些米粉一样。但即使如此，对很多新疆丫头子来说，也一样会将这些酱汁面不改色地全部喝下，一滴不留。

比起将酱汁喝下去的吃法，更适合的吃法是在炒米粉中加入切成锐角状或掰成小块的馕，这样的话，馕会吸饱酱汁，吃起来馕的柔韧与酱的咸香

完美融合，顿时会令一份炒米粉口感丰富，层次多样，回味更为悠长。

早先的新疆炒米粉，都没有加入馕的这种吃法，今天的炒米粉加馕完全是市场需求倒逼的结果。当年的吃货们通常在去吃炒米粉的路上都会顺手买个馕，吃的时候自己撕开加进去。而如果中途忘了买馕或没碰上卖馕的，那就注定这一次的炒米粉大餐有了重大缺憾。若是两人以上同行去吃，那么这个缺憾还能够补救，一般来说都会在吃完米粉后，派一个人出去买馕，其他的人则守着那小半碗酱汁，以防被店家收走。当年的新疆炒米粉馆子里，这样的情况屡有发生，不知道的人一眼看去，店里的美女们都死死守着各自碗里的残羹，目光炯炯、神情坚毅，脸上充满着期待，往往会误以为进入了大型的丐帮聚餐现场。

新疆炒米粉的第三个要素，则是里面的配菜。

一般来说，如果不特意交代的话，新疆炒米粉的默认配菜是芹菜。事实上乌鲁木齐著名的一家炒米粉馆子的店名就是用了“芹”字的，而且这家的炒米粉也的确以芹菜放得多而著称。这是因为芹菜有着独特而突出的香气，很难被辣味和酱香味所掩盖。因而一份新疆炒米粉中的芹菜，总能够在一片火辣与浓酱的滋味中脱颖而出，显示出鲜明而强大的存在感。

芹菜虽然是默认配置，但如果你不喜欢芹菜或者想吃不同口味的话，比较常见的还有小白菜或者泡菜等多种选择。选择小白菜的原因是，其叶脉柔软，易于挂汁，吃起来更加有味儿；而选择泡菜是因为其有着酸脆爽口的滋味和口感，在缓解油腻与火辣的同时，使得一份炒米粉具有了更为丰富的味觉体验。

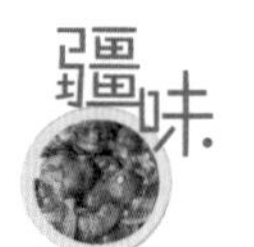

当然，炒米粉的配菜也完全可以各种混搭，更可以加菜和加肉。

新疆炒米粉分为“鸡炒”和“牛炒”，这不是说后堂里有一只鸡或者一头牛在给你炒米粉，而是说米粉中的炒肉片用鸡肉和牛肉。

“鸡炒”相对来说肉质更细，口感更轻盈，而“牛炒”则味道更厚重些。但不管是用什么炒，鸡肉和牛肉的纹理纤维都相对其他肉粗，因而也更易于吸收酱汁。这一点在“鸡炒”中更为明显，观察起来，白色的鸡肉片上每一道纹理都是深褐色的，像是一条条沟壑，而那每一条沟壑都蕴藏着暴击味觉的力量。

至于新疆炒米粉的消费群体为什么以女士为主，一直也没人能说明白，大约女性总是偏爱爽滑的口感。反正放眼新疆街头的炒米粉馆子，总是以女性顾客居多，新疆炒米粉因而被认为是丫头子才爱吃的东西，即使有男性去吃，大多情况下，也是陪着女友或者老婆、闺女去吃。因此虽然也有部分男士对炒米粉朝思暮想、欲罢不能，但独自一个人去吃炒米粉，便不免总是有些心虚。

我的一位男性同事，就是新疆炒米粉的狂热爱好者，但每次想单独吃炒米粉，又颇为担心被人认为太“娘”，因此每次想吃炒米粉了，便鼓动老婆或者闺女一起去，这样至少看上去，会让人觉得他只不过是去陪吃，这便显得理直气壮、无懈可击。

但是如果在单位，中午想吃一顿炒米粉的话，就很让他纠结，总不能把老婆和闺女二十四小时都带在身边。后来他老兄终于找到了解决这一问题的方法，就是每当在单位想吃炒米粉时，就邀请女同事一起去吃。

不过这种方式的问题在于，如果一次只邀请一个女同事去吃，会显得太过暧昧，因此他每次不得不至少要邀请两位以上的女同事才行，这就让他每一次吃炒米粉的代价，至少要比旁人高出两倍。

以往的时候，新疆人常说自己的胃是拌面的胃，回到新疆最迫不及待的就是去吃一顿拌面。如今，新疆炒米粉已在无声无息间，几乎快要和拌面平分秋色了。对于很多新疆人，尤其是新疆丫头子来说，回到新疆，先来一份爆辣的新疆炒米粉，才算是真真切切地回到了家。

★延伸阅读:新疆的辣椒

辣椒在新疆的种植面积很广且品质优良,新疆的辣椒不仅仅是一种蔬菜和调料,所提取的辣椒红素更是广泛应用于食品加工和医疗领域,出口欧美,成为许多国际口红品牌中所添加的天然色素。这在相当程度上,都得益于新疆丰富的光热资源。

新疆所种植的辣椒以线椒、板椒和铁皮椒为主,虽然辣椒在全疆各地都广泛种植,但最为出名的辣椒产地,是位于塔城地区沙湾市的安集海镇与位于巴音郭楞蒙古自治州的焉耆盆地两处。其中安集海镇辣椒种植面积在5.8万亩以上,有线椒、板椒、朝天椒、菜椒4大类20余个主栽品种,而其中最著名的为线椒,皮薄肉厚、香辣可口,安集海辣椒也因此成为国家农产品地理标志登记保护产品。

焉耆盆地年种植辣椒28万亩,其中最著名的为铁皮椒,又被称为甜椒、口红椒,是提炼辣椒红素的主要原料。通常铁皮椒的辣椒红素达到7%即为优质原料,而焉耆盆地的铁皮椒所含的辣椒红素,则可以达到22%。

每年秋季辣椒丰收后,从安集海到焉耆盆地,抑或到炎热的吐鲁番盆地,都能见到成片晾晒的红辣椒,铺天盖地的鲜红直达天际,从而也成为摄影爱好者所钟爱的拍摄题材之一。换句话说,新疆的辣椒不仅是一种优质的食材,也是一道壮美的风景。

麻辣火锅在新疆的“跨越”

我对吃火锅一直没什么特别的感觉，在儿时的记忆中，火锅就是涮羊肉。那时候，无论是商品经济还是文化信息都不发达，而涮羊肉作为祖国首都的美食之一，有着先天的传播优势。我就是从到北京出过差的父辈那里听说的涮羊肉，后来这一印象又在相声之类的文艺作品里得到加强——依稀记得那个相声的主题是讽刺念白字，将涮羊肉念成了“刷”羊肉。

后来我们的生活里有了电视，也逐渐看到一些介绍祖国各地美食的纪录片。川渝风格的火锅，我便是从电视里看到的。当年看到电视上竟然将一大盆的干红辣椒倒进锅底，令我小小地震撼了一把，原来竟可以如此气势如虹、酣畅淋漓地吃辣，于是下定决心，一定要到四川去尝尝那里的火锅。

事实上当我十几岁的时候跑去重庆，不仅吃了重庆火锅，而且还头一次见到了麻辣烫，一串一串的食材在路边小摊上整齐地码放着。但是那时候我还年轻，换句话说还比较羞涩而懵懂，因此只是斗胆问了一句“这是什么?”而终于没有去尝试。想想如果换作现在的话，那么当年这种情况就绝不会发生，一来这么些年来我不仅岁数越来越大，脸皮也越长越厚；二来以我现在对吃的不懈追求，那是一定要搞清楚了才肯罢休，越是没吃过的，反倒越要尝尝。

当然现在的我早已知道了火锅有很多种类，即使是在川渝地区，成都与重庆的火锅之战也是由来已久。新疆也有自己的火锅：土火锅。虽然土火锅广泛分布于西北与西南地区，但新疆的土火锅是以牛羊肉为主要食材，锅

使用的是涮羊肉的铜火锅,而在形式上则接近于一品锅,都是荤素食材堆放在锅里同煮,与西北地区的别无二致。

不过即使在新疆,南北疆的土火锅也略有不同:北疆一般是荤素搭配,除了肉之外,绿菜、豆腐、丸子、夹沙之类的是必不可少的;而南疆则通常是只有大块的带骨羊肉,再无其他搭配。

曾经和老伙计们在乌鲁木齐吃了一家南疆风格的土火锅,吃完了肉,问店主,其他的配菜还有啥。店主说,没了,南疆的土火锅就是这样,纯羊肉。我觉得这位店主的思路有点不对,于是对他开导:“这是在北疆,乌鲁木齐人还是习惯有配菜,这样你不是还能多赚点钱?”但店主满脸的诚恳与坚定,显示出了一个坚守传统的美食从业者的基本素养,认真地说:“在南疆,都是这样。”

但话说回来,那天的大块带骨羊肉土火锅,味道还真的不错,重点是汤味鲜香浓厚,从这个角度上讲,这种土火锅实际上可算是新疆清炖肉的一个变种。不过细想起来,其实真正的北京涮羊肉,讲究的也是吃纯肉,而白菜、粉丝、冻豆腐什么的,只不过是当时吃不起肉的一种替代和补充。

时至今日,新疆和全国的很多地方一样,最常见的火锅早已是川式的麻辣火锅。一说起吃火锅,所有人首先想到的就是川式火锅或者麻辣烫,而绝不会想到涮羊肉、潮汕火锅、一品锅或者打甂炉。

细想起来,其实我吃火锅最多的时候,还不是在什么火锅店里,而是在户外徒步中所吃的“户外火锅”。

和很多刚开始徒步的新人不同,我基本上是一徒步,就开始吃“户外火锅”。当时往往利用周末,与单位同事去南山,亦即乌鲁木齐段的天山徒步。这样的徒步通常都是避开景区,走入浅山地带,除了山里放牧的牧民,人迹罕至,因为人迹罕至,所以都山花烂漫,绿草如茵。这样的徒步都是两天时间在山中走个二三十公里,难度一般都不算太大,重头戏就是第一天晚上的扎营,属于狂欢时间。狂欢时间自然要吃吃喝喝,因此有经验丰富的同事就在出发前,组织大家分头准备火锅食材和器具:某人买肉、某人买蔬菜、某人买火锅底料、某人带锅、某人带蘸料等等。到了营地扎营后,篝火点燃,火锅

沸腾，大家围坐而食，锅里锅外都是一片喧腾景象。

不了解的人大约会觉得在户外徒步中吃火锅很麻烦，但事实正好相反，吃火锅其实是一件很便捷的事儿，至少比炒菜之类便捷。你只要带着要涮火锅的菜和火锅底料就行，开饭的时候烧开一锅水，放入底料，然后就是扔菜的事儿了——先往锅里扔，再往嘴里扔，短时间内便能吃到各种你想吃的菜，内容丰富，营养全面。

至于火锅的口味，也可以随心所欲，无论是清汤、麻辣、三鲜、孜然，均可调配自如。

而更重要的一点，则是这玩意儿吃起来基本不受人数限制，具有超强的弹性，两三个人可以一起吃，十几二十个人照样可以一起吃，只要你携带了足够的涮菜——反正是大家分头带的食材，人越多，带的食材也就越丰富。

事实上，即使涮火锅的菜没带够也没关系，世间万物皆可涮，只要是能吃的东西，要不然扔到锅里，要不然就搭配着吃，灵活万变。

从这一点看，在户外吃火锅不仅充分体现了中国人喜欢扎堆热闹又喜庆团圆的生活方式，更是充满了团队精神，闪烁着集体主义的光芒。清代著名美食家袁枚反对火锅的理由，在这里全都成了优点。事实上我后来专门翻开《随园食单》，看了看袁枚反对火锅的原话，归纳起来大约有两点：一是各种食材有着各自的火候和味道，而火锅则会使得千菜一味，没有了层次，失去了食材本身的精妙；二是吃火锅一片喧腾，实在是闹心，而真正享用美食，是需要静下心来，用心体会的。

但其实这些在今天都不再重要，今天的快节奏生活讲求的是迅速进入状态，谁还会气沉丹田，静下心来品鉴一道汤的三四五六种层次呢？

事实上，根据相关数据统计，2020年，中国人聚餐选择时搜索最多的餐饮关键词，就是“火锅”，这个数字比2019年增长了11.6%。这其中相当一部分原因就是吃火锅的自由度更高，自选食材、自己烹饪、自行调料。而反过来，火锅的这一特点，使得开一个火锅店，能最大限度地节省成本，至少不再需要炒菜的大厨。

总之当年我刚进入户外圈的时候，有段时间就是次次在户外吃火锅，基本上能涮的东西都涮了过来。以至于我后来觉得大家出去不是为了徒步，而是为了能到野外吃一顿沸腾而热烈的火锅。

但后来我琢磨，袁枚的话也不是没有道理，火锅会让人们的口味变得单一甚至粗粝，从某种程度上说，这就有点像越来越多的人倾向于通过短视频花五分钟看完一部电影。我在成都的时候，成都的伙计请我吃饭，席间感叹，即使在成都，真正优秀的川菜馆子也属于凤毛麟角，人们的口味都被“短平快”的火锅占据了。很多成都人三五天就要吃一顿火锅，换句话说，火锅的蓬勃，从这个角度来分析，是挤压了川菜的空间。

虽然全国各地都有很多人对火锅、麻辣烫充满了热爱，但正如我一开始说的，我其实对火锅并没有什么特别的感觉。抛开川渝地区不说，至少在新疆，显而易见的是，女性群体比男性更热爱吃火锅、麻辣烫。当然凡事总有例外，在我的朋友圈里，就有酷爱火锅的男性，爱得死去活来。

我在阿勒泰的一位老伙计，就是一个坚定不移的“火锅党”，因此他每次来乌鲁木齐的时候，了解他喜好的伙计们都是挨个请他吃火锅。一般来讲，除了早饭不是火锅之外，其余顿顿都是川式火锅，不过考虑到这位伙计本身原籍就是四川，倒也并不算意外。比较意外的是，在我身边，有不少维吾尔族的朋友也酷爱川式火锅。

我的一位维吾尔族小兄弟就曾对我说过，他最喜欢吃的，就是麻辣火锅，他说这话的时候，我还很清楚地记得是在一家德庄火锅店里。当时这位伙计拿着筷子告诉我，他新婚的时候，和妻子旅行结婚，二人过足了吃火锅

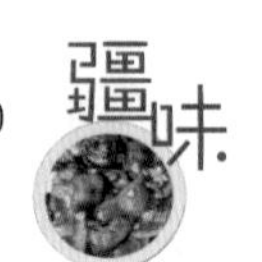

的瘾——我甚至都怀疑他和他妻子的结合，在很大程度上都是因为在吃麻辣火锅道路上的志同道合。

而且这位小兄弟坚持认为，火锅一定是游牧民族发明的。当然，我们知道，火锅分为很多种，如果说是游牧民族发明的火锅，那么与涮羊肉应该是有着一定的关联，而打甂炉显然是沿海的渔民发明的，川式的火锅起源也很清楚，来自川渝地区底层的苦力。事实上，最早的火锅我们可以一路追溯到青铜时代的鼎甚至新石器时代的陶器，所谓“钟鸣鼎食”，不过是带着歌舞的火锅宴。而“问鼎中原”，其实就是问了问九个超级大火锅，大概冀州的鼎用来涮羊肉，青州的鼎用来煮肥牛，而扬州的鼎则用来煮海鲜。

但不管火锅是什么人在什么时候发明的，对我这位小兄弟来说，都不是关键，关键是他对我说，要不是怕火锅吃多了容易得食道癌，他恨不得一周七天，天天吃火锅。

当时他说这些话的时候，是在很多年前，我很惊奇于一个维吾尔族人竟然如此热爱麻辣火锅。但很多年后，我似乎是在猛然间发现，麻辣火锅竟然成为维吾尔族人最为热爱的美食之一。是的，你没看错，今天的新疆，最热爱麻辣火锅的，竟然是维吾尔族人。

我第一次注意到这一点是在五六年前的于田县。

我们知道，和田地区不仅出产和田玉，还是维吾尔族美食聚集地，很多维吾尔族美食，比如玫瑰花酱馕、烤鹅蛋等都是发轫于和田，进而遍及全疆。包括乍看上去貌似黑暗料理的西瓜炖鸽子，或者说西瓜煲鸽子汤——用整个的西瓜当容器，掏空后放入鸽子来炖。

当时我一个人晃悠在于田的夜市上，夜市的摊位整齐划一，摊主都统一着装，穿着传统的袷服，非常具有地方特色。我一个摊位一个摊位地看过去，蓦然发现一大锅麻辣烫，锅里呈放射状摆放着各种食材，而更重要的是，众多的维吾尔族老乡围在大锅旁大快朵颐，吃得津津有味，可谓人气爆棚。

后来我在乌鲁木齐和妻子女儿瞎转的时候，也发现了同样的麻辣烫，在路边的窗口热气腾腾地摆放着，过来过去的行人都可以驻足来上几串或者打包带走，也可以在店内慢慢吃。女儿见到了麻辣烫立即就要了几串，我尝

了一串，应该是一串羊的喉管或脆骨之类，入口鲜香麻辣，滑嫩入味，颇为不错。

之后我才发现，乌鲁木齐南面早已遍地是麻辣火锅店了。事实上有段时间我打算在乌鲁木齐南面找一个炒菜馆子聚会，竟然找不到合适的，满目所见各式各样的麻辣烫火锅店，而显然这些店铺面对的都是维吾尔族食客。

而2020年新冠疫情期间，我在乌鲁木齐南面的某个社区，和大家伙儿一起忙着抗疫，社区里的维吾尔族工作人员在忙碌了几天之后，犒劳一下自己的方式，就是聚在一起大家动手做顿火锅吃，遇上谁过生日了，也是聚在一起大家动手做顿火锅吃。事实上在当时，并不允许大家在一起聚餐，从这一点来讲，大家显然是在“顶风”吃火锅，哪怕是挨一顿批也在所不惜。

后来我的维吾尔族同事给我说，现在的维吾尔族女孩子，都是晚上拿麻辣烫当消夜，反正无论是晚上唱完歌还是跳完舞，都要再吃几串麻辣烫才算是给一天画上了个完美的句号。

而我的这位维吾尔族同事还说，前段时间有个伙计问他，自己想开个餐饮店，不知卖什么好。我这位维吾尔族同事毫不犹豫地告诉他：“那还用说吗？就是火锅店。你看看咱们周边的这些餐饮店，只要是能赚钱的，都是火

锅店。”

麻辣火锅、麻辣烫在维吾尔族群众中意外地勃兴，正好说明了美食的融合一刻也没有停止过，在新疆，这种融合和发展或许更为突出，或者说，融合得更为彻底。从以前的拌面、炒面到土火锅，再从如今的大盘鸡到炒米粉甚至川味的辣皮子馕，都是这种融合的代表。而麻辣火锅与麻辣烫，则是正在我们身边发生的一个融合样本。

麻辣火锅在维吾尔族人中间流行和融合，其实不光是在乌鲁木齐这样的大城市，在南疆的农村也一样，甚至有过之而无不及。

我的一位老伙计曾经给我讲过这么一件事，当年他在和田的某个村里，请村里的维吾尔族主任一家吃饭，所吃的大餐，就是到镇子上吃一顿麻辣火锅，吃完之后，大家一起回村，小地方，本身路上遇到的熟人就多，而这位村主任，只要是遇见了熟人打招呼，都会看似云淡风轻地点点头，说："嗯，刚才嘛，吃了一个火锅。"

★延伸阅读：夹沙

新疆的夹沙，以牛羊肉为主料，为回族人常见的一道菜肴。

简单地说，新疆的夹沙是先将牛肉或羊肉剁成肉馅，放入盐、葱、姜、蒜、花椒粉、胡椒粉、料酒、淀粉等辅料，之后将调好的肉馅均匀抹在煎成的蛋饼上，再盖上一层蛋饼——也有用豆腐皮代替蛋饼的——将其定型后切块，通常切为菱形，放入油锅炸透即可。炸好的夹沙可以直接食用，但更常见的吃法是与木耳、黄花菜等同烩，或者制成椒盐夹沙、糖醋夹沙等等。同时夹沙也是新疆土火锅里不可或缺的一味菜肴。好的夹沙要求口感酥软，鲜香不腻。

土豆的新疆味道

小时候,小伙伴们往往喜欢拿大家的原籍来互相开玩笑,小孩子也不知道什么是地域歧视和“地图炮”,就只当是一种戏谑。

对于原籍甘肃的,则都是称作甘肃洋芋蛋。洋芋蛋,就是土豆,反正在新疆,土豆、洋芋两个名称一直都在口语中同时使用。记得当时还有一个说甘肃人的顺口溜,但我今天已经记不全,只记得后两句是“炕上躺的是尕老汉,锅里煮的是洋芋蛋”。而时至今日,这两句顺口溜早已随着某段快板书而广为人知。

正因为如此,在我小时候的认知中,一直觉得天底下,最离不开土豆的,应该就是甘肃人。

而对于原籍为甘肃的小伙伴来说,自然不会甘心好端端地就变成了洋芋蛋,我的小伙伴中就有人反驳:“我们甘肃洋芋蛋,是早上吃羊,中午吃鱼,晚上吃蛋,羊、鱼、蛋!”

今天我当然知道,甘肃洋芋蛋自然不是一日三餐吃羊肉、鱼肉和鸡蛋,而之所以说甘肃洋芋蛋,只是指曾经在困难时期,甘肃人只能以土豆做口粮。当然后来我逐渐知道,吃土豆其实并不是甘肃人的专利,反倒更是在西餐中有着不可撼动的地位。土豆,这种原产于美洲的茄科植物自从被哥伦布带回旧世界后,便从此改变了整个人类历史的进程。

关于土豆对人类历史进程的影响,最为人熟知的例子,莫过于其与爱尔兰的关系。高产而可口的土豆首先使得爱尔兰的人口得以增长,但随后便

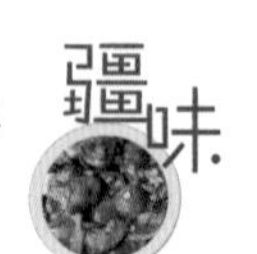

爆发了大范围的病害导致土豆绝收,造成了空前的爱尔兰大饥荒,大饥荒不仅加剧了爱尔兰与英国的仇恨,更导致了大约四分之一的爱尔兰人远离故土,迁往美国,从而又改变了美国的人口结构。仅仅就这一件事来说,土豆对世界的影响,就已经足够深远而重大。

作为一种农作物,土豆大约在明代引入我国,然而我一直都很奇怪的是,土豆在中国却并没有如欧洲那样,对人口的增长起到那么大的作用,真正令中国人口激增,或者说在饥荒中能救命的,是另外两种来自美洲的作物:玉米和红薯。而这其中,似乎红薯对中国人有着更为重要的意义。

在我小时候,常常听到长辈关于如何度过饥荒的故事中,更多出现的,都是吃苞谷面或者红薯,鲜有听到吃土豆的,以至于很多老一辈一提到红薯就胃酸,或者说,一提到当年吃不饱肚子时,就会提到红薯,进而便会提到当年吃红薯吃得直吐酸水的惨状——总而言之,在饥饿的记忆中,中国人对红薯的记忆明显更为刻骨铭心。

对于这一点,我们难免会疑惑,从味道和作用上来讲,显然土豆比红薯更适合作为一种主粮。红薯有着更高的糖分,正因为如此,吃多了会胃酸、烧心。而反观土豆,不仅没有这个问题,且更加香绵,可粮可菜,否则在电影《火星救援》中,马特·戴蒙如果不是吃土豆,而是连吃几年红薯的话,估计还没撑到救援,就已经吐死在一片酸水之中了。

那么为什么中国人没有如爱尔兰人那样以土豆为主食,而是选择了红薯?

对于这一点,我一直疑心是红薯的产量要高于土豆。一查,果然,如果不考虑土壤差异的话,据说通常土豆的亩产为2—3吨,而红薯则为3—5吨。我看到一个统计数字,2010年,中国的土豆亩产平均为1040公斤,而红薯则为1430公斤。如果这个数字准确的话,那么一亩地,红薯就能比土豆多收获近400公斤——这对处于饥荒时期的人们来说,自然更有诱惑力。

而且红薯的亩产不仅高于土豆,还有着一些看起来超过土豆的优势。

比如红薯秧子可以吃，而土豆不行；红薯可以直接生吃，而土豆也不行；红薯还可以制成地瓜干长久保存，土豆在这一点也远逊于红薯。另外红薯比土豆的含水量低，因而更顶饿、热量更高等等。

不过尽管如此，在新疆，无论是以前还是现在，见到更多的，却始终是土豆而不是红薯。即使时至今日，土豆在新疆的种植面积也有着大约50万亩。

以往的新疆人过冬都要储藏大量的冬菜，亦即所谓“老三样”，不过很长一段时间，我都没有搞清楚“老三样”到底是指土豆、白菜、胡萝卜，还是土豆、白菜和大葱。这几样蔬菜每年入冬之前，都会一卡车一卡车地出现，以“霸屏”的方式提醒新疆人冬季将至。尤其是大白菜这样带有不羁而张扬属性的，每折腾一次，就会洋洋洒洒地在地上掉一层菜叶，因而每当某个单位或大院分完一次大白菜之后，分发大白菜的场地就像是一片厮杀之后的战场，一片狼藉，高调宣告着冬季的逼近。

相比之下土豆就要低调得多，内敛而质朴，其储藏的方式也是如此。当年每家每户都挖有菜窖，土豆就被一个个埋在土里，吃的时候现刨。对于新疆人来说，没有土豆的冬天，在当年是不可想象的，而土豆的神奇之处也正在于此，无论怎么吃，也不会让人如对待红薯或者大白菜一样产生厌倦甚至恐惧。

新疆人最为家常的土豆吃法，无非就是切丝爆炒或者切成滚刀块儿红烧，而将其作为配料时则切成丁或者切成片，放在汤面之中。

曾经，我们在电影院看到来自社会主义阵营的外国电影，这其中有不少影片来自东欧，而东欧人显然也是吃土豆的狂热分子，因此便经常会在不经意间，看到这些影片中出现土豆菜肴。

记得曾有一部东欧影片中就出现过土豆炖牛肉，电影名字和内容早已忘了个精光，唯一没忘的，就是影片中的土豆炖牛肉。在大锅中炖得接近糊状，虽然看起来黑乎乎的远不如中国菜肴的卖相，但是只要一想到这是土豆与牛肉同炖，立马就会脑补出香浓的味道——毫无疑问，土豆与牛肉是这个世界上最为美妙的搭配之一。

后来有一次，我的一位小伙伴看到有人端着一碗炖土豆，立刻幽幽地对我说："这样的炖土豆，我能一直吃，一碗接一碗，多少都行。"

这位小伙伴说这话的时候，表情肃穆，目光虔诚，饱含着对土豆的深情，当年他的这番形象给我留下了难以磨灭的记忆，直到今天仍历历在目。而这位外号叫作"大嘴"的小伙伴，自成年之后，我们便再未见过，不知道今天吃起土豆来，是否还能一碗接一碗地吃下去。

如今土豆的吃法自然是比当年丰富得多，炸薯片、土豆条大概是现在孩子们的最爱，而新疆人在烤羊肉串的同时所烤的土豆片，也一样被孩子们喜爱。比如我在每次家庭聚会烤肉时，孩子们往往都是要专门留着肚子，等着吃完烤肉之后再吃两串烤土豆。

土豆丝，则一直在新疆保持着王者的地位，很多新疆人还很喜欢将酸辣土豆丝称为"国菜"。但实际上土豆丝远远不可能达到所谓"国菜"的地位，酸辣土豆丝就更不可能，至少在我国东南的一些省份，土豆丝作为一道菜肴就没有什么存在感，更别说酸辣口味的了。

不过这对新疆人来说倒无所谓，反正自己对酸辣土豆丝一往情深，自娱自乐就好。而且在新疆所有的拌面馆子里，也都有着酸辣土豆丝拌面这么一种组合。放入青椒同炒，醋味突出，追求爽脆，但我却一直不怎么喜欢土豆丝与面的组合，一方面我更喜欢将土豆做成绵、沙的吃法，另一方面现如今土豆已经被国家纳入主食的行列，而用土豆丝拌面，怎么看都觉得有点用主食拌主食的感觉，就像是用馒头就米饭。

不过我个人代表不了新疆人，更代表不了甘肃人。

很多年前，有一位甘肃的网友，跑到新疆打工，大概是时运不济，丢了身份证，找不到工作，后来找到我求助。我虽然无能为力，但请他吃顿拌面还

是必需的，记得当时我问他吃什么菜的拌面，而且也给他推荐了最贵的过油肉拌面，但这位老兄坚定不移地说："土豆丝，就来土豆丝拌面。"

与土豆丝拌面相比，在新疆还有一种拌面，拌的面，索性就是土豆。

比如在昌吉回族自治州的东三县（奇台、木垒、吉木萨尔），就有着一道当地美食：洋芋鱼鱼——虽然说起来有点绕口，但当地人就是这么任性地不将其叫作土豆鱼鱼。

所谓鱼鱼，应该是来自对漏鱼儿的叫法，也就是略微细长，但成不了条索状的面条。具体做法是将土豆制成土豆泥，挤干水分后，加入一定的面粉，搓成一截一截、两头细中间粗的形状，用来做主食和菜同拌，或者直接爆炒成为洋芋鱼鱼。

这种吃法，实际上就是当年吃不饱肚子的时候，土豆代粮的吃法。

曾经我在山里乱跑，去天山中的车师古道、吾塘沟等地，都会先在吉木萨尔县城吃顿饭后再进山，这样，便会经常遇到这个洋芋鱼鱼。

有一次我带着一支队伍，在县城路边的饭馆吃饭，队伍中有年轻人对这个洋芋鱼鱼深感好奇，不知道是什么玩意儿，更不知道味道如何，对不对胃口。后来见队伍中有人点了洋芋鱼鱼拌面，一个队员立刻过来夹了一筷子塞到嘴里，未曾想一尝之下，仿如被电击了一般，瞬时瞪大了眼睛，连连说："我也要洋芋鱼鱼，我也要洋芋鱼鱼！"——那情形，就好像是一个饿极了的幼儿园小朋友，急不可耐地让老师给自己打饭。

通常人们都会说洋芋鱼鱼不宜多吃，因为不好消化。但按照我的亲身经历，反而是吃完了洋芋鱼鱼拌面之后，会更快地感到饿，没有正儿八经的拌面顶饿。不知道是不是

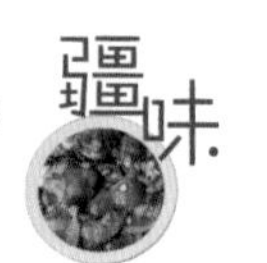

多年以来,早已养成了一副能吃土豆的肠胃,对土豆更容易消化。

相对于洋芋鱼鱼这种传统吃法的再现,土豆的吃法中,发展最大的,应该是将土豆块儿,或者说切成滚刀的土豆疙瘩,加到了大盘鸡中。

事实上,在一份大盘鸡中,土豆更受欢迎。无论男男女女,在吃大盘鸡时,都对其中的土豆更有兴趣,吸饱了鸡汁的土豆,口感软糯、香味浓郁,与鸡肉相得益彰,更准确地说,比鸡肉更为鲜美。正因为如此,一份大盘鸡最先被挑拣着吃完的,基本都是土豆而不是鸡肉,所以在新疆吃大盘鸡,最常听到的一句抱怨就是:“土豆又没几个钱,多放一点不行吗?”

除了上述的几种,在新疆还有着更加多种多样的土豆吃法,比如与肉片同炒的哈萨克土豆片,土豆与羊肉、胡萝卜同炖的胡尔炖,洋芋搅团,等等。不过我觉得土豆最香的吃法,还是自己的土法烤土豆。

我在这里所说的土法烤土豆的“土法”,并不是一种形容,而就是字面的意思,在土里烤。

烤土豆有着多种烤法,最为常见的,大概就是放在烤炉里烤。但这种烤法,我和我的小伙伴们都觉得了无情趣,完全没有了烤土豆的野趣。

大概是在我十五六岁时,第一次接触了这种土法烤土豆。

当时我和小伙伴们闲来无事,便有人提议不如烤土豆。于是大家伙儿从家里带来土豆和一些柴火,选择了一个地方开始操作。

当年所选的地方是在一座小山丘的脚下,这座山丘今天早已被房地产公司削平,盖成了居民小区,而当年这里却基本没什么人,因而也就成了我们理想的烤土豆地点。

大家先在地上挖一个坑,周边围一圈找来的土坯,然后放入引火之物,点火,加入柴火烧,等烧得差不多,坑内被烧热,而围着的土坯被烤到滚烫之后,立刻扔入土豆,并快速推倒土坯,踩碎,覆盖在土豆之上,然后用挖出来的土将一切严密地掩埋起来,宛如一个小土包,事实上就是利用热量将土豆焖熟。

而这种烤法的要点是,选择的土豆一定不能太大,否则难以焖熟焖透。至于为什么要专门用土坯,应该是土坯更容易吸收和保持热量。

接下来就是等待，由于是靠热量将土豆缓慢焖熟，所以心急吃不了热土豆，大约要等一两个小时——这对当年的我们来说倒也无所谓，反正大家一天到晚无所事事。

而实际上，当时的我对这样的烤法深表怀疑，一直疑心用这样一点热量能否将土豆烤熟。然而等时间到后，开始往外扒拉土豆的时候，虽然还没有见到土豆，但我的所有疑虑却都已经烟消云散了，因为用木棍扒开土堆，热浪立刻涌了出来，埋在下面的土热得烫手。

大家一哄而上开始在土堆中寻找焖烤的土豆，一个个大嚼起来，这样焖烤的土豆香气四溢，绵沙无比，而且在土中刨食，又有了类似于寻宝般的乐趣。唯一的问题是，如果挖出来的土豆剥皮剥不干净，或者稍不注意挖烂土豆的话，便会多多少少吃到点土。事实上，当时大家都猴急猴急地抢着吃，完全不在乎这点问题，所以吃到嘴里的土豆往往会夹杂着一些沙土，嘎吱嘎吱地响，但大约也正是这样，这样的土法烤土豆吃起来，才更有着不一样的心境与体验。

很多年以后，当年和我一起参与这场烤土豆的表哥赵大问我："你还记不记得当年烤土豆那次，你还和一个人打了一架？"

说实话，对于吃烤土豆打架这件事儿，我的脑海中一点印象都没有留下，现在回忆起来，除了记得当年的土豆有点儿牙碜之外，就是那些土豆的

香浓鲜美，根本不记得竟然还有过打架这回事儿。

这说明，土豆留给我的，只有最美好的记忆，或者说，土豆早已过滤掉了一切和美味无关的东西，我只要记住当年土豆的香甜，就足够了。

★延伸阅读：车师古道与吾塘沟

车师古道，又名他地道，为天山众多的古道之一。

东西走向的天山山脉将整个新疆切割为南北疆两大区域，其间只有为数不多的山口贯通两地，交通上十分不便，因而自古以来，人们便在天山之中开辟出了一条条的古道。而车师古道，便是其中最为著名的古道之一。

汉代史料中所记载的前后车师国，就是通过这条道路而连接，这也正是这条古道得名的由来。车师前国的治城在今天吐鲁番市高昌区的交河故城，这一点早已毫无疑义。而车师后国的所在地却扑朔迷离。按照史料记载，车师后国的位置位于天山北坡的务涂谷，但务涂谷是今天的什么地方，长期以来一直有着多种说法，一般只能含糊地认为其位于吉木萨尔县或周边的某地。

时至今日，通过考古工作者的不断努力，已基本可以认定，务涂谷就是位于吉木萨尔的吾塘沟，所谓吾塘沟，其实就是务涂谷的转音。

在古代，车师古道一直是贯穿天山南北的主要道路，同时也是商旅和军队由吐鲁番盆地进入北疆的要道，即使在今天，两地的农牧民依然会选择此条道路穿行于吐鲁番与吉木萨尔之间。

车师古道全程约60公里，最高点为琼达坂，海拔3454米，“琼”，意为大。车师古道景色壮美，其南麓吐鲁番一侧，风光苍莽；北麓吉木萨尔一侧，宏伟秀丽。

新疆的野蘑菇

蘑菇是一种真菌，这让我一直觉得，蘑菇是一种介于荤素之间的东西，从这个角度讲，蘑菇可以当肉来吃，或者说可以与肉类媲美，似乎是有些依据。

大自然中，已知的真菌有十几万种，只不过绝大多数都是小型的，我们所说的蘑菇，则是大型真菌，而即使是大型真菌，目前已知的也有六千余种。但这些知识对一个吃货来说，只是停留在书本上的一个数字而已，属于一不留神就会忘掉的内容。一个吃货对蘑菇最朴素的认知，就是一条：无毒的和有毒的。换句话说，就是能吃的和不能吃的，简单而直接。

我一直坚信，至少咱们在普及辨别蘑菇毒与不毒的知识方面，一直是努力不懈的。反正自打我记事起，印象中接触的所有关于蘑菇的知识，几乎毫无例外都在强调这一点，只要是介绍蘑菇的儿童读物，怎么区分毒蘑菇这一块内容都是标准配置，而这些区分的方法，归结起来，大体上都是从蘑菇的颜色、形状和气味这三方面来入手，然而问题在于，这三大原则却并非放诸四海而皆准，往往有所例外。比如一般来说颜色鲜艳的蘑菇有毒，但也有颜色艳丽无比的蘑菇不仅可食，而且还是珍品——这就不免让人灰心，从根本上打击了学习蘑菇鉴别知识的热情。

对于一个在城市里生活的人而言，大约所能见到的蘑菇，基本都是鬼伞科的蘑菇，也就是所谓的“狗尿苔”，当然，这只是指那种处于生长状态中的蘑菇。至于摆在菜市场或者摆在碗碟菜盆中的蘑菇，则是琳琅满目。这里面，便包括了野蘑菇。

相比一些吃蘑菇的大省，新疆人吃野蘑菇的方式略显单一，最为常见的便是作为汤面的配菜，即所谓“野蘑菇汤饭”。除此之外，比较常见的还有野蘑菇炒米粉，虽然我一直很怀疑，如今乌鲁木齐街上那些冠以野蘑菇的汤饭或炒米粉中，到底有几片是真正的野蘑菇？

在普通人的菜谱和餐桌上，蘑菇差不多都是人工种植的，而这些人工种植的蘑菇，很多吃起来都索然无味，带着工业化生产的气息，远远没有蘑菇该有的鲜香，让我吃起来，总有隐隐约约的洗衣粉、樟脑丸之类的味道。

后来我和一位种植蘑菇的老兄喝酒，酒至半酣，这位老兄借着酒劲一再给我强调，凡是市场上买回来的蘑菇，一定要洗透，再用力挤干水分，如是反复数次才能入口。

从那以后，对于人工种植的蘑菇，我便充满了戒心。

相比之下，野蘑菇自然就不会有这样的担心，即使这些野蘑菇长在一堆牛粪旁，也一样是在日月和雨露之下，集天地之灵气，一点一滴积攒了蘑菇原本应有的味道。唯一让人担心的，就是有毒无毒的问题。而解决这一问题的方法，说到底也很简单有效：就是只采摘和食用自己认识的蘑菇，凡是看起来不太面熟的、拿捏不定的，一概不碰。

能够食用的野蘑菇，主要集中在担子菌门伞菌目和子囊菌门盘菌目两个类别之下。简单地说，担子菌就是伞状的蘑菇，而子囊菌就是羊肚菌这样的蘑菇。新疆的山野里，经常能碰见一批以采摘野蘑菇为职业的人，翻山越岭如履平地，神出鬼没来去无声，手拎着袋子在山林里游移。

但要是说采摘野蘑菇，新疆山野里生活的哈萨克族人无疑有着地利之便。

哈萨克族人以前并不吃蘑菇，只是会将一些药用蘑菇，如马勃，俗称“灰包”“马粪包”等，当作止血之类的药材。在哈萨克语中，蘑菇被称为“桑额热奥库拉克”，直译过来就是聋子耳朵的意思，这无疑是因为蘑菇看起来像是一个个耳朵，这与汉语中同属于担子菌门伞菌目的木耳，是一个命名思路。

维吾尔族人早年吃蘑菇并不十分普遍，在维吾尔语中，对蘑菇的叫法有

多种,“赞布洛克”是维吾尔语中比较书面的叫法,意思是菌类,或者干脆按照汉语的叫法,就叫作蘑菇。在南疆,对蘑菇则还有一种称呼是“也里得克依”,意思是土里的疙瘩,从这个名字上看,南疆的维吾尔族人食用蘑菇的历史似乎也不会太过久远。

但时至今日,世界大同,无论是哈萨克族人还是维吾尔族人都一样会吃蘑菇,山里的哈萨克族人更是会采摘了蘑菇来卖,总之山外的人们需要什么就采摘什么,野蘑菇也是一样,没有买卖就没有采摘。

有一种说法,说是随着人民群众对野蘑菇的需求日趋增长,野蘑菇也随之发生了进化,准确地说,是吃野蘑菇的虫子发生了进化。一般来说,野蘑菇在生长出来一两天后,就会生虫,成为虫子的美餐。但是据说随着今天人们采摘野蘑菇的速度越来越快,野蘑菇生虫的时间也随之大大缩短,往往在野蘑菇出现后数个小时就已经生虫,虫子会尽最大可能在人类发现之前就把蘑菇吃掉。

对于这一点,我曾向人求证过,不过我所求证的那些人,显然是属于每次都能够抢在虫子前面的那一类人,所以我至今也搞不清楚今天的虫子是否已经进化。但不管是几个小时还是一两天,总之吃野蘑菇这件事儿,显然是人类与另一个物种的一场竞争和赛跑。

其实采摘野蘑菇,也是一项技术活儿,重点是需要经验,对野蘑菇的生长环境了然于胸。而一个缺乏蘑菇采摘经验的人,可能在树林里踅摸一整天也找不见一个蘑菇。

曾经有一位美女就给我讲过她采蘑菇的故事。说是有一次她组织大家去山里采蘑菇,谁知一路走来,眼见着别人纷纷斩获,自己却一无所得,终于从胸有成竹变成气急败坏,因而坚持要走在队伍的最前面,结果没走几步就被绊了一大跤,这位美女爬起来连连抱怨自己运气太差,不仅蘑菇捡不上,还莫名其妙摔一跤。然而后面的人赶过来一看,不由得大笑:“你不是捡蘑菇吗？被这么大的蘑菇绊倒都看不见?”

美女定睛一看,原来绊倒自己的,竟然是一个汤盆般的硕大蘑菇。

这样的经历,我也有过亲身的感受。早年有一次在天山里乱转,遇到一

位哈萨克族男孩，于是大家同行，边走边聊，这个孩子一面和我们聊天，一面会时不时地突然加速，冲到路边或者坡上，手到擒来便采摘到一个个的羊肚菌，喜笑颜开地回来继续和我们同行，这让我觉得自己大概长了一双只会出气的眼睛。

羊肚菌因为是棕褐色，又生长在较为阴暗、隐蔽的环境——大多数的情况下是生长在杉树、松树之下，和遍地的松果、杉果无论是形状还是颜色都很接近，因此寻找起来就具有了一定的难度，有时候甚至就在你的脚下，你还一无所知。

有一年我和一帮伙计在喀纳斯的山里扎营，我们选择的营地里，其实就有一片茂密的羊肚菌，然而大家在草地上扎帐篷的扎帐篷，聊天的聊天，过来过去的竟然都没发现脚下成片的羊肚菌，直到一个伙计准备在那片羊肚菌上支锅做饭，才猛然发现开会一般聚集在一起的羊肚菌，而且其中的几个羊肚菌都已经被我们在毫不知情的情况下踩得稀碎。

不过好在没有踩碎的羊肚菌更多，于是在大家的一片惊呼中，这些羊肚菌统统成了那天晚上我们的加菜。

羊肚菌虽然在世界上分布得颇为广泛，但依然是一种名贵的菌类。在

欧洲，羊肚菌往往是作为上等食材来食用，法国人更是用其来搭配他们的白兰地，成为制作美食不可或缺的食材。在中国，羊肚菌作为上等食材，和药材的历史也一样源远流长，无论是在李时珍的《本草纲目》，还是袁枚的《随园食单》中，都有羊肚菌的一席之地。时至今日，我们往往还能听到一公斤晒干的上等羊肚菌能卖到上千元甚至数千元的消息。

据说羊肚菌除了常见的炖肉煲汤之外，更为经典的一种吃法是将肉馅塞入其中，蒸熟而食。但我所吃的羊肚菌，因为都是在野外随手而得，因此基本上立即就扔到锅里烧了汤，吃法简单粗暴，滋味或许就打了折扣，吃起来远没有多么的不同。

不过我觉得，在野外吃羊肚菌之所以不过尔耳，应该还有一个重要的原因，就是理念的问题。

记忆中最具典型性的一次，是曾经在伊犁的库尔德宁，大家采摘到了几个羊肚菌，但是那次同去的人少说也有三十个，羊肚菌怎么分也不能保证每人一个，因此用羊肚菌来炖汤就成为最佳的选择。

我的理念是，虽然要让所有人都能品尝到羊肚菌，但也不能为此而炖一大锅汤以保证人人喝个够，炖汤还是应该按照羊肚菌的分量来炖，哪怕一个人最终只能喝一小口也行，目的是保证每个人能尝到真正的鲜美。

但是我这个方案最终没有通过，大家伙儿还是用一个大锅炖了足够三十个人喝两顿的羊肚菌汤，这样炖出来的汤固然每个人都能敞开了喝，但却索然无味，早已没有了羊肚菌的鲜美。

羊肚菌固然在全世界享有很高的知名度，但我觉得，真正能够作为新疆蘑菇美味担当的，应该是巴楚菇，这种蘑菇主要生长在南疆的巴楚、轮台等

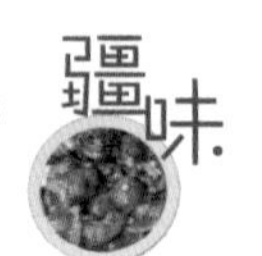

地，因而得名。因为其生长在胡杨林里的缘故，巴楚菇又被称为“胡杨菇”；同时又因为这种蘑菇犹如在柄上顶着一簇木耳，也被叫作“木耳蘑菇”。事实上巴楚菇和羊肚菌一样同属于子囊菌，被称为“裂盖马鞍菌”。

我第一次吃到这种蘑菇，是在轮台的一次宴席上，当时上了一盘清炒的巴楚菇，看起来其貌不扬，低调地混杂在一桌子的羊腿、羊排之间，根本引不起众人的注意。席间大家都忙着劝酒、割肉，也没人顾得上介绍这盘灰不溜丢的东西是什么。

新疆人都知道，轮台的羊肉鲜香浓郁，烤全羊的风味更是在整个新疆数一数二，因而在酒过数巡之后，这盘巴楚菇在我面前转过来转过去了好几轮，也没见有人下箸。

对当时的我来说，轮台羊肉的味道我知道，但这盘灰不溜丢的玩意儿是什么我却不知道，于是当盘子再转过来的时候，便夹了一筷子放入口中。首先感受到的是紧实的口感，像是将多层的蘑菇或者木耳紧紧地压在了一起；而紧接着，便是清爽而浓郁的鲜香滋味在口腔中弥漫，惊艳得让我猝不及防，于是这才知道了巴楚菇。

巴楚菇固然鲜美无比，但是因为生长在沙土较大的胡杨林中，自身又带有深深的褶皱，因而烹制起来，最重要的环节是清洗，需要在清水中反复浸泡清洗，才能将其中沙土洗净，方能吃起来不牙碜。从这个角度上说，南疆的巴楚菇，倒也的确是“土里的疙瘩”。

不过我一说起来巴楚菇美味，很多人不服，比如在阿勒泰，那里的伙计们就坚称最好吃的蘑菇是阿勒泰所产的黑蘑菇。事实上，这种当地人所称的“黑蘑菇”是一种牛肝菌。后来有一次，阿勒泰的朋友为了证明他们的黑蘑菇是最好吃的，还专门给我炒了一大盘，为了炒出他所认为的最佳效果，差不多放了半锅油，所以这盘蘑菇吃到最后基本上就是在油里捞着吃。

但不管怎样，阿勒泰的这种蘑菇，口感和味道也都十分鲜美，伞盖部分滑嫩鲜香，柄的部分则有嚼劲，味道清甜，的确属于上品。

新疆除了羊肚菌、巴楚菇以及阿勒泰黑蘑菇这种牛肝菌之外，还有着众多上等的蘑菇，有些品种为新疆独有，如焉耆黑蘑菇（巴尔喀什黑伞）、阿魏

菇等，除此之外比较著名和美味的蘑菇还有鹿茸蘑菇（翘鳞肉齿菌）、钉子蒙古（蒙古口蘑）、伐桩蘑菇（蜜环菌）、鸡腿菇（橙黄蘑菇）等。

不过对于一般人来说，最为常见的，还是白林地菇和大白菇。事实上，我每次到天山里徒步休闲，绝大多数采到的，都是这两种蘑菇。这倒并不完全是因为这两种蘑菇分布众多，更主要的原因是，我和身边的伙伴们，可以百分之百地确认这两种蘑菇，因而能够放心采摘。

白林地菇，新疆人俗称为“草菇”，但事实上与真正的草菇并非一类。而大白菇，因为口感较脆硬，被俗称为“脆菇”，又因为这种蘑菇的伞盖犹如一个缩小版的窝窝馕，因而也被叫作“窝窝馕蘑菇”。

野蘑菇固然美味，但对一些人来说，还是秉承着“有菜不吃菇，有路不走桥”的训诫，对野蘑菇始终报以高度的警惕。

曾经和我的一位同事去乌鲁木齐段的天山，也就是乌鲁木齐人称之为“南山”的地方徒步。那次刚好赶上雨后，蘑菇收获颇丰，我们用采摘的白林地菇和大白菇炒了好几道菜，但这位同事却坚称自己不饿，什么也不吃。等到天色黑透，大家都钻进了帐篷，他才终于摸到餐布前，吃起了残羹剩饭，将我们吃剩的蘑菇一扫而空。

后来这家伙说，他是怕这些蘑菇有毒，因此谎称不饿，在看我们吃了几个小时后，依然安然无恙，才放心去吃——反正如果有毒的话，该发作也早

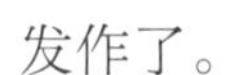

发作了。

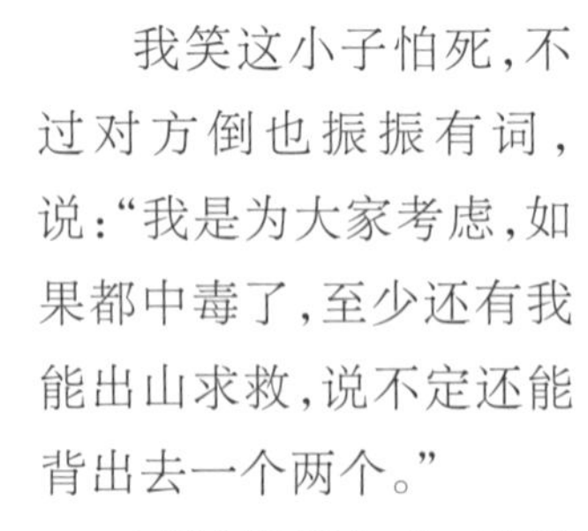

我笑这小子怕死，不过对方倒也振振有词，说：“我是为大家考虑，如果都中毒了，至少还有我能出山求救，说不定还能背出去一个两个。”

不过即使如此，这位同事还是在吃完蘑菇后一晚上都没睡好，总觉得

自己的肚子不舒服,在帐篷里翻来覆去折腾了一夜。

显然,从这一点来看,这位同事至少在儿童时期所受的毒蘑菇教育,要比我深刻得多。

★延伸阅读:新疆野生蘑菇的种类

在新疆,已知的伞菌类有52属200余种,在大型真菌中占主体地位,而大型子囊菌数量很少。在新疆的伞菌类中食用菌有160种,有药用价值的45种,含抗癌活性物质的有19种,有毒菌12种。

新疆的伞菌中很多品种都享有盛名,味道鲜美,不过鲜美的蘑菇都是一样的鲜美,而有毒的蘑菇却各有各的毒性。如丝盖伞(毛丝盖菌、毛锈伞),误食后主要会产生恶心、呕吐、腹泻等胃肠道症状,严重者会有生命危险。花褶伞(舞菌、笑菌、粪菌、牛屎菌),误食后会出现精神异常、跳舞唱歌、狂笑,产生幻视,有人则昏睡或讲话困难等,正因为误食其中毒后会出现跳舞、大笑等症状,因而也被叫作"舞菌"或"笑菌"。而色泽艳丽的豹斑毒伞(蛤蟆菌、捕蝇菌、毒蝇菌、毒蝇伞)毒性之大连蛇蝇都避犹不及,人类误食后会产生剧烈恶心、呕吐、腹痛、腹泻、出汗、发冷、肌肉抽搐、脉搏减慢、呼吸困难或头晕眼花、神志不清及精神错乱等症状。因而如果你真的不是一个"蘑菇专家"的话,完全不建议随随便便地去吃不认识的野蘑菇。

韵

YUN WEI

味

新疆酒量

酒量这事儿，在总体水平上，如果放眼全国来看，我觉得应该是不分什么地域的，谁也别吹自己家乡的人能喝，什么地方都有能喝的和不能喝的。

一般人印象中好像新疆人都能喝酒或者能喝酒的人很多，叫我看来，实际上这只是一个爱喝与不爱喝的问题，与酒量关系不大，而爱喝酒的原因，无外乎地理上的与文化上的。

在新疆喝酒，基本都是要喝50度以上的浓香型。新疆这样的地方，冬天长，漫漫冬季，一打开门就是冰天雪地的，出去站一会儿就冻个透心凉，尤其在以前商品经济不发达的时候，基本上没有开展室外娱乐活动的可能性，而消磨冬天最容易的方式，差不多也就是喝酒了。同样的情况也见于东北、内蒙古甚至整个中国的北方。固然现在无论是在南方还是北方，大家冬季的日常文化娱乐活动也找不出太大的不同，但是早期的这种地理气象影响，却已经成为一种习惯潜伏在了基因里。

曾经在上海，我和一位朋友闲聊，他告诉我，他所在的公司，以前的老板是北京人，只要是有宴请，那必定都是一场喝酒的恶战；而后来换了一位广东老板，吃饭这事儿，就轻松多了，没人再劝你喝酒，这就是大家地域文化的不同。

而所谓“地域文化”，自然也是受地理环境影响而形成的，当然地理因素也决定了生产方式，生产方式反过来也同样影响了地域文化，比如草原民族，无论是哈萨克族还是蒙古族，都对酒有着高度的热爱。

据说禾木、喀纳斯成为景区之前，是禁酒的，原因就是山里昼夜温差大，

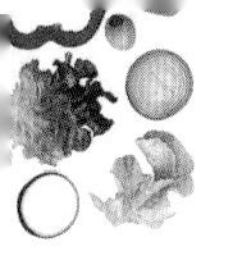

尤其是到了冬季，嗜酒就会成为一种危险的行为，因为往往喝醉了卧在雪地，没人发现的话，绝对就会送了性命。所以后来我在媒体上看到俄罗斯有段时间禁酒，原因之一就是大冬天的，每年都有相当一批酒徒如此这般送了小命，情况相同。

山里牧民们的生活自然更要单调，其实想想牧民们平常赶着一群羊上山放牧，剩下的时光也的确无聊，喝酒显然是能让人自娱自乐的方式中，一种很有诱惑力的选项。

哈萨克族牧民喝起酒来，一般只要没彻底喝到位，也就是没喝醉的话，席间是不能剩下酒的，有多少酒，也都得干掉。而有些地方的蒙古族牧民和你喝酒，如果你酒量不支，躺在了地上，主人是要走过来踢你三脚的，如果踢了你三脚你还有反应，那就拉起来再喝；如果踢完了三脚你的确是“死狗”一条，这才表明喝到了量，是真正的朋友。

虽然现如今的哈萨克族人和蒙古族人喝酒的方式慢慢不再这么极端，但是喝酒一定要喝好的文化基因还始终存在。无论去哈萨克族人家里或者蒙古族人家里喝酒，通常都要做好喝到昏天黑地的准备。

新疆的其他民族，自然也受到了草原民族酒文化的影响，在喝酒方式上一般都是一次一大口，大口吃肉，大口喝酒，坚决抵制用酒盅抿着喝。这固然有着喝起来豪爽、痛快的因素，但有人用心研究后，发现真正的原因是：如果用小酒盅抿着喝或者小口喝，反而更容易醉。理论依据是：这样喝的话，酒精在口腔中都被吸收，酒劲直接上了头。所以很多年前曾有街头喝酒推摩托车的骗术，就是要求用酒瓶盖儿喝一百下还是五十下，如果喝完还能推着摩托车走一百米，那么摩托就归你，否则便要倒给钱。据说这一打赌比赛的方式，在乌鲁木齐的最好成绩，是一位男士喝完了推出去了八九十来米，然后玉山倾颓，功亏一篑。

新疆喝酒的另一个受草原民族影响的习惯是用一个杯子轮着喝。哈萨克族牧民一般就是一个酒杯转着圈轮，所以轮到了你，你就不能端着酒光吃肉或者一个劲地瞎扯来拖延时间，也很难偷奸耍滑，因为一桌子人都盯着你。虽然这种方式貌似有点不卫生，但新疆人都觉得这不算什么，既然能一

起喝酒，就是好兄弟，用一个杯子才表明不见外。我的岳父大人曾经就在牧区工作过，他有一次聊天时，说起在哈萨克族牧民家中吃肉喝酒的经历。时值隆冬，大家吃着手抓羊肉，用着一个酒杯，轮到他时，酒杯沿上都是一层厚厚的羊油，羊油就羊油吧，端起来喝就是——没那么多讲究。

相比之下，维吾尔族人传统的喝酒方式是用两个酒杯，比哈萨克族人多了一个。具体方法是酒官，即酒司令，一次倒两杯酒，依次给在座的每个人，而接过酒的人，不是让你一次喝两杯，而是自己端一杯，另一杯你找人去碰，也就是去给席间的某个人敬酒。原则上，每个人所找的碰杯之人，最好不要重复，能保证一圈下来，在座的所有人都能喝到酒为佳，如此交叉碰杯，把酒言欢。

事实上，这种方法和汉族人酒席间的相互敬酒有些类似，陪客的都要给各位宾客挨个敬一遍，但是相比之下，维吾尔族人的这种方式不仅更为公平，而且气氛上更加热烈而融洽。因此我们在户外野营喝酒，大都采取这种“两杯制”的方式，端起酒杯来找一个人碰，互相诉诉衷肠，谈谈感情，其乐融融。

到了今天，新疆各民族喝酒的方式，总体上都是向着趋同的方向发展，正式场合，比如在大酒店这样的地方喝酒，则大都是以汉文化的方式。而非正式的场合则可能各种方式都有，包括在现今哈萨克族人的毡房中，也会有一人一个酒杯的喝酒方式，除非一些要特意体现民族特色的时候，比如和蒙古族人喝酒，一首接一首地给你唱歌，你听一首就得喝一碗。

但是，人的酒量有高有低，酒量不好的话，在新疆遇上酒局实在

是一件比较痛苦的事儿。不过在维吾尔族人或者哈萨克族人的酒桌上，如果你真不能喝，是可以声明的，一种情况是一开始就要声明，如果理由充足，得到大家认可的话，那么你可以一杯不喝，否则你只要喝了一杯，就表明你可以参与到酒局之中，那就要和大家一起喝下去。另一种情况是你喝到一定程度了，酒力不支，可以声明少喝一轮，按照新疆话说就是“缓一个”。注意，是“缓”，不是“停”，缓过劲儿来还是要喝的，你如果“缓”了一个又一个，就会有人说话：“你都缓了几个了？还没缓过来吗？”而且这种情况，遇到席间比较重量级人物跟你碰杯，那是不能“缓”的，必须要喝。

从这个角度看，在新疆喝酒，其实酒量不是一个很关键的因素，酒胆才更为关键，就是你敢不敢喝，是不是由衷地热爱喝酒这一感情热烈的娱乐活动。

我在年少的时候，和小伙伴们每一次喝酒，都是一场狂欢，反正十七八岁到二十来岁这个阶段，一来酒胆最壮，什么都不怕；二来则的确是因为年轻，酒量大概是人生的顶峰。所以端起酒来鲸吞牛饮，便是一件稀松平常的事儿。那时候如果一次不喝趴下一两个，那就是一场失败的酒局，都不好意思跟人说自己喝了顿酒，只有喝翻一两个小伙伴，才算是一场合格的酒局。大家端起酒来，对人生完全是一种藐视的态度，小伙伴流行的说法是：“钱嘛纸嘛，菜嘛草嘛，酒嘛水嘛。”感觉好像什么都看透了一般，其实那么大年纪的时候，人生才刚刚开始罢了，不过是年少轻狂。

年少轻狂，就会尝试一些奇怪的方式。比如曾经听说有人会将白酒倒入海碗中，然后掰碎了馒头泡进去，连酒带馒头吃下去。我第一次听说这种方式的时候，决定要试一试，于是找了个碗，倒入酒，泡了半个花卷，结果是根本难以下咽，一口花卷下去，整个口腔和鼻腔都是浓烈的酒味，口腔和鼻腔内立即遭受了几十万点的暴击，呛得透不过气来——能以这种方式“喝酒”的人可算是真正的酒徒了，反正我是自叹弗如，敬而远之。

后来我的一位表弟决定再换啤酒试试，吃了一口后，立刻也是一脸怪异的表情。不过我的表弟是一个执着的人，即使口感再怪异，也要坚定地把这碗啤酒泡花卷吃下去，而且他还是一个技术性人才，解决问题的时候不会像

我这样蛮干，而是多从技术层面考虑。因此他沉思了一下，要来辣椒面和醋，倒入碗中，硬是吃下了这碗酸辣啤酒泡花卷。看着他吃完，我问："怎么样?"表弟沉稳而简短地说："还行。"

时至今日，我和我的小伙伴们都一把年纪了，自然不会，也不敢如年少轻狂的时候那么胡吃海喝，能不参加的应酬也都不再参加。虽然有时候难免要喝酒，却也不敢放肆。

今年夏天，在一场酒局上，我对昔日的小伙伴们说："我看，今后咱们还是把喝酒改成品酒吧。"

★延伸阅读：早期华夏文明中的酒器

华夏文明早期的青铜器中，有着大量与酒有关的青铜酒器，比如"觥筹交错"这个表示喝酒的成语中就包含了喝酒用的觥(gōng)和行酒令所用的酒筹。

而尊，则最初是一种盛酒的礼器，一般用于国家祭祀或宴请外宾等隆重场合，属于最高规格的酒器。也正因为如此，尊在汉语中，最终演化出尊贵的含义。

相比之下，壶，则是属于平民大众的酒器，"箪食壶浆"这个成语就清楚地表明，在上古时期，用竹子等编成的箪(dān)，用来盛饭，而壶，则是用来装浆(即酒)。

除此之外，中国的青铜器中还有细腰敞口，类似于今天高脚杯的觚(gū)、带盖的觯(zhì)、带提手的卣(yǒu)、用以祭祀的酒器彝、类似于今天分酒器的斝(jiǎ)，以及角、罍(léi)、盉(hé)、觞(shāng)、觛(dàn)、钟、钘(xíng)、匜(yí)、卮(zhī)、罂(yīng)等名目繁多、功能各异的酒器，表明了早在上古时期，中华文明中对酒器的重视以及具有成熟的礼仪。

这其中，最为今天的人们熟悉的，可能就是爵了，作为一种高等贵族使用的酒器，"爵"这个字和爵位紧紧联系在一起，说明了这种酒器的等级。

新疆人的下酒菜

我一直认为，对于一个真正的酒徒，或者说热爱生活的人来说，世间万物都可成为下酒之物。这就犹如给陕西人一个白吉馍可以夹一切，给广东人一个煲可以煲一切一样的道理。

在用什么下酒这方面，中华传统文化又一次给我们留下了丰厚的遗产，什么人用什么下酒，有着鲜明的区别。

比如文人雅士级别的，通常喝起酒来，即使摆了一桌子鱼肉也不算数，有了也不能提或者尽量少提，必须要有点风花雪月、重阳菊花什么的来佐酒才算有格调。

比如“举杯邀明月”这样的，以月下酒；“还来就菊花”这样的，以菊下酒。读《汉书》读到刺杀始皇，误中副车，“惜乎不中”的，以史下酒。最不济也要“烂煮葵羹斟桂醑”，必须是清淡粗疏的蔬菜，这才显得素雅飘逸，不同于凡夫俗子。至于“持袂把蟹螯”“左手持蟹螯”或者“半醉忽然持蟹螯”，就已经是最下限了，如果是“花糕也似好肥肉”或者二斤牛肉、一只熟鹅，撕吧撕吧地吃，那就成了俗汉，是梁山草寇。

事实上我一直觉得，《水浒传》里的那些好汉们，一坐下来就是以大块大块的肥鸡牛肉下酒，本质上就是为了吃，反倒和下不下酒没多大关系。考虑到水浒故事最初就是给贩夫走卒、底层大众听的，因而极尽渲染大碗喝酒、大块吃肉，尤其是一吃就是一桌子“花糕也似好肥肉”，就是过过快意人生的耳瘾。

显然,从下酒菜上所体现的,往往就是一个人对待生活的态度以及面对人生的方式。

对于普通老百姓来说,自然不会就着明月或者《汉书》来下酒,那太不接地气,没有个《楚辞》在肚子里打底子都扛不住。梁山好汉的那种又过于喧嚣,重点是本末倒置,下酒菜成了下菜酒,基本蜕变成了一种粗莽的炫耀。因此,梁山上的下酒菜模式,事实上也一直在草寇界才有所传承,一直到了威虎山的百鸡宴,还依稀可见这种传统的继承。

普通人最为常见的下酒菜,基本以花生米、毛豆、黄瓜、咸鸭蛋、豆腐干这样的为代表,虽然这类下酒菜会因为地域的不同而略有不同,但都是属于零嘴小菜一类。也正是如此,今天的我们才会知道茴香豆原来有着好几种写法,也知道了"豆腐干与花生米同嚼有火腿味"。

虽然说今天人们各种佳肴唾手可得,但以花生米为代表的下酒菜却始终屹立不倒,高居着霸主的地位。

我有一位老伙计每次喝酒就必须要有花生米,如果让他老人家点菜,就点一道油炸花生米完事儿,其余的则不管不问,无论上一桌什么山珍海味,他都视若无物。对于他来说,没有了花生米下酒,就好像菜里没有了盐,汽车没有了轮胎,方便面里没有了调料包,是没有灵魂的。只有花生米的香脆,方能与白酒的醇烈达到一种完美的平衡,相得益彰,回味悠长。

和花生米类似的,则是油炸大豆。在我的年少时光里,印象中只要是喝酒,似乎都少不了油炸大豆,那时的小卖部里都卖油炸大豆,价格低廉,这大约是因为乌鲁木齐市所属的达坂城区就产大豆。

年少的时候,一般都囊中羞涩,而那时的小卖部里卖的油炸大豆,成为当年我们这样半大不大的熊孩子喝酒的标配。

需要说明的是,新疆人所说的大豆,在很多地方被称为蚕豆,而通常人们所说的大豆,在新疆则被称为黄豆,这一点一定要搞清楚。

大豆,也就是蚕豆,用透明的小塑料袋装着,一眼就能看见大豆被炸得金黄,沾满了盐粒。大家买一瓶劣质白酒,一字排开坐在马路牙子上,用一个纸杯或者干脆对着瓶子,一人一口地"吹"。喝一口酒,吃几粒油炸大豆。

大豆香酥可口，立刻便缓解了酒的辛辣，虽然大豆中偶尔也有如石头般咬不动的，但这都不重要，重要的是有这么一两袋油炸大豆在，立刻便会让坐在马路牙子上喝酒的我们，不仅喝得有滋有味，而且通过不断咀嚼大豆，能有一种心理满足的感觉，这就有了一种喝酒的仪式感，让我们可以充满自信地对路过的姑娘们吹吹口哨。

相较于花生米、凉拌黄瓜这样的传统大众派的下酒菜，还有一类简约派，或者叫硬核派的下酒菜。

比如用辣子面或者大葱下酒，甚至用铁钉或蘸了酱油的鹅卵石，嘲一嘲下酒，等等，无疑都属于只要心中有菜、万物皆可当菜的境界，飞花摘叶，大道无形，非常人所能企及，体现了一个酒徒对喝酒流程的尊重和具备的素养。

这一点，显然我的修为还远远不够，只是景仰的份儿。到顶也就是一瓢凉水就一口酒，更多的是用浓浓的茯茶来下酒，但这种方式本质上是用水或茶将酒冲下肚而已，和那种硬核下酒的方式没有太大的可比性。在这一点上，倒是俄罗斯人在下酒方面和硬核派有所类似。

俄罗斯人的下酒菜一般来说也是颇为简约，切几片肉、肠或者几个西红柿之类，撒一把盐便可，更猛的干脆就是来一大块腌制过的肥油。一口酒下肚，拿起下酒菜后先要放到鼻前深嗅那么一两下再入口，据说是先用气味冲淡酒气。以此为基础进一步发展，则会在没有菜的时候，嗅闻一切可嗅之物，以嗅代吃，比如嗅一个松果，下一口酒，如此下酒可谓取之不尽、用之

不竭。

我的一位小兄弟曾经在俄罗斯混迹多年，告诉我俄罗斯人有时候喝酒，十几个人的桌上，就只有一块列巴（黑面包）下酒，但你千万不要以为这块列巴是用来吃的，它是用来嗅的，轮到了谁，喝一杯酒，抓起来嗅一下，嗅完了还得放回原地让下个人接着嗅。按照我那位小兄弟的说法，那块列巴都被大家抓得快包浆了。

在新疆，虽然没有这种嗅闻派的下酒方法，用水果糖或者酥糖下酒在以前倒是颇为常见。

一般来说，以水果糖或者酥糖下酒的人都属于资深酒徒，手头也不宽裕，因此通常最佳的选择是打几两散白酒来喝，标准的喝法是买两块糖——以大虾酥为最佳。喝之前先剥开一个撂到嘴里，嘎嘣嘎嘣地咀嚼，然后端起酒来一饮而尽，饮毕，再将第二块糖撂入口中，宣告一次精神与肉体洗礼的完成，人生也在一片酒意中得以升华。整个过程起承转合，如行云流水，一气呵成。

由于这种喝法都是站在小卖部之类的柜台前完成，因此散白酒便获得了一个雅称——“柜台大曲”。

据我所知，在以前，很多地方就都有所谓“柜台酒”的喝法。虽然不是以酥糖下酒，喝的也不是高度白酒，但本质类似，典型的如孔乙己，喝的便是“柜台酒”。

时至今日，“柜台大曲”早已被市场淘汰，但这种酥糖派的下酒方式应该依然存在。不过对新疆人来说，真正具备地域特色的全民下酒菜，可以用

“素有皮辣红，荤有手抓肉”一句来进行精准概括。

很多外地人一直认为在新疆排名第一的下酒菜是烤羊肉串，即新疆人所说的烤肉。但事实上这种认知有着极大的偏差，或者说是以自己的经验进行的反推，很不准确。

对一个新疆人来说，烤肉更主要的作用是佐餐，或者配上馕就是一顿正餐，而不是下酒菜。而且烤肉如果用来下酒，大概率是用来配啤酒。在佐啤酒这一点上，烤肉无疑是最佳的选择，烤肉的浓郁与啤酒的清爽会在口中形成绝妙的组合，不仅能够有效地解腻增鲜，且能压制住烤肉上所带的烟火气，让烤肉的鲜香直沁心脾。这也就是为什么有人会在烤肉之前，先将切好的肉块用啤酒腌制一下再穿串儿的原因。

新疆人的烤肉，广义上是包括羊身上所有的内脏，因此烤油包肝、烤羊心顶、烤肠子、烤腰子、烤啬皮等等，都属于广义上的烤肉。只不过有趣的一点在于，这些内脏似乎更适合搭配白酒，或许只有白酒的猛烈，方能扛得住内脏的味道。而羊杂如果爆炒或者凉拌，就更适合佐以烈酒。

当然用烤肉来下白酒也亦无不可，但相比之下，总是少了与啤酒搭配所有的那种神清气爽的效果。

而皮辣红这道菜，之所以会成为新疆人佐酒排名第一的素菜，恰恰是因为其清爽而又有味道。

“皮辣红”这个名字，一目了然就是典型的新疆名字，道理很简单，因为第一个字来自皮牙子的“皮”，而“辣”和“红”则来自辣椒和西红柿。

“皮牙子”是维吾尔语对洋葱的叫法，出了新疆没人会这么叫。否则这道菜大概就会被叫作“葱辣红”或者“洋辣红”了。

皮辣红还有一个名字叫作“老虎菜”，现在新疆很多饭馆的菜单上都这么写。但实际上，源自东北地区的老虎菜和新疆的皮辣红还是有一定的区别。老虎菜的主要用料为辣椒、黄瓜、香菜、大葱等，有时也会加入胡萝卜、花生米和西红柿，也有加入洋葱的。新疆的正宗皮辣红有些也会加入黄瓜，但绝不会加入胡萝卜、大葱之类。而且老虎菜在放醋的同时还会放酱油，皮辣红则只是放醋。但不管怎么说，两者非常相似，很可能是一个起源，由东

北传入新疆后,按照新疆口味改良而成。至少有一点可以肯定的是,不管是在东北还是新疆,这道菜的主要任务都是下酒。反正在新疆,我是没见到过有人点这道菜用来下饭的。

皮辣红佐酒具有极高的宽容度,也就是说白酒、啤酒均可,就算用来佐伏特加或者白兰地也毫无压力。这主要得益于这道菜清爽可口、略有辛香的特点,使其在和酒的搭配中进退自如。

当然,在新疆如果要正儿八经喝白酒的话,单靠一道皮辣红是远远顶不住的,喝白酒,还是得要硬菜。这就需要新疆人喜闻乐见的各类肉食登场了。

新疆的肉食品种,一般人都概括为牛羊肉。但至少在佐酒这方面,最常出现的却是羊肉和马肉,牛肉反倒并不突出。

新疆人吃马肉的传统来自哈萨克族,对于以游牧为主的哈萨克族人来说,马既是最好的生产工具,也是最方便和优质的蛋白质来源。在哈萨克族美食中,马肉最为著名的吃法为纳仁和马肠子。纳仁就是大块肉清炖后,在肉上盖以面片,再加入洋葱等同食。纳仁里可以是马肉也可以是羊肉,肉可以是新鲜肉也可以是熏肉,此外也一样可以放入马肠子。

马肠子都是经过风干或熏制而成,属于一种腊肠,滋味鲜咸。马肉的香气独特而浓烈,十分适合佐以烈酒,而且重要的是十分方便,随时随地可以掏出来一根削着吃。正因为如此,记忆中很多次大家伙自驾游玩,都是在自驾途中,一个人负责一片片地削马肠子,另一个人则负责倒酒,除了司机之外大家轮着喝。大约正是因为有了马肠子这种方便又美味的佐酒之物,因此这样的喝法往往一不留神就能轻松喝出个一二百里地。

和马肠子类似的,则是风干肉。风干肉以牛肉最为常见,羊肉和马肉次之,也有将禽类制成风干肉的。风干肉的特点是味道浓郁而鲜香、肉质纤维紧实而耐嚼,脂肪在风干过程中分解而渗入肉中,干而不柴,油而不腻,差不多就是为佐酒而存在的美味。

毫无疑问,在新疆最大牌的佐酒美食,自然就是清炖羊肉,亦即手抓肉。

这一方面是新疆的清炖羊肉味道鲜美,另一方面清炖羊肉作为一道新

疆人的大菜,但凡宴请几乎必有,属于压轴级美食,更重要的是,新疆人坚信,喝酒吃清炖羊肉是增加酒量的不二法门。换句话说,吃了肉,就不容易喝醉。而这里面的秘诀,则一定是要吃肥的才行。新疆人将这一操作,称为“打底子”,也就是打好基础。

这一理论认为,人在喝酒之前多吃肥腻之物,就会使吃下去的油脂糊满胃壁,使胃中的酒精难以被吸收,从而达到千杯不醉的效果。与之类似的方法,还有先喝两勺清油、吃一个生鸡蛋或者喝一碗酸奶之类的。只不过喝清油这种方法不仅口味不佳,更显得有些刻意,对一个新疆人来说,作弊的意味太过明显。而对于生鸡蛋、酸奶之类,新疆人认为效果稍弱,或者说这样糊住的胃壁,不够密实,强度不足,因而以大家都热爱的清炖羊肉来“打底子”,最为合适,既解馋过瘾,又扎实有效,还不显山不露水,一举三得。

在这一理论的支撑下,吃清炖羊肉“打底子”,自然是瘦的不如肥的,而肥的不如直接吃羊油。在新疆的牧区,很多哈萨克族人索性会在喝酒之前,一人分一大块羊尾巴油,这样塞到口中的羊尾巴油,根本不用嚼,也不能嚼,直接吞咽就是。只不过这种方式比较极端,更常见的还是要挑选清炖羊肉中肥瘦相间的来“打底子”。

除了羊肉上的肥油,还有一种“打底子”的利器,就是羊脑子。我们知道,无论什么脑子,都富含脂肪,而且味道更加鲜美,重点是羊脑子看起来似乎更利于糊住自己的胃。一般来说,只要有了羊脑子,怎么说也能

增加半斤的酒量。

在新疆，以羊肉“打底子”的观念不仅为男士所遵循，女士也一样。我曾经的一位美女同事，就在一次酒桌上对其他女同事面授机宜：“知道你们为什么喝晕了吗？就是没打好底子，喝酒，就要先使劲吃肉，别吃别的，等肉吃足了，就像是在胃里打好了混凝土地基，然后再吃其他菜，保准没问题。”

显然，任谁在酒桌上遇到这样好胃口、有酒量、懂策略还气定神闲、思路清晰的新疆丫头子，都不免退避三舍，自愧弗如。

不过要在山里的哈萨克族人家中喝酒，这位美女的“打底子”步骤则十有八九用不上。

一般来说，山里的哈萨克族人如果毡房里来了贵宾，为了能使客人留下过夜，天黑之前是不宰羊的，而是先上馕和包尔萨克。虽然还没宰羊，但酒却是一直要喝的，这时候，用来佐酒的，往往是酸奶疙瘩。也就是说，大家要用包尔萨克和酸奶疙瘩来佐酒，一直到天黑了，清炖羊肉才会上桌。

包尔萨克，就是哈萨克族人的油果子，而酸奶疙瘩则是发酵的干奶酪，咸酸无比。

曾经在阿勒泰工作的一位老兄对我讲过，用包尔萨克下酒，吃多了会胃酸，所以酸奶疙瘩就成了下酒的主力。哈萨克族人会将一块酸奶疙瘩托在手上，用小刀切割成小块分食，因为酸奶疙瘩干硬，所以为了防止切的时候割到手，酸奶疙瘩下面都会垫一块布。

显然，看到这里你就会明白，如果你到哈萨克族人的毡房里做客的话，去的时候离天黑越久，就越需要好酒量，否则还没等天黑上肉，就已经玉山倾颓、烂醉如泥了。或者说，只能吃到酸奶疙瘩这道下酒菜了。

阿勒泰的这位老兄后来对我说，他因此养成了一个习惯，就是每次在哈萨克族人的毡房里喝醉，次日醒来后，都会先闻一下自己的手指，如果手指上残留着清炖羊肉味，就说明昨晚坚持到了上肉，算是吃上肉了。否则，就会愤愤地埋怨自己一句：“唉，又早早地就喝翻了。”

★延伸阅读:达坂城

达坂城的蚕豆以产量高、质量优而著称,但达坂城其实不仅仅只出产蚕豆,还有着包括雪菊在内的大量优质农产品,更有着丰厚的水、光热、风力资源及矿产资源。

绝大多数人都是因《达坂城的姑娘》这首歌而知道达坂城。"达坂",为蒙古语,意为山口,达坂城正是因为位于山口之前而得名,是从乌鲁木齐前往吐鲁番盆地和南疆的咽喉要道,唐代称之为"白水涧道"。正因如此,自古以来这里便是三教九流的驻足之地,看一看、唱一唱达坂城的姑娘,便再自然不过了。

达坂城镇2002年由乌鲁木齐县划归乌鲁木齐市,成为乌鲁木齐市最南端的一个区。今天的达坂城最引人注目的是上百座风力发电机,沿着G30连霍高速公路延绵矗立,蔚为壮观。同时达坂城还有着盐湖、柴窝堡湖、天山野生动物园、白水涧古城、王洛宾音乐艺术城等旅游景区(点)。

吐鲁番的葡萄和葡萄酒

新疆盛产葡萄,吐鲁番更是以盛产葡萄著称于世。通常来说,只要是盛产葡萄的地方,就必有葡萄酒,也必有爱好葡萄酒的狂热人群。从这个逻辑推演的话,新疆按理说应该会有大量的葡萄酒爱好者,然而事实却并非如此。新疆似乎有再多的葡萄也没有用,绝大多数的新疆人多年以来都是坚定地喝着白酒,甚至是更晚才进入中国的啤酒,偏偏对葡萄酒不是那么热衷。

对于新疆人来说,大约是总觉得喝葡萄酒少了些气概。

新疆人有个说法,认为如果喝葡萄酒醉了,将会比喝白酒醉得厉害;而如果喝啤酒醉了,又会比喝葡萄酒醉得更厉害。这里面的思路就是,越是度数低的酒,喝醉了就会越难受。我不知道其他地方是否有这样的共识,反正新疆人对此坚信不疑,这也就是为什么新疆人即使是喝白酒,也一定要喝50度以上的原因。

葡萄酒,曾经在新疆也流行过。记得在20世纪80年代的一段时间,乌鲁木齐人很喜欢喝吐鲁番出产的一种无核白葡萄酒,糖分颇高,黏地粘手,装在浅绿色的玻璃瓶里。这种酒虽然喝起来很甜,但是闻起来却有股臭乎乎的味道,而且就因为这种酒有着很高的糖分,往往会让人放松警惕,醉于无形之间。

记得有一次,我和一个小伙伴两人揣着四瓶这种酒,偷偷地跑到附近的一座小山上,兴致勃勃、甜滋滋地一人喝完了两瓶,毫无压力。结果一站起

来，才发现天旋地转，整个世界都模糊起来，怎么努力也看不清楚。还好这座小山并不高，我俩连滚带爬地下了山，回到家里才发现浑身是土。

而记忆中，那时候啤酒还是新生事物，换句话说，就是还没有流行喝啤酒。因此如果坐在烤肉摊子上吃烤肉，那么经常也会一人标配一瓶这样的葡萄酒，撸一口串，仰脖再灌一口。

后来，这种齁甜且醉人的葡萄酒似乎一夜之间便在市场上销声匿迹，撸串的标配也变成了啤酒，最终形成了白酒、啤酒平分天下的局面。

葡萄酒的再次兴起是近一二十年的事儿，但早已不再是那种齁甜的葡萄酒，而是和世界接了轨，基本上都是干红、干白。无论是干红还是干白，叫一个喝不惯的人去喝，都无异于喝药。这或许是红酒之所以迟迟没有占据新疆人主流酒桌的原因——不合新疆人的味蕾，或者说，还没有将新疆人的味蕾培养出来。

葡萄酒业内有个说法，喝红酒的习惯养成，大约要十年的时间。中国喝红酒的人群，基本是从东南沿海地区发轫，进而辐射内陆。这显然和经济发达程度有些关联，或者说对外开放越早，便越是开风气之先。

只不过新疆人虽然也喝了几十年的红酒，但红酒在酒桌之上却依然像是个点缀。真正的酒徒对红酒打心底是鄙视的，认为红酒只适合于女士或者因某些原因而不能喝白酒的人士饮用。

这一点和咱们历史上的情况完全不同。

相对于武松一口气喝了十几碗的那种压榨低度酒，历史上的葡萄酒无疑是一种高端的存在，西域的葡萄酒更是精品。

虽然早在汉代，葡萄就已经被引入中原等地区，但却一直是十分奢侈的水果。而葡萄酒则更是王公贵族才能享用的饮料。

在东汉成书的《三辅决录》中，就记载了当时一则著名的行贿事件，说的是汉灵帝时期，一个叫孟佗的人，为了升官，贿赂当时的一个大太监张让，送的竟然就是一斗葡萄酒，张让接受了贿赂之后，便立即提拔孟佗为凉州刺史。

汉代的一斗，大约相当于今天的两公斤，而汉晋时期的刺史，相当于一

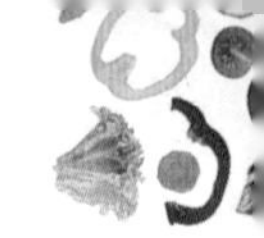

个省级官员，这也就是说孟佗用两公斤葡萄酒，就换来了一个省长的职位。

毫无疑问，像张让这样一个权倾朝野的大太监什么没见过？却能因为一斗葡萄酒而给人一个省长的位置，由此可见当时葡萄酒的珍稀程度。

所以直到宋代，一位名叫刘敞的文人还在《蒲萄》一诗中提到这件事："汉时曾用酒一斛，便能用得凉州牧。"

到了魏晋时期，后凉的创立者吕光作为前秦的大将，带兵攻打龟兹，在和他的将士们攻入龟兹城后，很快就发现了城内有大量的葡萄酒。《晋书》记载龟兹的富户人家，藏酒"千斛"。于是前秦的士兵们便钻入酒窖里敞开了喝，据《晋书》记载："士卒沦没酒藏者相继矣。"就是说不少士兵直接就喝死在了人家的酒窖中。今天我们看这个记载时，也别说这些士兵没出息，说实话，他们还真是没喝过葡萄酒，而且很可能连见都没见过。

到了唐代，葡萄和葡萄酒依然珍稀，哪怕是朝廷的高级官员，也难得一尝。

《旧唐书》就记载了一个关于陈叔达和葡萄的故事。

陈叔达，为南陈皇族，陈后主的弟弟。陈被隋亡后，陈叔达跟随唐高祖李渊，一路做到了宰相。据《旧唐书·陈叔达传》记载，有一次李渊大摆御宴，赏赐众位爱卿，就上了葡萄。而陈叔达见了葡萄后，却没吃，而是"执而不食"——抓在手里不吃。

李渊很奇怪，就问陈叔达为什么不吃。陈叔达说："臣母患口干，求之不能致，欲归以遗母。"就是说我的母亲患口干之病，想吃葡萄吃不上，所以我准备带回去给母亲吃。

李渊听了后不禁喟然长叹，流着泪说："卿有母遗乎。"就是说你还有母亲可以给啊，意思是自己已经是没娘的孩儿了，想尽孝都没有地方。

这则故事虽然说的是孝道，但是我们也由此可知，一个唐朝的宰相都很难吃到葡萄，就更别说喝葡萄酒了。

一般认为，葡萄酒在中原等地区的普及始于唐太宗李世民。

李世民时期，唐军攻破高昌，将高昌改为西州，《册府元龟》《太平御览》均记载了"及破高昌，取马乳蒲桃实于苑中种之，并得其酒法，帝自损益，造

酒成，凡有八色，芳辛酷烈，味兼缇盎，既颁赐群臣，京师始识其味”。

也就是说唐朝军队在破高昌之后，得到了高昌的马奶子葡萄，李世民将其种在了自己的园子里，同时也得到了酿造葡萄酒的方法，然后经他亲自操作，使用马奶子葡萄，运用高昌的酿酒技术，对大唐的葡萄酒进行改良，最终酿出了八种葡萄酒，浓烈芳香，味道上乘。而李世民显然认为这是一件值得庆祝的大事，因此专门将这八种酒赐予群臣，长安城里的人才第一次知道了上好葡萄酒的滋味。

如果说谁是大唐第一酿酒师，那么唐太宗李世民无疑当之无愧。

葡萄和葡萄酒之所以在古时候如此珍稀，最主要的原因是中国原不产葡萄。中国虽然也有野生的葡萄，但和今天我们所熟知的葡萄并不相同。

中国的野生葡萄在古籍中被写为“葛藟（lěi）”，如《诗经·国风·王风》中就有“绵绵葛藟”这样的诗句。这种葡萄科植物，果实酸涩，无法生食。

野生葡萄曾广泛分布于欧亚大陆和北美洲，目前在全世界范围内，有数千个可以酿造葡萄酒的葡萄品种，但实际用以酿制葡萄酒的只有五十种左右。

对于到底是哪里首先开始人工栽培葡萄的问题，一直以来都存在着很大争议，主要分为“一个中心说”和“多个中心说”两种观点。“多个中心说”较好理解，就是说葡萄这种作物是从好几个地方，分别开始人工种植驯化的。而“一个中心说”则始终分歧巨大，争吵不休，有南高加索、叙利亚、伊拉克等地区及国家之说，有土耳其、格鲁吉亚、亚美尼亚、伊朗等国家之说，有地中海东岸以及中亚地区之说，有欧洲中部以及南部地区之说，等等。

比较主流的观点认为，人工驯化葡萄应为距今大约7000年前的南高加索、中亚细亚、叙利亚、伊拉克等相关地区，随后依次传入埃及和希腊，又从罗马人手中传到了高卢(今法国)及莱茵河流域。

事实上绝大多数的观点，都基本认定人工种植葡萄的最早起源地，大致是位于西亚、北非、东欧交会的这一“十字路口”。

唐代以前，葡萄往往被中国人写为“蒲桃”或者“蒲陶”，直至唐代以后，“葡萄”二字才逐渐被确定。在《史记》《汉书》《后汉书》等史料中，都记载了西域各国盛产葡萄及葡萄酒。这些地域在今天国境之外的，有安息(今伊朗)、大宛(今费尔干纳盆地)、罽宾(今克什米尔)、乌戈山离(今阿富汗坎大哈)、大月氏(今阿富汗巴尔赫)、康居(今乌兹别克斯坦撒马尔罕)、石国(今乌兹别克斯坦塔什干)、大食(今阿拉伯)等；在国内的有新疆的伊吾(今哈密)、车师(今吐鲁番)、且末、龟兹(今阿克苏)、于阗(今于田)、焉耆等。

今天，新疆种植葡萄的重镇，无疑是吐鲁番盆地。通过考古，我们得知至少在公元前5世纪，吐鲁番盆地就开始人工种植葡萄。最重要的依据之一，便是曾在吐鲁番市鄯善县洋海古墓群的一个墓葬中，出土了一根公元前500年的葡萄藤，距离今天2500多年——也就是说，如果你在公元前500年，也就是孔子还在鲁国当官的那个时候，前往吐鲁番的话，就已经能看到连绵苍翠的葡萄田园了。

当年的考古工作者在洋海古墓出土这根葡萄藤时，一时没反应过来这根“树枝”是什么东西，更闹不明白为什么墓葬里要陪葬这么一根“树枝”，还是在一旁帮助考古发掘的当地老乡一眼就认出了这是一截葡萄藤——这个道理也简单，考古的学者们不种葡萄，而当地老乡天天打交道的就是

葡萄——这说明,至少在公元前500年,葡萄就已经在当地种植了。

在吐鲁番市高昌区阿斯塔那古墓群的晋代墓葬中,不仅出土过更多的葡萄藤,还出土过葡萄干,不过这个葡萄干并不是我们现在意义上的葡萄干,而是当年陪葬的新鲜葡萄,在干燥的吐鲁番历经千年,自然干得不能再干了。同时那一时期的壁画、出土文书中也反映和记载了葡萄的广泛种植和葡萄酒的酿造情况。

虽然大家都知道吐鲁番的葡萄,葡萄沟还被编入了小学课本,但是很多人肯定不清楚吐鲁番到底有多少种葡萄。真相是今天吐鲁番的葡萄品种,据说有着550多种——很多人别说吃了,大概一辈子见也没见过这么多品种的葡萄。

其实吐鲁番本地的葡萄品种原先也就是40多种,只不过从20世纪60年代开始不断引入国内外的葡萄品种,才达到了550多种这么一个惊人的数字。虽然吐鲁番的葡萄品种如此之多,不过这里面有一部分是专门用于酿酒的,有些则是用于科研。在吐鲁番比较常见的葡萄大概有十几个品种,其中最著名的,则是无核白、马奶子、喀什噶尔和琐琐等。

今天,无核白是吐鲁番种植最广的葡萄品种。无核白实际上是现代人的叫法,早在汉代古籍中就有对这种葡萄的记载。历史上这种葡萄有着一大堆的名字,比如被叫作“锁子葡萄”“兔睛葡萄”“奇石密食葡萄”等。所谓“兔睛”,应该是说这种葡萄圆溜溜的很像兔子的眼睛;而“奇石密食”这个名称,则是对无核白的维吾尔语名称“克什米什”的音译。

无核白其实也不仅是一个品种,还分为大粒无核白、长粒无核白等。无核白葡萄含糖量高,果实紧密,呈黄绿色或绿白色。看起来清亮如玉,吃起

来则甜美如蜜。

除了无核白，吐鲁番最主要的葡萄还有马奶子和喀什噶尔。

马奶子葡萄又名“马乳葡萄”，应该就是唐朝军队破高昌后获得的那种葡萄。马奶子葡萄在外形上为椭圆形或者接近圆柱形，因为外形酷似马的乳头而得名，维吾尔语则将其称为“撒玉娃”。这种又大又长的葡萄肉质稍软，汁多甘甜，又分为红马奶、秋马奶、大马奶等多个葡萄品种。

与无核白、马奶子葡萄既可鲜食，又可制作葡萄干不同，喀什噶尔葡萄主要用于鲜食，为大粒型晚熟鲜食葡萄，甜脆多汁。

在新疆，除吐鲁番之外，和田、哈密、昌吉回族自治州、伊犁哈萨克自治州、喀什、克孜勒苏柯尔克孜自治州、巴音郭楞蒙古自治州、石河子等地都是重要的葡萄产区，这也使得新疆成为中国第一大的葡萄产区。

不过很多人可能还不大清楚一个概念，就是用来酿酒的葡萄和我们平常吃的葡萄并不都是一回事儿。虽然理论上所有的葡萄都是既可以吃，也可以酿酒，但很多葡萄酒所使用的，依然是专门的酿酒葡萄，并不适合直接食用。

今天的吐鲁番有着众多风格各异的葡萄酒庄，酿制着琳琅满目的红酒。虽然时至今日我也喝过不少的红酒，但对于红酒的好坏，尤其是对喝红酒那一套繁杂的讲究和细节都不甚了了——这是西方人的专长，无论是红酒、雪茄还是咖啡，都能被他们搞出一套套充满仪式感的标准化程序。对我来说，自己喝着舒服的酒，就是好酒。

★延伸阅读：吐鲁番葡萄的产量

吐鲁番是中国最大的葡萄产区和葡萄干集散地，葡萄年产量达到全国葡萄年产量的20%左右，吐鲁番葡萄干的年产量更是占到了全国年产量的87%以上，在世界范围中，也占到了7%以上。因此只要你去吐鲁番，几乎总能见着用土块或砖块建造的葡萄干晾房，这成为吐鲁番独有的风景。

★延伸阅读：制作葡萄干的晾房

在吐鲁番，人们随处可见一种四面都是方形孔洞的镂空房子，这就是著名的葡萄干晾房，也叫荫房。不少人以为葡萄干都是晒出来的，其实只有红褐色的葡萄干才是直接晒出来的，而更为常见的绿色葡萄干，都是在晾房中阴干的。一些人对此十分不解，疑惑葡萄干放在房子里阴干会不会霉烂。其实夏天的吐鲁番，不仅是炎热的，更是干燥的，所刮的风就像是从炉膛里吹出来的一样，所以将葡萄干放在晾房里阴干，根本不会出现霉烂的问题。

晾房均为平顶长方形的建筑，为了防止阳光射入，晾房的房门一般都设在东边和北边庇荫处。在吐鲁番，无论是乡村还是城镇，家家户户都有晾房，有些就建在自家的屋顶上，而更多的晾房则都会建在空旷地面或者土坡上，一眼看去密密麻麻的非常壮观，甚至还有一些晾房数间连在一起。

葡萄干的传统晾制方法，是将葡萄一串串挂在木制的挂架上。所谓挂架，就是在一根木头上打孔后插入红柳枝等小木棍，插入的小木棍与木头成直角，均匀分布于木头上，像是一个个狼牙棒，使葡萄易于悬挂，因此挂架也被叫作挂刺、葡萄刺。挂架下端离地面留有一段距离，便于通风和清扫滑落的葡萄。除此之外还有帘式挂架。在夏季通常经过三四十天的自然风干，甘甜的葡萄干就制成了。

目前，吐鲁番的绿葡萄干80%以上都是通过晾房阴干。而全世界，除了阿富汗和伊朗个别地方能晾出绿色的葡萄干外，其他地方都是暗红色的。

晒制葡萄干，主要是在每年9月中旬，晒制7—10天后，翻转一次，再晒10—20天即可，晒不到位或者晒过了，颜色和口感都达不到标准。

现在，有的地方则用机器烘干葡萄，也能制出来绿色的葡萄干。

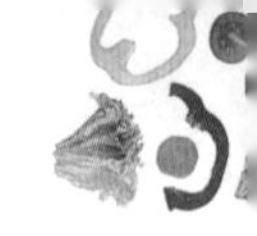

最早的白兰地

对于我来说，大规模地开始喝白兰地，始于吐鲁番。

其实细细想来，这似乎是一件自然而然的事儿：吐鲁番的葡萄，名满天下，而产葡萄的地方就必有美酒——事实上一款酒的优劣，百分之七十都取决于酿造的原料。这也就是说，对于我这样一个“饭醉分子”来说，在吐鲁番，至少就有了百分之七十的把握能遇上好酒。

而吐鲁番那些用葡萄酿造的白兰地，之所以让我印象深刻，也正是在于其浓郁的果香和清爽的质地。对一个有素养的酒徒来说，当发现了喜爱的好酒，总有一种按捺不住与人分享的冲动。因而我基本上每年都会约着一拨又一拨的同好之人，跑去吐鲁番品酒。

印象中“品”得最彻底的一次是和一帮阿勒泰的伙计们。当时大家名义上是观赏吐鲁番杏花，然而那次的杏花之旅从到了吐鲁番之后，便彻底发生了质的变化。大伙儿从鄯善到高昌区，一路喝了好几个酒庄，颇有武松前往快活林“无三不过望”的味道，但凡走入一个酒庄便是“吃三碗酒”再说。

当然，那次我们行程的目的不是要去打蒋门神，终点也不是快活林。那天晚上我们落脚在葡萄沟内的一家民宿，山泉淙淙、夜风习习，大家专门从酒庄打了五公斤白兰地带回来，坐在民宿中的葡萄干晾房里，八九个人继续喝。

虽然那天晚上大家没有喝完那五公斤白兰地，但那些酒最后却一点也

没剩下。第二天一大早，剩下的三公斤白兰地就被大家伙儿统统灌进了矿泉水瓶里，实在找不到瓶子的伙计甚至从垃圾桶里捡昨天扔的空瓶洗净了灌。我原本以为这些家伙是要将这些白兰地带回阿勒泰，谁知道在接下来的行程中，大家基本上是下车逛景点，上车就开喝，车还没开出吐鲁番，所有的白兰地就已经被一车人干得精光。

这样的喝法，文雅地说是"畅饮型"，说白了就是鲸吞牛饮。这种喝法，按照伊弟利斯·阿不都热苏勒的说法：法国人看到了会哭。

伊弟利斯是新疆文物考古研究所原所长、终身名誉所长、研究员，著名的考古专家，小河墓地的考古发掘队领队。我们之所以聊起白兰地这个话题，是因为伊弟利斯是一个爱喝两杯的快乐老头，而且因为他是从法国留学回来的，对白兰地情有独钟。曾经在罗布泊的小河墓地，我和他坐在沙漠中的帐篷里，一杯接一杯干完了一瓶吐鲁番出产的白兰地。伊弟利斯端着酒杯，两眼因为白兰地而熠熠生辉，对我说："法国人绝对不会像我们这样喝白兰地。"说罢，一饮而尽。

在常识中，白兰地一直都是和法国联系在一起的，而我初次得知白兰地诞生于吐鲁

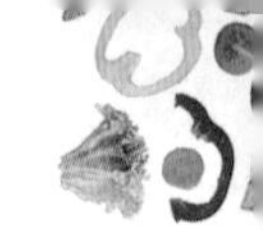

番这一说法时，便不免很是疑惑。

对我这样一个对美酒美食充满热爱的人来说，美食与美酒都不可辜负。不可辜负，就要一探究竟。

要搞清楚白兰地和中国有没有关系，首先就要搞明白白兰地是一种什么酒。

白兰地这个名字来自荷兰语Bandewijin，意为“烧制过的酒”，当然按照汉语习惯，你完全可以将其称为“烧酒”。

简单地说，白兰地是以水果，主要是以葡萄为原料的一种蒸馏酒，或者说烈酒。

而整个烈酒世界，则有着四大烈酒或者七大烈酒之说。四大烈酒指的是威士忌、白兰地、伏特加和中国白酒，而七大烈酒则增加了金酒（杜松子酒）、龙舌兰酒和朗姆酒。

在世界七大烈酒中，简单分类的话，威士忌与中国白酒的酿造原料是谷物；伏特加虽然也用谷物，但更多的是用马铃薯；金酒则是在酒中添加刺柏，即杜松子；龙舌兰的酿造原料龙舌兰，则是一种生长在美洲的石蒜科多年生草本植物；朗姆酒则是用甘蔗；而白兰地，则主要是用葡萄，偶尔也有用苹果、樱桃之类酿造的烈酒。

这也就是说，白兰地是所有烈酒中唯一以水果为原料的，当然也可能有人会抬杠说甘蔗也是一种水果，另外伏特加、金酒也有以葡萄为原料酿造的，但都不是主流。

显然，通过酿酒原料我们可以得知，这个世界上无论什么样的烈酒，原料无非两类：富含淀粉的粮食和富含糖分的水果。我们知道淀粉其实也是糖，因此所谓“酿酒”就是一个将糖转化为酒精的过程。

纵观人类早期的各个文明，基本上都有酿酒的历史，所酿的不是原始的啤酒就是原始的葡萄酒。换句话说，与今天一样，先民们酿酒也是或使用粮食，或使用水果。这一点，中国自然也不例外，现代的考古发掘也早已证明，中国大地上的史前人类很早就掌握了使用谷物或者水果酿酒的技术。只不过包括中国在内的各个文明中，早期都没有掌握蒸馏酒技术，所

喝的，都是发酵而成的低度酒，这也就是阮籍、李白等古代人喝起酒来都是一坛一坛的原因。

这就牵扯出了另一个问题：蒸馏酒是谁发明的？

我们今天所喝的烈酒，都是经过蒸馏提纯后的蒸馏酒，发酵不蒸馏的酒也继续存在，如啤酒、红酒、黄酒等就是。

对于蒸馏酒，西方人一般认为是生活在上古欧洲的凯尔特人（今天的爱尔兰人、苏格兰人、威尔士人等族群的先民）发明的，而蒸馏技术早在古希腊、古埃及时期就已经产生。我们在这里一定要搞清楚蒸馏技术和蒸馏酒技术不是一个概念，早期的蒸馏技术并不是用来蒸馏酒的，而大都是用来提取香料的，这一点在中国也是一样。

一般认为，欧洲的蒸馏技术是炼金士们在炼金过程中发明的；而中国的蒸馏技术，最早是炼丹的方士们在炼丹过程中发明的。换句话说，人类早期的蒸馏技术，无论中外，都是同一拨人瞎捣鼓出来的。

中国的蒸馏酒源起于何时，一直都有争议，目前至少有汉代说、唐代说、宋（金）代说和元代说。

汉代说的主要依据是出土了一件东汉青铜蒸馏器，相关人员用这件青铜器反复进行蒸馏试验，据说成功酿出了酒精度数在14.7—26.6度之间的酒。

而唐代说的主要依据，则不仅有大量的唐诗都提到“烧酒”一词，而且还有许多文献的记载，比如唐代的《本草拾遗》中就明确记载有“甑（蒸）水气”“以器承取”，也就是说蒸出水蒸气之后再用器具接取等。同时还出土了唐代的小酒杯，显然只能用于饮用蒸馏出的烈酒。

宋（金）代说的主要依据，是1975年在河北曾出土过一套完整的金代铜烧酒锅，而且宋代的很多文献也记载有蒸馏的方法。

元代说的主要依据则来自李时珍的《本草纲目》，据书中记载：“烧酒非古法也，自元时始创。其法用浓酒和糟，蒸令气上，用器承取滴露，凡酸坏之酒，皆可蒸烧。”这就与今天的蒸馏技术一模一样了。而且李时珍也说得很清楚，蒸馏酒技术并非“古法”，而是元代才有的。当时的元朝人，将由这种方法酿造出来的酒称为“阿剌吉”。

所谓“阿剌吉”，实际上来自蒙古语，其实直到今天，蒙古语和维吾尔语中，还是将酒分别称作“艾勒克”和“阿拉克”。

正是因为李时珍的这段记载，一般普遍认为，中国正儿八经的蒸馏酒诞生于元朝。至于那件汉代的青铜蒸馏器，应该是炼制仙丹的方士们炼丹的工具，主要作用是蒸馏花露。

而在唐代以后到元代以前，虽然中国人很可能已经掌握了蒸馏酒的技术，但大概是由于蒸馏技术水平较低，不仅出酒率低，而且质量欠佳，加上程序比较复杂、成本高等缘故，蒸馏酒技术并没有得到重视和推广。只是到了元代以后，蒸馏酒技术在吸收借鉴外来技术的基础上，经过改进，才得以逐渐普及。

说到这里，白兰地到底最早出自哪里？似乎和中国并没什么关系。那白兰地又是怎么起源的呢？

关于白兰地的起源，有着三四种说法，但最主要的是两种。

第一种说法是在16世纪（相当于中国的明朝中后期），由于运输葡萄酒会占去船只的大量空间，因此法国（一说荷兰）的葡萄酒商人为了节约运输成本，将白葡萄酒蒸馏两次，提高酒精含量后，再装入橡木桶登船运输，这样到了目的地再稀释后出售。然而当时的贸易往往会因为战争而停滞，因此

有些蒸馏之后的葡萄酒不得不在橡木桶中存放很长一段时间，没想到这样反而造就了一种独特的口味，酒的颜色也从原来的无色透明变成了琥珀色，香味也更加芬芳，白兰地由此而诞生。

第二种说法则是早在7世纪，白兰地就已经在中国出现。而对此进行记载的，不是别人，还是李时珍。

《本草纲目》中明确记载，葡萄酒有两种，其中一种就是蒸馏而成的“烧酒”。具体方法是将葡萄汁发酵后用甑蒸馏，之后用器具承接蒸馏出的酒。李时珍同时还明确了年代：“古者西域造之，唐时破高昌始得其法。”也就是说这种蒸馏方式在古代西域使用，唐太宗李世民时期平定高昌后，将这种方法带回中原推广。而高昌，就是今天的吐鲁番。

撰写了《中国科学技术史》等著作的英国生物化学家、科学技术史专家李约瑟认为，李时珍所记载的葡萄烧酒，就是最初的白兰地。虽然今天有不少人对李约瑟的学术水准持怀疑态度，但李约瑟的这一观点，却已经在今天被很多人所接受。

我们知道，今天的白兰地，是在蒸馏之后，再放入橡木桶中进行熟成，因而白兰地中有着橡木的芳香并呈现出优美的琥珀色。

而中国唐朝时期的白兰地——如果有的话——则并没有装入橡木桶熟成这一步骤。这种酒，其实今天也很常见，新疆人往往习惯于将其称为“烈焰”——实际上“烈焰”只是这种酒的一个品牌，准确的叫法应该是“葡萄烧”或者“葡萄蒸馏酒”。

而这种未经橡木桶熟成的葡萄烧酒（包括其他水果蒸馏酒），事实上本身就是白兰地的一种：原白兰地。

那么李时珍为什么在同一本书里，一方面说“烧酒非古法也，自元时始创”，一方面又说葡萄烧酒在唐代就已经存在了呢？关于这一点，很可能是在李时珍的概念中，元朝时期用谷物蒸馏出的烧酒，和唐朝用葡萄蒸馏出的烧酒，不是一类，因而将其分别进行了记录，留下了今天看起来自相矛盾的说法。

现代意义上的白兰地，无疑还是诞生于法国；而由葡萄蒸馏出的烈酒，

或者说原白兰地，则很可能在世界的很多地方都出现过。作为葡萄之乡的吐鲁番，至少是我们目前已知的、有案可查的，最早诞生葡萄蒸馏酒的地方。

★延伸阅读：世界上以葡萄为原料的烈酒

葡萄其实不仅仅用于酿造红酒，比如直接用葡萄进行蒸馏出来的葡萄烧，酒精度就可达到70度以上。

除了葡萄蒸馏酒，世界上用葡萄酿造的烈酒种类繁多，最为著名的便是白兰地。

白兰地是葡萄（或其他水果）烈酒的总称，通常蒸馏到80度或略低，然后调制到40度装瓶。目前在全球范围内，以葡萄为原料的白兰地主要有以下几款：产于法国科涅克（干邑）地区的干邑白兰地、产于法国阿尔马涅克（雅文邑）地区的雅文邑白兰地、产于葡萄牙的阿瓜尔迪恩特白兰地、产于意大利的阿尔岑特白兰地、产于西班牙的赫雷斯白兰地、产于希腊的梅塔莎白兰地以及欧洲多国都有的果渣白兰地等。

除白兰地之外，用葡萄酿制的烈酒还有葡萄金酒（琴酒、杜松子酒）、葡萄伏特加、南美洲的皮斯科酒等。

除去以上的葡萄酒之外，还有一类葡萄酒被称为“强化葡萄酒”。所谓“强化”就是在葡萄酒中添加了高度数酒精，著名的品种包括马德拉酒、马尔萨拉酒、穆斯卡伏酒、波特酒、雪利酒等。

啤酒:从散装到精酿

绝大多数的中国人,接触啤酒都是20世纪80年代的事儿了。虽然中国最早的啤酒厂在1900年就已经出现,但面对的并非广大的人民群众。即使不久之后,人民当家做了主人,但那时还正忙着为能吃饱肚子而努力奋斗,出于节约粮食的考虑,自然也不会去发展什么啤酒产业,其实高度白酒之所以能够成为中国人酒桌上的霸主,显然也是有着节约粮食方面的考虑——用尽可能少的粮食消耗,造出最快能把人喝到沸腾的酒,自然是高度白酒的效率更高。

正因如此,我和我的父辈们,是在同一时间接触到啤酒的。我清楚地记得,父亲的第一瓶啤酒是用白酒杯倒着喝的,而且在喝的方法上,也是白酒式的,也就是按照他以往的用餐习惯,一次小心翼翼地喝上两杯,这自然是喝不出啤酒的妙处,更重要的是,没过两天,剩下的大半瓶啤酒就变了质,长了一层厚厚的白毛,像是一层破败的棉絮。从某种程度上说,父亲的第一瓶啤酒,最终是被霉菌享用掉了。

当然,关于饮用啤酒的蒙昧状态很快就成为了历史,紧随其后的是各种散啤酒的出现,被人们盛在各种器皿中畅饮。我至少就喝过盛在盆、水壶、塑料壶、钢筋锅,甚至水缸里的散啤酒,争奇斗艳,五花八门。

细想起来,好像只有在我二十一二岁前,啤酒喝得多些,大概最主要的原因,还是在于啤酒喝起来有着一种痛饮的畅快,完美还原了梁山好汉们用桶来喝酒的状态。那时候和小伙伴郊游,便是用塑料壶打了散啤酒,坐

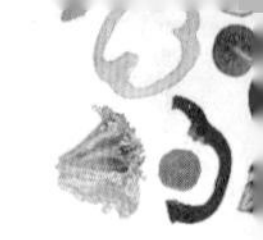

在阳光明媚的山林间,“吨吨吨”地喝,酣畅淋漓,在夏日的阳光下很快就变得晕晕乎乎,复刻了鲁智深醉打山门前的状态,只不过没有什么山门可打。

但啤酒给我的记忆,却大都定格在了年少之时,后来便很少再喝啤酒,主要是觉得啤酒这东西喝上半天,也不如烈酒两杯便会进入醺醺然的状态,反倒是肚子撑得溜圆——其实细想起来,这未尝不是与啤酒后来越变越淡有关。事实上在今天的新疆,啤酒很少能够在正式的酒局上成为担当,能成为担当的,一定是高度白酒,无论是以前主流的浓香型,还是如今日渐风行的酱香型。在一个正式的新疆酒局上,啤酒的地位甚至也无法与红酒比肩。

但这却并非说啤酒在新疆没有市场,只是啤酒似乎在不知不觉间,有了自己的定位,换言之,出现的场合渐渐地固定。归纳起来,啤酒大体成了三种场合的主打。

一是占据了看球赛直播时的场合,尤其是世界杯这样的。这个好理解,如果大家伙儿都端着烈酒看球赛,进球了喝一个,丢球了更得喝一个,估计看不完上半场就已经分不清球门是谁的了。也就是说看球赛,既要靠啤酒来助燃,但又不能烧得太猛,得要在看球赛时既不影响战略战术分析,还要能够欢呼、惋惜或者骂娘,得恰到好处。

二是出现在各类酒吧、KTV的场合,原因与看球赛类似。反正一瓶瓶地喝,不能耽误唱歌或和姑娘谈谈人生、增进感情。否则几杯烈酒下肚,舌头发直、脑袋发晕,不仅没法交流感情,唱起歌来更会有找不着调的危险,甚至连歌词都唱不清。

三是出现在吃烧烤时的场合。这主要是因为啤酒的清爽在化解烧烤的辛辣、油腻及烟火气上,有着其他酒类难以比拟的优势。曾经有一次我在一个烤肉摊上吃烤肉,只喝了一瓶啤酒,结果摊主对我说,昨天有个家伙,一个人吃了四十串烤肉,喝了一箱啤酒。记得那时候,啤酒一箱是十二瓶,而当年的烤肉,一个壮汉基本也就是吃二十串的量。

其实能喝啤酒的人全国各地都不少见。一次在重庆,一位心宽体胖的

前辈就说起当地曾举办了一届啤酒大赛，但不是比一个人能喝多少的量，而是比在限定时间内能喝多少瓶。这位前辈气定神闲地说：“喝啤酒不限制时间肯定是不行的，否则喝一阵儿上个厕所，就能一直喝，没法比。”

其实我在很多年后才知道，啤酒之所以后来在口味与度数上，逐渐朝着白开水的方向演变，或者说可以喝到只上厕所而不上头，是因为工业化的发展，或者说，市面上的啤酒基本都变成了人们所说的“工业啤酒”。

早期的啤酒给我的感觉不仅酒劲要比现在的大得多，苦味，或者说啤酒花的味道，也要比现在浓郁得多。对此我一度以为是自己的记忆出现了偏差，就像我们小时候吃了某样东西，觉得美味无比，成年后再吃同样的东西，却总觉得没有以前好吃。这其实不一定是食物发生了变化，而是人有了变化，或者说曾经的记忆被自己的大脑不断美化而造成的错觉——但显然，啤酒不是。

我之所以认识到这一点，是因为啤酒花。

曾经在位于天山北麓的乌鲁木齐、昌吉、石河子一带，几乎到处都种植有啤酒花，而当年学生们的一项重要的课余劳动，似乎就是采摘啤酒花。新疆的啤酒花种植虽然始于20世纪50年代，但野生啤酒花则广泛分布于天山、阿尔泰山之间，自引入啤酒花种植品种后，新疆的啤酒花种植面积曾经一度达到全国种植面积的97%以上。不过光是啤酒花种得多，还说明不了问题，能说明问题的是新疆啤酒花一级花率达到了90%以上，

啤酒花的主要指标，如甲酸含量、酒花树脂含量均高于国家标准。简单地说，就是新疆啤酒花无论在增香还是抑菌防腐等方面都强于国内很多地区所种植的啤酒花，所酿出的啤酒酒液清亮光泽，泡沫细腻洁白，花香浓郁，醇厚柔和。正因为如此，当年全国各地的车辆都是来新疆运啤酒花，而因为供不应求，买啤酒花还需要批条子、等配额。

然而这样的景象，仿佛在一夜之间消失了，那些大量种植的啤酒花也不见了踪迹。这就迫使我思考一个问题：既然啤酒花的种植锐减，但啤酒的制造、销售却依然在连年增长，那么，现在的啤酒都是用什么东西酿造的？

其实后来我逐渐知道，啤酒花并不是用来酿造啤酒的，而是用来调配味道的。最早的啤酒花的作用，实际上是防腐。据说早期的英国人为了保证啤酒在运往殖民地的过程中不变质，而大量加入啤酒花，形成了独特的风味。但实际上啤酒加入啤酒花的做法更早，英国人只不过加入的更多些罢了。这也因此形成了一个啤酒新品种——印度淡色艾尔(IPA)。事实上，早期的人们大约出于口味或者防腐的考虑，曾在啤酒酿造过程中加入过各式各样的植物，直到发现一种大麻科植物：蛇麻草。从此，这种植物便有了一个新名字——啤酒花。

酿造啤酒的主要原料是麦芽。而史前人类所酿造的酒，基本上就是葡萄酒和啤酒，准确地说是原始的葡萄酒和原始的啤酒，这已经被各种考古发掘所证实，包括中国历史上的“醴(lǐ)”，其实也可归类为一种原始啤酒。

不过在大多数地方，由于葡萄相对珍稀的原因，早期人类文明中啤酒的价格和地位，都低于葡萄酒。比如古代美索不达米亚诸文明、古埃及文明、古希腊文明等，葡萄酒都是用在相对更为隆重些的场合，或者供上层阶级饮用，而啤酒则是一种全民的饮料。从美索不达米亚古代文明的壁画中，今天的我们能够看到当时的人们将啤酒储存在大坛之中，围在一起，用苇管吸着喝啤酒，这说明啤酒一开始就有着更突出的社交属性，这一点，直到今天都依然没有改变。

今天市面上绝大多数啤酒，都是以拉格工艺生产的工业啤酒，也就是拉

格啤酒。所谓“拉格啤酒”，是啤酒酿造的一种方式，适用于工业化大批量、低成本生产。传统的啤酒酿造技术周期长、产量小，而工业啤酒则在技术上最大限度地降低了成本，不仅产量大、生产周期短，大米、淀粉以及啤酒花制品也成为超越麦芽和啤酒花的主要原料。成本下降，自然销售价格也就更为亲民，但代价就是酒味变淡，风味趋同——这一点也不难理解，不管什么饮料，味道越淡风味就越不明显，就像我们很难品出两款纯净水有什么不同一样。

当然啤酒变淡、酒精度数的降低，对销售者来说也不见得是坏事，因为这样可以卖得更多，这也就是KTV这样的场合一次能卖几十瓶啤酒的原因。

今天我们所熟悉的大众啤酒品牌，基本上都是拉格啤酒，而且酒精度数也都很低。不过也有例外，比如新疆的“乌苏啤酒”。

曾经的新疆和全国大多数省份一样，有多种啤酒品牌。其实早期新疆人所认可的啤酒品牌是“新疆啤酒”，常常卖到脱销，而乌鲁木齐的市场上曾经还有一款“博峰啤酒”，就远远不如“新疆啤酒”卖得好，大多数情况都是人们在买不到“新疆啤酒”时拿“博峰啤酒”当替代品。至于“乌苏啤酒”的崛起，都已经是很多年后的事儿了。而等到“乌苏啤酒”崛起之时，我已经都不怎么喝啤酒了，所以我大概是较晚才知道，“乌苏啤酒”的重要卖点就是酒劲大、上头快，还因此有了“夺命大乌苏”的名号。

“乌苏啤酒”之所以被称为“夺命大乌苏”，大约一是酒精度数相对较高，

市场上大部分啤酒的酒精度在2度左右，而乌苏啤酒的酒精度达到了4度多。二是乌苏啤酒一瓶的容量，比起大都是500毫升的啤酒，也相对更大一些，达到了600多毫升。不过更重要的，则是因为酿造工艺以及水质的pH值等原因，乌苏啤酒中的高级醇相较其他啤酒要高。

高级醇，也叫杂醇油，是在啤酒酿造过程中所产生的。高级醇其实在啤酒中适量存在的话，会让酒体丰满、香气协调，但如果这玩意儿多了，则就会使人易醉、上头，自然就“夺命”了。

正因为如此，很多人在网络上纷纷“揭秘”乌苏啤酒酒劲大的原因，颇有些揭露真相、伸张正义的模样。只不过，一款啤酒好不好喝，对每个人来说都是主观的感受，很多人喜欢的，大约还是乌苏啤酒的口味，各花入各眼。其实啤酒本身就是一个庞大的家族，少说也有100多个种类。而今天咱们市面上所销售的主流啤酒，包括绝大多数的国际大品牌，基本上都是和乌苏啤酒一样的工业啤酒，或者说拉格啤酒。

而与拉格啤酒相对应的，是艾尔啤酒。虽然一般工业啤酒都是拉格啤酒，但与工业啤酒相对应的，却并非艾尔啤酒，而是精酿啤酒。

与工业啤酒诞生于美国一样，精酿啤酒也诞生于美国，不过精酿啤酒是一个颇为宽泛的概念，美国早期的精酿啤酒主要是指小型的产量、独立的产权以及最为重要的一条：除了麦芽之外不添加其他谷物，或者说一款精酿啤酒只能包括水、麦芽、啤酒花和酵母这四样原料，除非出于对啤酒风味的考量，可以适量添加其他的原料。这也就是说，工业啤酒中大量使用大米、淀粉、糖浆以及各种添加物的做法，都是精酿啤酒所排斥的。

精酿啤酒的这三条标准其实也很容易理解，对产量的限制，就是避免啤酒工业化的量产，从而成为工业啤酒。而独立的产权，或者说控股的产权，也是避免精酿啤酒被工业啤酒所兼并。至于最后一条，则在后来有所修正，即精酿啤酒要使用传统的原料——即麦芽、啤酒花、酵母——但也可使用创新的原料，包括大米、糖浆之类，但即使包括这些工业啤酒中大量使用的原料，也都必须以创新风味为前提。用一句话来简单概括，精酿啤酒就是非大规模生产的、有特色的、好喝的啤酒。

2005年前后，美国啤酒酿造商协会（BA）将精酿啤酒（Craft Beer）带入了中国。如果仅看单词的话，或许将这种啤酒翻译成“工艺啤酒”更符合字面的意思，但显然，最终确定的“精酿啤酒”这一翻译更为传神，也显得更有品位。

2016年前后，中国人自己的精酿啤酒开始陆续登场，而作为啤酒花曾经的王者之地，新疆其实有着非常优越的生产精酿啤酒的条件。

比如精酿啤酒的一个特点就是可以天马行空地融合、创新各种口味，这一点对于盛产各种瓜果的新疆来说，自然得天独厚。

我曾在乌鲁木齐一家啤酒酒庄中，品尝过各种千奇百怪口味的本土精酿啤酒，除了德式小麦、印度淡色艾尔、世涛这些品种之外，还有着加入杏花、葡萄、樱桃、雪菊、树莓、番茄的各种口味的，甚至还有加入薰衣草与肉桂、苹果等口味的啤酒。

对我来说，喜欢的就是这种多样而有趣的风格。

显然，无论是杏花、葡萄还是雪菊、番茄、薰衣草等，都是新疆的大宗特产。这些啤酒不仅有着不同的口味，更是有着五花八门的颜色，但这不是最

重要的，最重要的是我发现，这些精酿啤酒对于被工业啤酒惯坏了肠胃的人来说，完全是醉人于无形之间的利器。

后来在一次正式酒局之前，我拿出了几瓶不同口味的精酿啤酒让大家品尝，在座的酒徒们即使是看到个别口味的啤酒标注着10度的酒精度，也不以为意，一样样地品尝完毕，接着再喝白酒，结果一场酒局还未结束，便一个个酩酊大醉了。

当时有位伙计第二天酒醒，连连感叹："怎么品酒就给品醉了？"

其实乌鲁木齐有一款名为"酒花农场老机油"的黑啤，加入了咖啡和烘焙过的巴旦木，入口有着浓郁的咖啡香气和坚果味，完全喝不出酒味，更像是冷萃咖啡，但却有着近20度的酒精度。其他还有酒精度数相对较低的番茄口味的，喝起来就像是番茄汁，树莓口味的，喝起来就是酸酸甜甜的树莓饮料，但却一不留神就能把人醉倒。

这正是工业啤酒与精酿啤酒的显著区别之一。工业啤酒的低成本、大产量，不仅降低了麦芽浓度，附带着也降低了酒精度数，使人有了喝啤酒千杯不醉的错觉。正因为如此，工业啤酒也被称为"工业水啤"。

不过我的那位伙计品精酿啤酒品到大醉，是品完了啤酒再喝白酒的缘故。本身而言，啤酒与白酒掺着喝就易醉，至少对大多中国人来说是如此。我之所以说是中国人，是因为一些俄罗斯人对此似乎习以为常。曾有位妹子在喝酒时告诉我，她在俄罗斯的时候，就经常见到壮硕的俄罗斯大妈，一面喝着伏特加，一面就着啤酒当茶，安之若素。

我的一位小兄弟身高体壮，酒量不错，对此很不服气，为了证明俄罗斯

人行的中国人也行，便在一次酒局上喝完白酒后又喝了两瓶啤酒，结果醉到第二天中午才爬起来。

但我的这位小兄弟偏不信这个邪，而且他还有着严谨的科学精神，认为一次醉倒说明不了什么，需要再次验证。也就是说，他那一次的醉酒到底是因为加了啤酒，还是因为恰好不在状态或者别的什么原因，必须要有可重复性的实验才能得出结论。因此在又一次酒局结束后，专门揣了一瓶啤酒回家，关起门来实验。

第二天我问他怎么样？

他对我说："我喝完了啤酒后，第二天再一睁眼，咦？人怎么在厕所趴着呢？！"

★延伸阅读：乌苏

乌苏是塔城地区的一个县级市，位于乌鲁木齐以西260公里左右，与乌鲁木齐同属天山北麓经济带。乌苏的名称出自蒙古语库尔喀喇乌苏的简称，库尔喀喇乌苏，意为积雪的黑水河。但在维吾尔语中，却将这里称作"西湖"。这是因为清代曾在乌苏城西北的西湖设立官衙，因而得名。时至今日，除了蒙古族人外，反倒是说汉语的人群将这里称为"乌苏"，而维吾尔语等语言中使用的则是"西湖"。

乌苏矿产资源、农牧业资源丰富，但如今最为知名的却是那里的啤酒。因而乌苏也被称为"啤酒之城"，每年8月初都会举行盛大的啤酒节。

不可一日无茶

新疆人喝茶有着悠久的传统，这种传统显然从千百年前的茶马贸易开始时就已经形成，历史上无论是漠北还是西域，茶都是重要的商品，中原缺马，塞外无茶，以马换茶，各取所需。

一直到清代、民国时期，茶都是进入新疆乃至俄罗斯、中亚等地的大宗商品。这也就是为什么今天无论是俄罗斯语、波斯语、阿拉伯语、希腊语还是属于突厥语族的哈萨克语、维吾尔语、土耳其语等，“茶”的发音都与普通话，或者说北方音一致。

清代的《新疆图志》记载，仅清乾隆二十九年（1764年）这一年，调入新疆的茶叶就有11万斤。到了道光年间，每年销往新疆的茶叶已达到四五十万封，当时的一封为现在的5斤，这也就是说一年进入新疆的茶叶就有200万到250万斤。而乾隆时期的新疆人口大约在40万左右，道光年间虽然增加了不少，但即使如此，也没有超过200万人，事实上到辛亥革命以前，整个新疆的人口也不过200万左右。显然，这些茶叶不仅仅是新疆人自己喝，按照史料记载，其中的一半都是销往境外的。但即使如此，仅留在新疆本地被消耗的那一半，也至少得有100万斤，足见新疆人对喝茶的热爱。

今天虽然也有不少的新疆人讲究搞个茶台什么的，喝喝肉桂、水仙、白茶、普洱什么的，但传统上，新疆人主要喝的是汤汁黑褐、滋味浓烈，被称为“茯茶”的黑茶。新疆人所喝的茯茶基本出自陕西、云南等地，因为大都是压

制成砖块的形状，所以又被称为“砖茶”。这种茶，不求清香，只求浓烈，形制粗放，直接用大火煮着喝，喝起来一碗接一碗地牛饮。

至于这种黑茶为什么叫作茯茶，有着不同的说法：一种说法是说这种茶制作于夏季的伏天，因而得名；另一种说法则是认为这种茶和土茯苓有着一样的功效，因而取了一个“茯”字。而土茯苓的主要功效，按照中医的说法是解毒、除湿、通利关节。但不管是因为夏天制作还是其可以解毒、除湿、通利关节，反正对新疆人来说，茯茶虽然没有“铫煎黄蕊色，碗转曲尘花”的雅致，也没有清茶一盏、古泉新茗那么文艺范儿，但喝起来一样是浑身通泰、两腋风生、回味无穷。

在新疆的抓饭、拌面馆里，吃饭喝茶是一定的，且大都是煮出来的茯茶或红茶。除了饭店、酒楼那样的，街头巷尾所有的饭馆都免费提供茶水，如果说一家街头馆子提供茶水要收费的话，那么根本就生存不下去。新疆人无法想象一家抓饭馆子或者拌面馆子不提供免费的茶水，因为没有茯茶或红茶的一顿抓饭或者拌面，就不是一顿完整的抓饭或者拌面。而也只有浓烈的茯茶和红茶，才能撑得起新疆饭菜的厚重滋味。

其实不仅是在吃饭时喝茶，对游牧民族来说，喝茶完全就是生活中不可或缺的一部分。

有一年我在阿勒泰和当地的户外团队在山里徒步，雇了两匹哈萨克族牧民的马，晚上扎营的时候我们当然是在野外扎帐，而跟着我们的马夫则到附近的毡房中寄宿。次日清晨起来，大家都收拾停当，却迟迟不见马夫的踪影，派去毡房找马夫的伙计回来说，马夫正在喝茶，喝完茶就来。

当时的领队一听就急了，说：“你不知道他们喝茶一定要喝透才算喝完吗？等他喝完还不得到半晌午了？”

对哈萨克族人来说，喝茶就是生活中一件很重要的事，一般来说，一天至少要喝五次茶那才算是喝茶。而早上喝茶，更是要喝得畅快淋漓，必须要把自己喝通喝透。所谓喝透，也就是一定要喝到出汗、喝到要去方便，才算喝通了茶、喝到了位。这种程度，就相当于一个武林高手打通了任督二脉，唯有如此，才能达到物我两忘、神清气爽的状态。

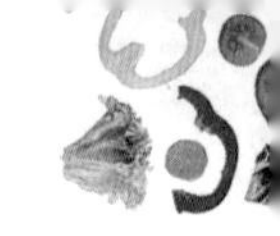

而这，的确需要点时间。

茯茶煮开直接喝，在新疆被称为“清茶”，除此之外，还有奶茶和药茶。

因为气候等因素，除了喝清茶之外，奶茶因为能够更快地补充热量，在北疆最为常见。而药茶则主要存在于南疆。

新疆的哈萨克、蒙古、柯尔克孜、塔吉克等游牧民族都离不开奶茶，这种奶茶可不是什么秋天的第一杯奶茶，与珍珠奶茶之类的无关。

牧民的奶茶并非甜口，而是要加入盐，与很多人想当然的不同，奶茶并不是将茯茶与牛奶一同烧煮，而是先煮好清茶，喝时再于碗中兑入牛奶和盐，现喝现兑。也可将盐放在一旁，自己根据咸淡添加，甚至还有添加胡椒的。

在新疆的很多城镇里也有喝奶茶的饭馆，尤其是早餐，奶茶就是标配，搭配上馕、馓子、包子或者包尔萨克等就是一顿完美的早餐。当然也有比较特别的搭配，比如搭配肉饼、烤包子这样肉厚油重的。

这样一顿早餐，无疑热量充沛，哪怕是在深山老林里顶风冒雪，也足以维持一上午的消耗。这也正是山里的牧民为什么钟情于奶茶的原因之一，在放羊之前先灌饱一肚子奶茶，就没有过不去的一天。而骑马牧羊了一天之后，再喝一顿透彻的奶茶进行滋润，立马就会恢复元气，元神归位，这种感觉在城市里是无论如何也难以体会到的。

有一年的十月，我从禾木徒步穿越到喀纳斯，遇上了风雪，但未曾想风雪却造就了绚烂无比的美景。白雪宛如糖霜般，覆盖在五彩的林木之上，整个世界变得晶莹而斑斓，宛如童话世界，美到令人窒息。但也正是因为景色的诱人，使我们一路贪婪于美景而未能在天黑之前赶到预定的毡房。要知道那个季节的山里，一旦太阳下山，首先温度就不是闹着玩的，而山野也几乎在一刹那，从那些妖娆、美艳和浪漫直接进入幽深、黑暗的模式，成为名副其实的黑暗森林，令人恐惧而莫测。

那天晚上，当我们摸黑走到牧民的毡房时，整个人都彻底被冻透，完全就是饥寒交迫的状态，跟丢了半条命似的。一进入毡房，就赶紧凑到火炉跟前，端起一碗热气腾腾的奶茶灌下去，顿时便将人从一片空虚寒冷的世界拯

救回了光明灿烂的人间,算是找回来了冻掉的那半条命,那样的温暖、踏实和香醇,使我顿悟了奶茶的奥义。

山里的牧民离不开奶茶,维吾尔族人也一样有着自己的奶茶,而且多偏向于甜口。

曾经我的一位维吾尔族小兄弟带我专门去乌鲁木齐的一家维吾尔族奶茶馆子喝奶茶,一进门就能见到陈列架上整齐划一摆满了玻璃瓶,展示着琳琅满目的中药材,看起来更像是走进了药铺,倒也颇为壮观。

维吾尔族奶茶不仅加大量的糖,往往还会加入一些药材,按照我小兄弟的话说,反正是除了对糖尿病无效外,对别的病都有疗效。那天我们在这家奶茶店里一通猛灌,药效怎么样不知道,但喝完之后饱了一下午倒是真的。

如今的维吾尔族人更常喝的是红茶,而且日常喜欢加入的是方糖、蜂蜜和果酱。在乌鲁木齐,上档次一点的维吾尔族餐厅提供的都是配以方块糖、蜂蜜或者果酱的红茶,摆在桌子上自行添加,这一点和以前略有不同。看清代史料,维吾尔族人也是以喝茯茶为多,称黑茶为“喀拉恰依”。“喀拉”是黑的意思,“恰依”就是茶的意思。据史料,早在11世纪前后的北宋时期,西域就有关于黑茶的记载,当时被称作“边销茶”。

喝茶在维吾尔族人的生活中一样具有不可替代的重要地位。事实上“恰依”的意思已不仅仅是指茶,而早已成为聚会的意思,比如订婚,就叫作“恰依琼里西”,婚礼前聚在一起的筹

备会叫作“托依恰依”，直译过来就是“婚礼茶”，等等。

维吾尔族人喝茶，除了喜欢加糖、蜂蜜、果酱之外，也喜爱在茶水里添加胡椒、桂皮、丁香等香料。这一点倒也颇有古风，事实上今天咱们喝茶的方式也是明代才确立的，唐宋时期喝的茶，就是会加入胡椒等药材、香料，喝起来或许更像是一碗药汤，不过这样的茶汤，显然非常符合提神醒脑的标准，喝一口就上头。

南疆的维吾尔族人喝茶还有更重口味些的——将抓饭中的羊油滗出，加入浓茯茶中来喝，据说这种喝法不仅大补，还能治疗小孩的厌食。这种喝茶的方式再进一步，就是所谓的药茶了。

维吾尔药茶有很多种，更准确地说是可以根据不同的需求进行调配。和汉族人一样，维吾尔族人也讲食物的热性和寒性，所以便会根据不同的季节和身体状况，用不同药性的草药、香料配制药茶。

用于药茶中的材料众多，包括红花、茴香、姜、桂皮、胡椒、孜然、丁香、桂皮、肉苁蓉等等。但不管药茶种类有多少，一般来说最常见的就是滋阴壮阳和化油解腻这两大类，这也好理解，分别代表了现代人最大的需求和最大的苦恼：补肾和减肥。

一般来说，在大量摄入肉类的同时配以药茶，会很好地化解油腻感，这无疑能让人吃肉吃得更香也更多。但更重要的是，由于大家伙儿对药茶的减肥、减脂功效深信不疑或假装深信不疑，因而能让大口吃肉的人减轻和化解罪恶感，吃得心安理得。

不过药茶的作用，应该还不仅仅是补肾、减肥，或者说保健这么简单。

曾经我和我的老弟说起药茶，他告诉我，有一年盛夏他带着几个外地的朋友去南疆重镇喀什，中午大吃了一通当地的手抓肉、烤羊肉、架子肉、烤包子、薄皮包子等等，而所搭配的，就是药茶。当地人告知：这大夏天的，吃了这么多羊肉，必须要喝药茶才能化解油腻，健胃消食。而其中有个北京人却死活不喝，说是不习惯那个味儿。

结果大家伙吃完肉还不到一个小时，那个北京人便开始上吐下泻得一塌糊涂，而其他喝了药茶的人则都安然无恙。

对于全国大多省市的人来说，本身就较少吃羊肉，更何况盛夏炎炎，塞了一肚子劲儿那么大的羊肉，不喝药茶来化解，只能自求多福了。

★延伸阅读：喀纳斯—禾木徒步路线

在20世纪初，无论是禾木还是喀纳斯都鲜为人知，而如今，包含了禾木、喀纳斯、白哈巴的大喀纳斯景区，早已成为了新疆最为著名的旅游胜地。

而从喀纳斯徒步穿越到禾木，也是新疆最为经典的一条徒步线路。

从喀纳斯景区穿越到禾木村，或者反向穿越，全程共46公里。事实上就是翻过相隔着喀纳斯与禾木的山地，在这条线路中，不仅能够看到绚烂旖旎的泰加林、连绵起伏的雄浑山脉以及优美怡人的山间草原，还能够一睹山顶之上幽静、高冷的小黑湖。

如今这条徒步线路已经十分成熟，每年的5—10月初，徒步或者骑马穿越的队伍络绎不绝，尤其是每年9月中下旬，更是穿越活动的高峰期。虽然理论上最多用两天时间就能完成穿越，但因为这条线路上如诗如画的景色，有些人会用三四天甚至更长的时间完成穿越，在无限风光中慢慢地品味，流连忘返。

不同的饮料:在新疆别只喝酒

长久以来,无论是出于新疆人有意无意地夸大,还是外地人对新疆的想象,新疆人似乎喝起酒来一个个天生海量,豪迈无比。而且依我的观察,不仅仅新疆人如此,至少整个长江以北的中国人都多少有着以酒量论英雄的潜意识,几乎每个省份都能找出吹自己家乡能喝的人来。追溯起来,似乎这种现象和中国文化有些干系,比较早且颇为典型的例子,大约出自司马迁的《史记·项羽本纪》,那里面记述的鸿门宴的故事中,手持盾牌闯入席间的樊哙所表现出来的英勇,不仅仅是吃了一个生猪肘子,而且还“立而饮之”了一斗酒,虽然那时的酒度数很低,但不管怎样,饮“斗卮酒”大约也有今天的两升,“吨吨吨”地这么喝下去,起码气势是足了。

而后世的民间则通过各种演义,无论是塑造张飞、武松还是鲁智深,更是在鲸吞牛饮与英雄豪杰之间画了等号。

虽然我是属于赞成以酒助兴、小酌怡情的一派,在大多数酒局上也能凑凑合合坐到最后,但我却坚持认为,喝酒并不是什么值得炫耀的事儿。更何况在新疆滴酒不沾或酒量甚浅的人随处可见,认为新疆人都能喝酒的观点,就如老外们认为中国人都是功夫高手一样魔幻。

更接近真相的情况,应该是新疆人和绝大多数北方地区的人一样,在生活中,更喜欢运用喝酒的方式来进行社交,而牧区则局限于环境和条件,喝酒也往往是最经济实惠的娱乐活动之一。

从这个角度讲,酒作为一种饮料,的确是新疆饮食文化中很重要的一个

组成部分。但在新疆，不含酒精或者略含酒精的传统饮料，一样琳琅满目，存在感突出，这里面首屈一指的，除了茶之外，大概就是奶制品饮料了。

新疆人习惯将牛奶称为“奶子”，这在外地人听来，大约很容易造成误解，但新疆人习焉不察，而且似乎只是针对牛奶，偶尔也用于泛指。至于羊奶、驼奶、马奶之类则一律前缀着母体的来源，这与新疆人称烤羊肉为烤肉，而其他动物的肉类则会前缀物种名称的习惯一样。

新疆人最为喜闻乐见的奶制品饮料，首推酸奶。

我们知道，东亚人中患有乳糖不耐受的人较多，也就是喝了牛奶会产生腹胀、腹泻之类的症状。据说全国大多省区市中乳糖不耐受的人口比例都超过了90%，只不过程度有高有低。即使是在西北地区，这一比例也高达80%，然而放眼新疆，我对这一数据很是疑惑。但不管怎样，酸奶可以很好地解决乳糖不耐受的问题，事实上在酸奶还未风靡全球的时候，就已经是新疆人的重要日常饮品了。

在新疆人的餐桌上，酸奶往往是标配，一般来说，都是在吃完饭菜之后，最后再来一碗酸奶，隐约等同于饭后甜点。但如果是喝酒的场合，那么酸奶的出场顺序大概率会跃到最前，作用变成了在胃里先打个底子，以更好地迎接酒精的到来。

新疆传统的酸奶味酸无比，但是奶香浓郁，以前的街头巷尾较为常见，食客可以根据自己的口味添加或不添加白砂糖。然而新疆最酸的奶制品却不是酸奶，比酸奶更酸的，是马奶子。

很多人将马奶子称为“马奶酒”，这种叫法其实并不准确，虽然马奶子是经过发酵而成，的确含有微量的酒精，喝多了也会醉，但这样一来却使其与真正的奶酒搞混。简单地说，二者的区别在于，马奶子是发酵而成，是哈萨克、柯尔克孜、蒙古等民族的重要饮品。而奶酒则用发酵后的牛奶蒸馏而成，在新疆，只有蒙古族人才制作。

马奶子一般都在春夏季节制作饮用，这是因为马驹的诞生都是在春夏水草丰茂之时，因此这个时候才可能有马乳。

马奶子就是将马奶盛入皮囊或桶内，每天用木棍搅动几次，使之更好地

发酵。一般有客人上门,看到这样的皮囊或桶,都会主动上去搅几下,如果你是一个外人,这样做一般都会令主人感到开心,顿时便有了自己人的感觉,颇有点类似于纳上了"投名状"。

而马奶子制作的时间长短,主要取决于天气,天热,做得就快。

我第一次喝马奶子的时候年岁还很小,略微尝了一口,只感觉到酸得天旋地转,从此很长一段时间便再没碰过。后来真正敞开喝马奶子,是在伊犁的唐布拉草原。当时是盛夏,山顶上白雪皑皑,山下则是鲜花怒放,草原变成了不折不扣的"花原",我则和小伙伴们在哈萨克族人的毡房里喝着马奶子。也许是年岁已长,尝多了人间酸甜苦辣的缘故,喝到口里的马奶子感觉也没有儿时记忆般的酸彻入骨,反倒是一碗下肚,回味悠长,充满了奶香。

而喝马奶子所讲究的,是端起碗来一口闷,而非小口地啜饮,那样根本感觉不到马奶子的妙处,只有仰起脖子一饮而尽,才能感受到马奶子的清凉、酸爽和后味的香浓甘美,更重要的是还充满了舍我其谁的豪迈之感。

发酵而成的马奶子,一般具有1.5—3度的酒精度数,因此便有了喝多了马奶子也会醉人的说法。事实上,我也的确见过酒量甚浅的人,喝完几碗马奶子后脸色潮红,双眼迷离,达到了微醺状态。但这样的情况,通常略微躺卧一会儿,醉意就能消散。对大多数人来说,连喝几碗马奶子都不会有什么醉意,真正能在不知不觉中让人醉倒、取人魂魄于无形之中的,是奶酒。

严格地说,奶酒是属于二次利用的产物,其实奶酒的工艺在前半部分与马奶子相同,经过在皮囊或桶内搅动后,使牛奶产生变化,牛奶的上层会形成酥油,也就是奶油。取完了上层的奶油之后,再对剩下的液体进行蒸馏,做到物尽其用。

通常牧民蒸馏出来的奶酒,酒精度数大都在20多度,最高一般不会超过30度。更重要的是,奶酒的酒味很淡,换句话说,喝起来毫无压力,反倒是隐隐有着奶香,这无疑会让人放松了警惕。

曾经在阿勒泰的禾木,那里的伙计们大中午就要请我喝酒,被我拒绝后,便提来一大桶的奶酒,说是中午先喝点奶酒,先在胃里打好底子,晚上再好好喝。

奶酒的特点是喝多了不上头，按照新疆人的说法，喝一般的酒，酒劲往头上走，而喝奶酒，酒劲是往腿上去。因此如果一个人一碗一碗地喝多了奶酒，觉得大脑还很清醒的话，那么等到要起身的时候，才会发现，自己已经站不起来了。所以当那次禾木的伙计们提着奶酒过来的时候，我就知道这帮家伙在使坏。

无论是马奶子还是奶酒，都是游牧民族的特色饮料。国内很多文艺作品在写到新疆时，往往都会写维吾尔族人喝马奶酒之类，完全是张冠李戴，想当然地胡诌。如果真要写的话，那么维吾尔族人倒是也有一种饮料，与奶酒异曲同工，喝起来也是觉得没事儿，等发现中招的时候为时已晚，这就是穆塞莱斯。

穆塞莱斯，也写为慕萨莱思、木塞莱斯等，主要原料是葡萄，也是发酵而成。传统的做法是将洗净的葡萄摊开，用骆驼刺——当然也可以用别的什么东西，只不过天然的骆驼刺枝条柔韧，带有尖刺——将葡萄打碎，取其汁液，弃其籽、皮，放入锅中加一倍的水熬制，之后存入容器发酵。

据说也有让少女光脚将葡萄踩碎取汁液的方式，估计与南方有些地方腌制咸菜用脚踩的道理一样。虽然有人言之凿凿用脚踩出来的咸菜味道更好，但我觉得至少最初这样做的目的，都是取其便捷省力罢了。

穆塞莱斯存入容器后，要发酵40天左右，关键是要听不到发酵时产生的气泡声才算完成。但穆塞莱斯之所以是穆塞莱斯，更重要的是还要在其中加入很多东西。一般来说，南疆一地与一地加入的东西都不尽相同，其实一家与一家的都不一样，但加入一些特定的药材，如枸杞、红花、肉苁蓉、玫瑰花、丁香、鹿茸、小豆蔻等，则大体都是一样的。而且似乎枸杞、红花、肉苁蓉这几种药材，基本上各种穆塞莱斯中都会添加，属于较为固定的搭配。有些穆塞莱斯中还会加入茶叶、玉米粒等，而加入鸽子血、呱嗒鸡（石鸡）的苦胆，去除内脏、头、爪、羽毛的雏鸽、雪鸡，甚至去了脂肪的、烤熟的羊腿肉之类，也都属于常规操作。更为另类一些的，据说还会加入一些野兽的血甚至金子的粉末，这样的穆塞莱斯到底能增添什么功效不大清楚，唯一清楚的是价格肯定会攀高好几个档次，约等于红酒中的罗曼尼—康帝或者拉菲。

穆塞莱斯的酒精度数一般在十几度。原始纯正的穆塞莱斯，色泽黄褐混浊，一眼望去宛如一桶泥汤，喝起来微微酸甜，比起奶酒更能让人放松警惕，但这玩意儿后劲很猛，正因如此，穆塞莱斯才有了一个“没事来事”的戏称，显而易见，这个谐音梗也是以无数人醉卧酒场换来的经验总结。

事实上穆塞莱斯在维吾尔族文化中，主要是当作一种补药，或者说药酒，通常的功效无外乎滋阴壮阳、舒筋活血、强筋健骨。其实无论什么民族、什么文化，补来补去都是那么一回事儿。

如今的市面上早已有了很多厂家生产的穆塞莱斯，脱离了原始的手工制作，卖相也好看了很多。但我基本都没尝过，一来觉得还不至于去补，二来也很怀疑工业化的生产是否还有原始的味道。

作为水果之乡，除了用葡萄做饮料，新疆的各种水果几乎都有对应的饮料，诸如杏汁、桃汁、梨汁、苹果汁、黑加仑汁等等，差不多我都尝过。现代工业化的运作，可以轻而易举地将任何水果转变成饮料，事实上在现在的新疆，更常见的反而是番茄汁、胡萝卜汁这样的蔬菜汁，喝起来颇有饱腹感。但如果说起传统果汁中最有存在感的，则是石榴汁。

新疆的维吾尔族人非常偏爱石榴，阿娜尔、阿娜尔罕、阿娜尔古丽都是最为常见的女性名字。而阿娜尔，就是石榴。所以“阿娜尔罕住在哪里，吐鲁番西三百六”，就是一个住在乌鲁木齐的“石榴姐”。

在新疆，从塔里木河流域一直到吐鲁番盆地，石榴都是广泛种植的水果。而鲜榨的石榴汁更是出现在各个维吾尔族餐厅之中，反观其他的水果，无论汁多汁少，就都没有这种待遇。而比起茶来，石榴汁显然要高出了不止一个档次——道理很简单，在餐厅中喝茶免费，喝石榴汁就得花钱，而且价格不菲。

石榴汁酸甜可口，无论是吃完烧烤还是羊排抓饭，一杯石榴汁下去，立刻就油腻感全消，而且顺便补充了维生素C。

正因为新疆人对石榴汁的钟爱，所以石榴汁饮料在新疆随处可见，打开购物网站，排在前方的石榴汁类饮料似乎也大都是新疆出产。不过对于新疆人来说，更偏爱鲜榨的石榴汁，货真价实，没有添加剂。

乌鲁木齐的街头就有着很多维吾尔族商贩，推着一车车石榴，现场榨汁，好像当下的价格是灌满一矿泉水瓶20元左右。将两三个石榴带皮放在榨汁机上，手工压榨，压榨的过程看起来非常过瘾解气，所以有时候我也会忍不住要求亲自上阵，感受一下将石榴压榨出最后一滴的快感。

压榨出来的石榴汁色泽殷红，因为是带皮压榨，所以石榴汁酸甜中带有微涩。而石榴则分为甜石榴和酸石榴，顾客可以根据喜好选择。甜石榴固然更为甜美可口，但在维吾尔族人的认知中，酸石榴更具药用价值，重点的药效是养胃。所以行家都是要酸石榴汁。

只不过这样原汁原味的石榴汁买回家后一定要尽快喝完，否则放上个三四天，就会发酵成一瓶“醋”。

另一种和水果有些关系的饮料则是自俄罗斯传来的格瓦斯，也被译写为嘎瓦斯、卡瓦斯等，以伊犁、塔城一带的最为著名。这是因为新疆的伊犁、塔城曾经都紧挨着苏联，历史上受苏联的影响颇深，这一点与同样盛产格瓦斯的哈尔滨同理。

除了上述的这些新疆饮品，新疆人的传统饮料名单上，还有着以杏干或者桃皮子(桃干)、野果等熬水的各种饮品，用糜子、小麦、大麦、青稞等与酸奶混合的各种饮品，以及用冰块、糖稀混合酸奶的土冰激凌，等等。在奶制品方面，还有着喝驼奶、羊奶的传统，尤其是驼奶，因为近些年来所宣传的保健效果，更是受到追捧。只不过，新疆传统的驼奶，也是和马奶一样先经过

发酵才饮用。

所以，如果你是一个不胜酒力的人，那么在新疆的饭局上也不用害怕，至少，还有这么多的饮料可以选择和畅饮。

★延伸阅读：新疆的马

马是新疆最为重要的牲畜之一，更是牧民们不可或缺的伙伴。

新疆的马种类众多，有伊犁马、焉耆马、富青马、哈萨克马、伊吾马、巴里坤马等。这其中最为著名的应该是伊犁马，自古以来被称为“天马”，在汉代，被认为是仅次于汗血马的优良马种。事实上今天的伊犁马经过不断地改良育种，已经与汉代的天马大不相同。今天的伊犁马是20世纪初，以哈萨克马为母本，以奥尔洛夫马、布琼尼马、顿河马等为父本的杂交品种，与国内其他马相比，体型高大，胸围突出，是力速兼备的优良马种，奔跑速度每公里约为1.25分钟。而且伊犁马的产奶量、出肉率均位于较高水平，一匹产奶期的母马，平均每天出奶5.4公斤，屠宰后的马匹净肉率达43.44%。

焉耆马在历史上也颇为著名，被称为“龙驹”，其下分尤尔都斯、和硕两个亚种，骨骼粗壮、体质强健。经训练后擅走对侧步，速度快而平稳，为骑乘的理想马种。

富青马是阿勒泰地区的富蕴、青河两县在传统哈萨克马的基础上选育出的马种。与传统的哈萨克马相比，富青马颈高、胸宽，后躯较弱，多X腿，四肢结实，后腿粗壮，关节大而有力。

哈萨克马则是新疆历史最为悠久的马种，为蒙古马以及中亚马种的混血，骨骼粗壮、皮厚毛密，骟马单匹可负重160公斤左右行进16.75公里，用时2小时15分钟。

除此之外，新疆还有善于爬山的伊吾马、挽乘兼用的巴里坤马等。

后记

美食一直是我感兴趣的,平时也颇爱看各类美食文章。我认为,好的美食文章不仅仅只是讲吃或者做本身,我更感兴趣的,往往是美食背后所隐含的历史与文化。

近些年来,零零星星地在新媒体上发表了一些关于新疆美食的文字,其实就是觉得很好玩,我写得开心,大家看得也开心就行。而越往后写,我便越清晰地感受到新疆美食的特殊性,事实上,新疆美食就是一部文化交流与融合的历史,有着许许多多有趣的细节。

这本书能够结集出版,首先要感谢的就是新疆人民出版社的巴图尔。如果没有与他相识,那么这本书就不可能与大家见面。其实巴图尔兄在我的生活里出现得也非常突然,两年前通过我们共同的朋友，找到了我的电话，约我见面。

按照巴图尔兄的说法，其实他和我神交已久，多年来一直关注我在新旧媒体上所发表的各类文字。原本他找我是想让我参与另外一本图书的撰写，但经过多次交流之后，就有了这本关于新疆美食的书。

如果说我最想写的书，排在第二的就是美食，这一方面是因为我觉得有趣，另一方面也是更为重要的原因是有关新疆美食类的图书，相较于全国其他省份，数量很少，而网络上介绍新疆美食的文章，则谬误众多，知其然不知其所以然的就更多了。

但依我看来，在对新疆美食文化研究方面，我还是有很多缺憾。因为按照我的想法，一定要吃遍新疆才更有底气描述新疆的美食，虽然我越吃越发现，要完全吃遍新疆的每一个角落、吃透每一种风味，基本是一项不可能完成的"事业"，而且总觉得自己在新疆美食文化研究上功力修炼得不够，换句话说，就是我吃得还不够多。不过转念一想，世界上本就没有完美无缺的事情，或者说我们生活的本质，就是在不断地完善、进步，在发现的道路上不断地收获、修正和感悟，正如现在这本书所呈现的。

这一点，我还是会一直努力下去，在今后的人生道路上，继续吃下去。

这本书里的一些篇目，涉及我身边很多具体的人和事，为了给读者更好的阅读体验，除了专门讲某人和某种美食的之外，大都隐去了姓名，以我的"小伙伴""老伙计"替代。但我觉得，在这里我还是要郑重地感谢乌鲁木齐的安瓦尔·伊明、张顺贺（张志国）、陈戈、肖凯迪·吐尔逊、塔拉提·乌斯曼、李坤亮，以及我的表哥赵晖、表嫂周艳荣、弟弟杨玄鉴等；感谢吐鲁番的王金华、陈新发、李天翀、张国伟、王新臣、赛德明等；感谢阿勒泰的邹利军、熊建勇、刘振、邓云俊等；感谢沙湾的我的表弟刘国军、表妹刘丽、表妹夫张栓等。

虽然这个感谢名单挂一漏万，还有很多人理应感谢，但限于篇幅，就不再一一列举了。

总之，感谢大家陪我一起吃过来的日子，感谢大家为本书贡献的素材。

另外还要特别感谢在2020—2021年新冠疫情期间，和我奋斗在一起的同事晁林、陆进展、阿布都外力·艾则孜、李笑卿、刘长荣、艾尔肯·艾尼瓦尔、苗淼，感谢伙伴们给予了我诸多帮助和支持，使我最终得以顺利完成此书。

同时衷心感谢新疆人民出版社的编辑对此书的辛勤付出和对我的厚爱、鼓励。

最后，谨以此书献给我的妻子张欣、女儿李则萱。

2022年12月于乌鲁木齐金山谷